青海狮头型藏獒

中长毛型公犬
（8月龄）

纯黑色公犬
（2岁）

U0213350

1

红棕色藏獒
母犬

中长毛型成年
公犬（2岁）

中长毛型成年
母犬（2岁）

2

杏黄色藏獒
公犬

中长毛型白色
四眼母犬

体型硕大的
红棕色三角
眼母藏獒

改良的青海
型藏獒公犬

藏獒母犬

狼青色八
眉眼母犬

四眼毛色藏獒
母犬（1.5岁）

饲养场拴系的
河曲藏獒

配　种

5

哺　乳

母仔隔离

犬舍中的幼犬

6

崔泰保教授在青
藏高原考察藏獒

守护牦牛的
藏獒

迁　牧

藏獒与牧民

草原上拴系的
藏獒

标准的雪獒
红鼻镜红眼圈

8

# 藏獒饲养管理与疾病防治

## （第二版）

主　编

郭　宪　崔泰保

编著者

郭　宪　崔泰保

鄢　珣　叶得河

王　瑜

金盾出版社

# 内容提要

  藏獒是我国培育的原始犬种,其威猛凶悍和忠于主人的秉性深受世界人民的喜爱。一版重印七次,此次修订增加了藏獒养殖新技术、新方法,内容更加丰富、实用。主要内容有:概述、藏獒的生物学特性、藏獒的生理特性、藏獒的营养与标准化饲养、藏獒的四季管理、藏獒种公犬、母犬、幼犬、育成犬的饲养管理、藏獒常见疾病的预防与诊疗技术、藏獒繁殖疾病的防治、藏獒常见病的防治等。本书适合广大藏獒爱好者及饲养者阅读参考。

**图书在版编目(CIP)数据**

藏獒饲养管理与疾病防治/郭宪,崔泰保主编. —2 版. —北京:金盾出版社,2015.2
 ISBN 978-7-5082-9731-6

Ⅰ.①藏⋯ Ⅱ.①郭⋯②崔⋯ Ⅲ.①犬—驯养②犬病—防治 Ⅳ.①S829.2

中国版本图书馆 CIP 数据核字(2014)第 237039 号

**金盾出版社出版、总发行**
北京太平路 5 号(地铁万寿路站往南)
邮政编码:100036 电话:68214039 83219215
传真:68276683 网址:www.jdcbs.cn
封面印刷:北京盛世双龙印刷有限公司
彩页正文印刷:北京四环科技印刷厂
装订:北京四环科技印刷厂
各地新华书店经销
开本:850×1168 1/32 印张:11.375 彩页:8 字数:268 千字
2015 年 2 月第 2 版第 8 次印刷
印数:36 001～40 000 册 定价:27.00 元
(凡购买金盾出版社的图书,如有缺页、
倒页、脱页者,本社发行部负责调换)

# 前　　言

　　藏獒（Tibetan Mastiff）是广泛分布在青藏高原及其周边地区的护卫犬，是在青藏高原独特的自然生态环境中，经过藏族牧民的严格选择和培育而形成的优秀的犬品种。由于漫长的自然和人工选择进程和严酷的生存环境，使藏獒的各种组织与器官之间、形态结构与其功能之间、整个藏獒犬只机体与外界环境之间形成了高度的协调与一致，各种组织、器官亦得到充分的发育和锻炼，使藏獒具有了高大的体型、匀称的结构、强壮的体魄、刚毅的气质秉性等一系列适应于青藏高原生态环境的生物学特征，形成了对高海拔（2 500～6 000 米）、强辐射（年辐射量超过 140～195 千卡/厘米$^2$）、低气温（年平均温度≤0℃）和低氧压（14.67 千帕以下）等高原环境特殊的适应性。由于产地恶劣的生态条件，造就了藏獒粗犷、坚韧、勇猛、无畏的性格。藏獒性情固执，对主人无限忠心，而对陌生人十分凶恶，因此经过严格的训练能表现出良好的工作性能，可以用来担负看守、护卫、巡逻、防暴、牧畜等工作，是一种有前途的工作用犬。

　　本书在第一版的基础上，本着密切结合藏獒生产，服务于行业发展需要的原则，从部分章节结构调整到内容修订，从资料补充到可操作性都进行了更新与发展。删繁就简，做了最大努力，不断探索与创新，为藏獒健康养殖与疾病防治提供了更多的技术资料。本书突出实践与理论的有机结合，科学性、实用性和可操作性并重，内容丰富，通俗易懂，便于普及和推广，对藏獒产业化发展起指导作用，同时也有助于广大科研、教学人员和藏獒养殖爱好者深入了解和认识藏獒。

　　本书在修订过程中承蒙宁夏金沅纯种藏獒育种核心群场场主田雪冰先生提供藏獒图片，在此表示衷心感谢！

　　由于业务水平有限，书中不足之处在所难免，敬请读者批评指正。

编著者

# 目　　录

# 第一章 概 述

## 一、藏獒在动物分类学上的地位

研究表明,古生物中的犬科动物是食肉目中起源最早、演化历史最为悠久的动物。食肉目动物在距今 4 000 万年以前就出现了,距今 2 500 万年的中新世是其发展的鼎盛时期,其远远早于猫科和熊科动物。而现代关于动物起源的研究说明,现代犬科动物起源于距今 100 万年前。

世界权威的食肉动物目分类学家美国克里斯·沃森考夫特(W. Chris Wozencraft)教授在 2005 年 11 月出版的《世界哺乳类动物物种》(第三版)一书中厘定,现在世界的犬科动物共计有 12 属 34 种,我国有 4 属 6 种,目前的家犬属下有 800 多个不同的品种,藏獒仅是其中的 1 个品种。这些不同品种的家犬头骨从形态特征和测量数据看,变化范围很大,几乎会被看作不同的属。家犬的这种极大的变异性究其原因,首先是由于家犬被驯化后,跟随人类有了极广大的生活范围和极不同的生存环境,其次是由于人类有目的有意识的强烈选择。也有研究表明,很多犬科动物的个体大小都是可以随时间和环境而发生很大变化的。

2004 年,美国医学、生物学界在对分布于各州的 85 种被美国狗协会认可的 414 只现代纯种犬的微卫星遗传标记的差异研究后发现,不同的犬品种在基因上的差别相当大,而同一个品种的狗彼此的基因却非常相似;并通过基因相似度比较,研究人员还画出了不同品种狗的家谱,以探索它们之间的亲缘关系。在进行对比研究后发现,中国沙皮犬才是最古老的纯种犬,但长得却与其狼祖先大相径庭。而被称为"狼狗"的德国牧羊犬,反倒只能算是狼的"远房远房远房的小表弟"。研究人员还发现,一些被认为属于最早的纯种狗的犬品种,其实也并没有那么悠久的家世。即使一些被认为是现在"纯种犬老祖宗"的狗,尽管和古代壁画上所绘的形态完全一致,但两者的基因组成却风马牛不相及。被认为是公元前5000年左右驯化的现代挪威猎麋犬,也被研究人员找出源于近代欧洲犬种而非北极犬种的遗传证据。由世界饲犬联盟(FCI)制定繁殖、审查标准,并给予承认的纯种犬有300多种,我国的西藏狮子犬、拉萨狮子犬等榜上有名。所以,藏獒这一品种尽管"古老",但称为"活化石"确实欠妥,只有通过相应的科学测试和一定数量犬种的对比,才能进一步揭示其遗传基因的组成。而忽视藏獒在千百年来所经受的自然环境和人为因素的选育影响,一味强调所谓"原始"、"纯种",其实也并无多大实际意义。

科学家对狗的骨骼学鉴定特征表明,现代狗与中国灰狼最为相似。2002年,瑞典皇家科学院彼得·萨沃莱南教授和中国科学院昆明动物研究所张亚平研究员合作,第一次系统地研究对来自欧洲、亚洲、非洲和北美地区的654只狗和38只欧亚大陆狼的线粒体DNA的遗传变异,发现所有狗的地理群体都具有共同的遗传基础。美国古生物学家奥尔森(Olsen)等研究认为,家犬起源于中国,其祖先就是常见于我国更新世地层中的变异狼。可见,狼是犬的野生祖先是无可争议的。

按动物学分类,狗和狼都属于犬属,二者有着密不可分的血缘关系,化石记录和现代遗传学DNA分析都相应证明家犬是狼的后代,动物学分类中甚至将家犬作为狼的亚种而不是单独的种看待,因为二者不仅染色体数目相同,并能自然交配产生出有繁殖能力的后代。事实上,考古研究也说明,最早期家犬的骨骼与他们的野生祖先是很难区分的。与狼相比,家犬的额骨前端均有一明显的坎(俗称额断)和吻部过渡,与同等体型的狼相比,齿冠较低,齿冠面积较大;其次,狼的犬齿较长,其第四上前臼齿要长于或等于第一和第二上臼齿之和,而家犬却与之相反。

藏獒在动物分类学中的地位是:脊椎动物门,哺乳纲,食肉目,犬科,犬属,犬种。犬种以下属于畜牧学分类为:犬种,犬品种,工作犬品种,藏獒。

## 二、藏獒的类群

藏獒是广泛分布于青藏高原及其周边地区的护卫犬。由于分布地域广阔,各地社会经济、自然生态条件差异较大,使藏獒在体型外貌和品质性能上差异很大。总体上,广泛分布在青藏高原的藏獒犬,按毛型可分为长毛型、短毛型、中长毛型3类;按毛色可分为纯白色、纯黑色、黑背黄腹色(俗称四眼毛色或铁包金)、红棕色、杏黄色、狼青色;按地域可分为西藏型、青海型和河曲型;比较科学的方法是按地域对藏獒进行分类。

### (一)西藏自治区喜马拉雅山南侧及藏北区的西藏藏獒类群

西藏自治区地域辽阔,地形地貌复杂,特别是由于社会、生态环境等各种因素的影响,使西藏的藏獒在体型外貌等方面差别较大,普遍杂化程度较高,诸多个体受西藏犬、哈巴犬、狮子犬的影响,在头型、耳型、毛型和毛色等方面差别较大,类型极不一致。拉萨市及周边地区藏獒杂化程度最为严重,这可能与拉萨市及周边地区群众养犬习惯有直接的关系。拉萨地区群众爱犬,许多群众家中都养犬,类型、种类繁多,包括藏獒、西藏狮子犬,西藏犬乃至群众自行由内地带回的其他犬品种,各有不同。拉萨地区群众养犬,习惯白天将犬关在家中,夜间却将犬放开,任犬自行出入家门,四处游荡,到了犬发情季节,各家所养不同品种、不同类型犬极有可能发生杂交,产生血统与品种来源都不清楚的杂交犬。这些杂交犬的后代,无论体型外貌或气质品位各不相同,体重、体高、体长差别极大,使西藏地区的藏獒类型差别极大。但总体来讲,西藏自治区仍然是藏獒的主要产地之一,在西藏喜马拉雅山南侧和藏北地区,由于地理位置相对隔离、环境相对封闭,藏獒体型外貌和气质品位表现极好,个体高大雄壮,毛长中等,头大方正,四肢粗壮,公犬最大体高达到 78 厘米,骨量充实,最大管围达到 16 厘米,充分体现出藏獒的品质性能和气质品位,代表了藏獒的基本型,西藏藏獒毛色以黑背黄腹(俗称"四眼")毛色最多,其中黑背而腹部红棕色的藏獒最为名贵。在外形上,西藏藏獒头大额宽,体型较高、长,但胸宽略显不足,吻较长,表现出吻长、肢长、背腰长的特点,体型更显硕大,按照国际上鸠而斯特提出的关于家畜体质类型的分类方法,西藏藏獒应当属于"呼吸型",略偏细致,其胸深长,呼吸系统和血液循环系统有良好的发育,对高海拔、低氧压、多降雨的环境能很好地适应,这种体型的西藏藏獒多见于西藏南部、喜马拉雅山南侧和雅鲁藏布江大峡谷等地域。

西藏藏獒体尺参见表 1-1。

**表 1-1　西藏藏獒体尺**

| 性　别 | 犬　数（只） | 体　高（厘米） | 体　长（厘米） | 胸　围（厘米） | 管　围（厘米） |
|---|---|---|---|---|---|
| 公 | 37 | 71.2 | 89.4 | 86.0 | 16.1 |
| 母 | 39 | 67.5 | 86.1 | 82.3 | 14.8 |

### (二)青海省玉树、果洛藏族自治州及周边地区的青海藏獒类群

青海玉树和果洛两个藏族自治州属金沙江水系,这里海拔 2 000～4 000 米均有群众牧畜。由于地带和气候的垂直分布,形成了冬季严寒、夏季湿润凉爽的生态环境。受地域自然生态条件特别是气候条件的影响,该地区的藏獒犬体型偏小,公犬平均体高

仅 64.3 厘米,体短,骨量小,头狭窄,嘴型多呈楔形,吻短,下唇微有皱褶。毛色较杂,有纯黑色、黑背黄腹色、杂黄色(杂色)、狼青色等。但该地域类型藏獒受高海拔、多降雨等自然生态因素的影响,多具有头、颈毛较长的特点,部分个体头颈部长毛丛生,形成环状,被群众称为"狮头型",貌似雄狮,十分雄伟。但这种"狮头型"藏獒多数个体体型偏小,骨量偏细,不代表藏獒的基本型。

由于地域宽广,在青海省果洛藏族自治州久治县至甘肃省玛曲县齐哈玛乡地域有相当数量介于长毛型与短毛型之间的藏獒,其头颈毛丰厚、修长,体型较大,外貌更显雄壮威猛,充分体现着藏獒的神韵,已得到我国内地广大藏獒爱好者的青睐。自 2000 年以来,该种青海类型藏獒的饲养和繁育得到当地藏民群众的高度重视,随之得到优先繁育,出现大量在体型外貌、气质品位乃至体质类型等方面表现较佳的个体,对国内优良藏獒的推广、选育产生了较大的影响,亦使人们看到了依靠群众选育为基础,推进我国藏獒品种资源保护和选育的前途与希望。这种按照既定目标选育的新类型青海型藏獒个体较大,最大体高达到 73 厘米,体格粗壮,被毛修长,市场前景广阔。

产于青海省玉树、果洛藏族自治州的藏獒最大特点在于颈毛发达、丰厚,呈环状分布于头颈部,使其外观上增加了几分雄姿,颇似雄狮,被称为"狮头型"藏獒。"狮头型"藏獒最主要的缺点是头额部狭窄,与该类型个体头骨的发育相一致,相应四肢骨量发育较差,骨量不足,管状骨围径小,体矮,但性格凶悍。受市场导向的错误引导,近年来在青海藏獒的选育中更十分注意"颈垂"的发育,似乎颈垂越大越好。其实,颈垂的过度发育反映了藏獒体质在向疏松型发育,其表现在颈垂十分发达,下垂。而表现在其他器官上则有耳大下垂,上下唇"吊垂",背腰凹陷,肌肉筋腱松软无力,周身皮肤松弛,四肢多有卧系,抗病力较差,体弱多病等。所以,过分追求颈垂下垂或过于发达,其实会破坏藏獒机体的协调性和统一性,影响藏獒体质的结实性,其结果也必将影响藏獒品质性能的发挥和水平。其次,在青海类型藏獒中,毛色表现较杂,即使是玉树、果洛所产"红腹四眼"(铁包金)藏獒也大部分存在头面部毛色表现较差、"四眼"色斑不清楚的问题,有人将这种毛色表现称为"暗四眼",其实有这种毛色表现的犬只实际是草原上最多见的纯黑色犬与四眼毛色犬之间的杂合体,应该重视对这种类型犬只的选优和提纯,因为世界上任何一个国家都是把毛色作为家畜的质量性状对待的,毛色表现不佳,就直接说明了选育程度低,品质的杂化。该类群藏獒犬头颈部饰毛修长的特点,应该进一步加强选育,使之稳定遗传,因为该性状受环境影响较大,大多数犬颈毛丰厚是对产地生态环境,特别是寒冷潮湿气候的一种适应,离开原产地后,在气候比较干燥、冬季干旱温暖的中原地区,藏獒在春天头颈毛褪换后,又绝大多数都变稀变短。这也说明藏獒的毛型是以双层被毛的短毛型为基础的,决定毛长毛短的主要因素还是环境气温。

在青海玉树和果洛藏族自治州,"狮头型"的藏獒中有纯白色的藏獒,被毛修长,通体雪白,被群众称为"雪獒",极为名贵,但数量极少。雪獒的名贵在于被毛雪白,纤细柔软,目睛、鼻镜、皮肤粉红,但雪獒在藏獒中实际是一个弱势群体,评价中不应过于追求雪獒在体型、外形、耳位乃至嘴型等方面的表现,否则就难免求全责备了。在青藏高原强烈的紫外线照射条件下,浅色皮肤(鼻镜粉红色),极易受到伤害,所以雪獒中能发育到成年的个体,不仅稀有,更可能有特殊的抵御高原紫外线伤害和适应高原环境的能力。有关"雪獒"对高原环境适应性的研究,对揭示高原环境下生物多样性的特点和生理特征有重要的意义。另外,实际生产中应该将雪獒与皮肤色深、鼻镜黑色的白藏獒相区别,后者除毛白色外,与其他毛色藏獒没什么区别。青海玉树、果洛藏獒体尺参见表1-2。

**表 1-2　青海玉树、果洛藏獒体尺**

| 性　别 | 犬　数（只） | 体　高（厘米） | 体　长（厘米） | 胸　围（厘米） | 管　围（厘米） |
|---|---|---|---|---|---|
| 公 | 23 | 64.3 | 69.1 | 68.5 | 13.8 |
| 母 | 26 | 56.1 | 65.4 | 66.0 | 12.3 |

### （三）甘肃省玛曲县、青海省久治县、四川省若尔盖县的河曲藏獒类群

河曲藏獒是目前广泛分布于青藏高原及其周边地区藏獒中最优秀的品群。在甘、青、川三省交界处，即甘肃省玛曲县、青海省久治县和四川省若尔盖县，有著名的"天下黄河第一弯"——河曲藏獒的故乡。由于产区悠久的民族文化，相对闭锁的社会经济条件和高海拔、低气温、强辐射等自然条件的陶冶，更在于当地藏族牧民群众精心的选择和培育，使河曲藏獒具备了高大威猛、熊风虎威的悍威与气质品位。河曲藏獒有双层被毛，以短毛型为主，周毛丰厚，绒毛密软，体型高大威严，公犬最大体高 76 厘米，最大管围16.2 厘米，体格粗壮，体形协调，体质结实、略显粗糙，属粗糙紧凑型体质。毛色有纯黑、黑背黄腹（四眼毛色）、红棕、杏黄、狼青、纯白等色，其中以纯白色最为名贵，个体的皮肤呈粉红色，目睛粉红色或淡黄色，鼻镜粉红，全身雪白，十分珍稀。但多数白色个体，耳缘、背腰部毛色微黄，群众称"草白"。据后裔测定，被称为"草白"的个体，多受到蒙古犬的影响，后代在耳型、尾型和头型乃至嘴型等方面分离十分明显，属杂种个体。

河曲藏獒头宽，吻短，性格刚直不阿，对主人百般温驯，对陌生人有高度的警惕和强烈的敌意。河曲藏獒勇于搏击，忠于职守，最适于守卫，在国内外享有盛誉。遗憾的是，近年来，有大批客户与商贩为了牟取暴利，蜂拥河曲藏獒产区，抢购藏獒优良个体，使河

曲藏獒品种资源遭到前所未有的破坏。据报道和调查,目前在河曲区域(黄河的第一弯曲部,包括青海省久治县、甘肃省玛曲县、四川省若尔盖县),体高在 70 厘米以上的藏獒个体已极其少见,外形俊美、毛色均一的个体极难寻觅。为此,甘肃农业大学动物科学技术学院崔泰保教授领导课题组在全国率先完成"河曲藏獒种质特性及选育的研究"后,努力开展河曲藏獒品种资源保护与选育的研究,建立了河曲藏獒品种资源保护核心群,开展对该犬品群的纯种繁育、选种选配、提纯复壮,建立了河曲藏獒良种繁育体系,使得河曲藏獒品种选育建立在具备育种场、良种场、商品场三级繁育机构的基础上,迅速扩大着优良藏獒的数量。2012 年、2013 年、2014年甘南藏族自治州玛曲县举办了首届、第二届、第三届藏獒展示评比大赛,引导牧民群众与广大藏獒爱好者重视河曲藏獒的培育,以及向社会宣传河曲藏獒的保种利用情况。经选育的河曲藏獒育种核心群平均体尺和体重见表 1-3。该河曲藏獒核心群,经连续 4 个世代的血统登记、后裔测定、系统选育,保证了存栏藏獒的品质纯正,达到了体型外貌和气质品位的高度一致,为藏獒品种资源保护和选育奠定了坚实的基础。

表 1-3　河曲藏獒育种核心群种犬各世代平均体尺和体重

| | 性别 | 犬数(只) | 体高(厘米) | 体长(厘米) | 胸围(厘米) | 管围(厘米) | 体重(千克) |
|---|---|---|---|---|---|---|---|
| 特级规定指标 | 公 | 20 | 72.0 | 82.0 | 86.0 | 16.0 | |
| | 母 | 60 | 70.0 | 80.0 | 81.0 | 15.0 | |
| 零世代 | 公 | 20 | 70.1 | 83.1 | 85.8 | 15.6 | 66.1 |
| | 母 | 60 | 65.6 | 78.0 | 78.3 | 14.7 | 52.1 |
| 一世代 | 公 | 20 | 70.5 | 84.0 | 85.2 | 16.2 | 68.4 |
| | 母 | 60 | 67.3 | 78.3 | 78.5 | 14.6 | 55.7 |

续表 1-3

| 性别 | 犬数（只） | 体高（厘米） | 体长（厘米） | 胸围（厘米） | 管围（厘米） | 体重（千克） |
|---|---|---|---|---|---|---|
| 二世代 公 | 20 | 71.3 | 83.9 | 85.6 | 16.1 | 67.8 |
| 二世代 母 | 60 | 69.0 | 80.3 | 80.1 | 15.1 | 56.3 |
| 三世代 公 | 20 | 72.1 | 84.1 | 86.3 | 16.3 | 68.3 |
| 三世代 母 | 60 | 70.2 | 81.7 | 82.2 | 15.2 | 58.1 |

目前,河曲藏獒的品质与数量已开始逐步恢复。

# 三、藏獒品种形成的自然和社会背景

## (一)自然生态因素对藏獒品种形成的影响

自然生态因素主要是指高海拔、低气温、强辐射和强气流等,藏獒在原产地自然生态因素近 3 000 年的陶冶与影响下,在机体的生物学和生理学特征、体躯结构、体型外貌甚至气质秉性等诸多方面形成了藏獒独特的品种性能和特点。藏獒具有 1 年只产 1 胎的繁殖特点,而且幼犬出生和生长发育特点与青藏高原的气候、季节转换保持着高度的一致。幼犬多在每年最寒冷的季节(每年 12 月份至翌年 1 月份)出生,生后的幼犬在严寒的气温条件迫使下,本能地大量吮乳,不仅抵抗了严寒,也促使幼犬快速生长,奠定了强壮的体质、体况及生长发育基础,至幼犬 4～5 月龄时,青藏高原恰至冷暖季节转换,气温适宜,天高气爽,幼犬随意奔走,活动量大,体质强健,消化能力强,已经进入快速生长发育阶段,而此时恰逢草原上正值青黄不接的时节,有大量饿毙的牛羊可供藏獒幼犬随时啃食,一句话,此时的藏獒幼犬可以"想吃就吃",吃、睡、玩耍,生长发育各种所需条件达到了最佳的配置和协调统一,也因此保证了幼犬发挥出最大的生长潜力。进而言之,在青藏高原,从每年的 4 月份至 10 月份,藏獒幼犬以高速生长完成其成年体高的 90% 以上的生长量,从而奠定了其出生后至成年的体型基础。

一般而言,自然生态因素对藏獒的影响稳定而持久,具有累加性,是一种累代的影响和作用,使藏獒在体型外貌、血液生理生化指标、生物学特征、行为习性等多方面受到了产地自然环境深刻的作用,其中尤以气温和海拔的影响最为突出。在气温与海拔及其他自然因素或者称为自然生态条件的长期综合影响下,藏獒具有了高大的体型、强壮的体魄、刚毅的气质秉性等一系列适应于青藏高原生态环境的生物学特征,具有了对高海拔、强辐射、低气温、低氧压和强对流气流等高原特殊环境的适应性,这种适应性外观上的表现随处可见,诸如藏獒具有双层被毛,绒毛密软,周毛粗长,冬日利于保温,夏天便于避雨。因此,藏獒具有耐低温严寒,喜凉怕热的特点,可以有效抵御冬季的风雪严寒;藏獒种群内 98% 以上的个体具有深毛色和深色皮肤,可以有效防止高原强烈紫外线对其深部器官和组织的伤害;藏獒具有宽深的胸廓,使得呼吸与血液循环系统得到了充分的发育,为藏獒在高原缺氧环境下的活动提供了充足的氧气,保证了藏獒在外出觅食、巡视草原、看护毡房时迅猛出击、勇敢搏击的能力;在高原牧区,藏獒主要作为护卫犬而使用,白天藏族牧民通常会将藏獒拴系起来,夜晚放开,任由藏獒自己去觅食或巡视,几千年来,这种习以为常的饲养管理方式不仅使藏獒具有了"昼伏夜出"的行为习性,使得藏獒多在白天嗜睡,夜间十分机敏和兴奋,每当夜幕降临,藏獒即如临阵的卫士,毫不迟疑地奔向草原、奔向高山,履行自己的职责。据研究统计,夜间藏獒的巡走路程平均可以达到 20 千米,面积达到 50 千米$^2$。在高原缺氧条件下,藏獒 1 个夜晚要巡视这样广大的区域,奔走如此遥远的距离,其必须具有强健的筋骨,强壮结实的体质,所以在藏獒产区生态环境、生产要求等因素的长期影响下,牧区的藏獒多具有非常协调的体型结构,其体长略大于体高,体型接近正方形,并具有胸深与肢长近乎相等,前躯、中躯、后躯近乎相等,头长和颈长近乎相等一系列特点,使得藏獒体型紧凑,四肢强壮,骨骼充实,力量充沛,行动敏捷。按照国际上库列硕夫关于动物体质的分类方法,在藏獒原产地自然生态环境的长期影响下,藏獒所具备的是粗糙紧凑型体质,是一种完全适应于青藏高原特殊生境条件的体质类型,其形成是遗传的,也受到个体当代所处环境的影响而发生一定的改变,后者取决于环境作用的强度、持续性及藏獒个体的适应能力。

由于藏獒产地牧业生产作业方式的相对封闭和流动性,在原产地,藏獒不仅保留了远古祖先护食、埋粪、标记领地等行为习性,还具备了护卫犬警惕生人、攻击外人、护卫主人等重要的行为特征,形成了藏獒孤傲、勇猛的气质秉性。在空旷的草原上,对主人百般的温驯,视"护主"为生命,而对生人又高度警惕、存在强烈的排斥心理乃至敌意,关键时刻"该出手时就出手"勇敢搏击,毫不迟疑,被国内外赋予"世界上唯一不惧怕暴力的犬品种"美名。因此,在青藏高原特殊的自然生态与社会生态环境中,在藏族牧民千百年的严格选择要求下,藏獒不仅形成了协调的体型结构,也具有顽强、倔强、勇猛(或许有时也可以称为凶猛)的气质秉性,具有了牧民性格中的诚实、淳朴、坚毅和勇敢,在体型外貌、生理结构、生物学特征等方面都深深铭刻着青藏高原生态环境影响的烙印。

**(二)社会因素对藏獒品种形成的影响**

藏獒是藏族牧民所培育的广泛分布在青藏高原及其周边地区高大威猛的护卫犬。古往今来,在以苍茫的雪原、雄伟的山峦、咆哮的江河为背景的青藏高原,藏獒经历了严酷自然条件的锤炼和藏族牧民严格的选择与培育,具有山峰般的威严、风暴般的迅猛、白云般的温柔、清溪般的可爱等特点,具有高原和藏族牧民性格中的诚实、淳朴、坚毅和勇敢,古往今来令世人称赞。

17世纪以来,没有一个访问东方的西方人会忽略藏獒的存在,藏獒在西方人眼中,被看成最早的人类文明的代表,是人类所培育的最古老、最大型的犬品种。它体现了在青藏高原严峻险恶的生存环境中,人类不屈不挠的生存能力和意志,是一种精神的象征。因此,在我国的民俗文化中,藏獒已成为一种精神的象征体,反映出藏族人民勤劳、朴实、勇敢、顽强、热爱家乡的民族精神。这种精神,也是全体中华儿女数千年来在黄河母亲的哺育下,建设锦绣大地,保卫祖国河山的力量源泉和内心依托,蕴含着深深的民族情感。

翻开中华民族的历史画卷,也不难理解,中国人几千年来所神化的英雄盘古为什么是狗首人身了。据《太平御览》卷二引《三五历记》:"天地混沌如鸡子,盘古生其中。万八千年,天地开辟,阳清为天,阴浊为地,盘古在其中,一日九变。神于天,圣于地。天高一尺,地厚一丈。如此八千年,天数极深,盘古极长"。这里盘古已被神化到与天地齐高的境地,位于三皇(盘古、伏羲、神农)之首。同时说明这样一个事实,我国的先民虽然已经脱离了茹毛饮血的野生动物状态,但在他们内心的深层意识中,并没有把自己与动物彻底区分。人的自我意识虽然已上升为主宰,但由于人们曾与动物长期相处,并多以动物为崇拜对象(崇拜鹰、虎、牛、狗等),由此而形成万物有灵的心理因素是自然而纯朴的。所以,在古人心目中,人兽结合,狗首人身,是为崇高的神祇增加了神性和神感,使人狗一体的形象具有力的伟岸和志的坚毅,体现出一种勇猛的气魄和果敢的信念,又寓意着狗的不惧险阻、勇于向前、自我牺牲、专一不二与忠于职守的精神和品德,为我们的祖先所崇尚。

神祇形象中所蕴含的精神和品格,狗作为祥瑞之物在我国民俗文化中产生的影响,将对培养现代人勇敢、善良、坚韧不拔和自我牺牲的精神,继续产生深远的影响,说明无论是藏族人民,还是我国的其他各民族人民,对藏獒的宠爱负载着深厚的民族情感,也获得了深深的精神慰藉。

只有来到青藏高原,才能深刻感受到藏族同胞对藏獒宠爱的那种深沉情感。在藏族同胞家中,小孩爱狗,老人、妇女和家庭的支柱——每个男人都爱狗,他们会因为拥有几条毛色均一、体格雄伟、气质轩昂、性格沉稳的藏獒而自豪,"牛羊成群狗硕壮"是一个富庶藏民家庭的标志。藏民同胞对藏獒的爱也与藏獒在他们的生产与生活中发挥着重要作用有直接关系。藏族各部落有各自的牛羊牲畜、草场河流,牧业生产本身的规律是分散游牧,这样藏民就不得不在猛兽中找朋友、找助手、找合作伙伴。经过长期实践捕捉并驯育了以藏獒为代表的狗类,狗也就成了牧人忠实的伙伴、四季不离的好朋友。藏民对狗的研究是独到的、精湛的、全面的、辩证的,他们捕捉到了狗的本质属性:勤劳、任怨、专一、忠诚、勇敢,与主人同甘共苦,相依为命。考察驯狗历史可以发现,藏民与狗的缘分很长久。吐蕃八代君主直贡赞普时期(公元前2世纪,西汉武帝时期),藏区就已经有了驯育的藏獒。直贡赞普被侍卫官阿罗刺死篡位,为了复仇,直贡赞普的妻兄天笨波师用10头牛换回了一只十分漂亮、凶悍的藏獒,精心喂养调驯,带到阿罗所在的宫殿,乘阿罗晒太阳,他在狗身上涂了剧毒药,让狗跑到阿罗面前,生性喜欢狗的阿罗情不自禁地抚摸狗的绒毛,结果中毒身亡。故事说明,藏獒的培育成功至少已有3 000年的历史了。

历史上的西藏地广人稀,长时间与世隔绝,人民信奉藏传佛教,与人为善,不杀生。辽阔的藏区、空旷的地域,各种野生动物得以繁衍,狼、狐狸、雪猪、雪豹……随处可见,生活在这种环境的藏獒几乎处于半野生状态,有足够的机会捕食野物,获取营养,使得藏獒能抵御野兽侵扰并具有凶猛性情和强悍的体能,在牧民生活中具有不可替代的地位。

今天当我们继承祖先珍贵的文化历史遗产,珍惜、保存藏獒品种资源时,首先应当深刻了解千百年来在青藏高原独特的自然环境中,在藏族牧民的严格选择和培育下,藏獒品种形成的自然社会背景。藏獒在漫长的品种形成中所具备的品种特征、品种性能和气质秉性,具有藏獒种质的、遗传的特征,是藏獒独具的生物学、生态学品种性能,藏獒因此赢得了世界的青睐。世界公认藏獒是东方神犬,藏獒也是世界诸多大型犬的原始祖先,也是现在仅存的、唯一不惧怕暴力的犬品种。除著名的马士提夫犬外,其他还有大白熊犬、大丹犬、斗牛獒犬、拳师犬、圣伯纳犬、纽芬兰犬等,在其品种培育中都引入了藏獒的血缘,为以上诸多品种犬优良性能的表现奠定了良好基础。

## 四、藏獒产区的生态特征

藏獒被誉为"东方神犬",有深刻的生态背景。藏獒原产地具有海拔高(2 500～6 000 米)、气温低(年均≤0℃)、昼夜温差大(15℃以上)、牧草生长季短(110～135 天)、辐射强(年辐射量585.2～815.1 千焦/厘米$^2$)、氧分压低(14.67 千帕以下)的特点。有资料说明,藏獒首先由几千年前居住在今天黄河中上游一带的古羌族人驯化,主要的驯化区域是古时羌族人居住分布的锡支河流域,即今天甘肃省甘南藏族自治州玛曲县、卓尼县、迭部县,四川省若尔盖县,青海省久治县等地域,也就是现在被称为"天下黄河第一弯"的玛曲草原。滚滚黄河从青藏高原走来,奔腾不息地从一马平川、沃野千里的玛曲草原流过,被誉为中华民族的母亲河,她哺育了中华大地,养育了中华儿女,带走了千古岁月,留下无尽的资源、宝藏和遐想,留下了物美天华和藏獒。

由青藏高原奔流直下的黄河水,在到达甘、青、川三省交界(今天的甘肃省玛曲县、青海省久治县和四川省若尔盖县)时,河流突然缓了,母亲河似乎有些犹豫,疾驰的脚步变慢了,慢得将凝将止,水静平如镜,似乎不忍离开故乡,回眸深深地远望,在这里留下了思乡的脚步,留下了今天的"天下黄河第一弯",她盘旋萦绕,弯弯曲曲,绵延 200 多千米,沿岸绿草如茵,沃野百里,黄河母亲把无垠的玛曲草原留给了故乡,留在了青藏高原。

玛曲草原位于青藏高原东北部,位于北纬 33°6′~33°46′,东经 102°11′30″~102°56′30″。属于寒温潮湿高山草甸草原,该地区具有低气温、高海拔、强辐射和蒸发量大等特点,是我国青藏高原最主要的草地类型。

玛曲草原,其自然生态环境属于青藏高原高寒湿润气候区,海拔 3 300~4 000 米,年平均温度为 0.3℃~1.4℃,绝对最高气温 25.5℃,最低气温-34.4℃,气温年变化幅度小而日变化幅度大,昼夜温差达 25℃左右。年降水量平均为 664.2 毫米,每年 4~9 月份局部地区常有冰雹,降雹过程短促而猛烈,最大雹重 11.3 克。霜期从每年 8 月中旬至翌年 6 月中旬,纯牧区无绝对无霜期。雪期从 10 月份至翌年 4 月份,约 7 个月,积雪深度一般为 5~8 厘米,最深 20 厘米。受北方寒流的影响,该区域多有暴风袭击,最大风力达到 7~9 级,全年日照时数达到 2 025~2 519 小时,由于日照强、多劲风,蒸发量为 1 175~1 320 毫米,为降水量的 2~3 倍。

千百年来,勤劳勇敢的藏族牧民在黄河第一弯——美丽的玛曲草原生育养息,信马由缰,放牧牛羊,玛曲草原已成为我国乃至全世界少有的一个极为独特的高原草地畜牧业生产类型。

黄河第一弯也是著名的东方神犬——河曲藏獒的故乡。藏獒又称羌狗、蕃狗、番狗,都有一定的历史渊源。历史已经考证,现在藏族的先民主要是生活在青藏高原的羌族,而羌族是一个游牧民族,最早生活在黄河上游的甘、青、川三省交界的黄河第一弯——今天的河曲藏獒的原产地玛曲草原,因此藏獒又称为羌狗。唐朝时期,因称西藏为"吐蕃"故将藏区所产之犬统称为"蕃狗"。到了清朝,因清政府对藏、青、川、康、甘一带的藏民统称"番子",故将该地所产之犬又称之为"番狗",可见自商汤至明清,藏獒首先是在今天称为黄河第一弯的河曲地区(非行政区划)被藏民族的先民驯养、驯化,以后随着该地域藏民族游牧及生活居住区域的扩大而逐渐分布到整个青藏高原及其周边地区。从古至今,黄河第一弯的玛曲草原为崇山所隔,交通不便,地理位置相对封闭,具备高海拔、低气温、强辐射、多降水的区域自然气候特点。受地区自然生态环境的长期影响,该地区的藏獒具有体型高大,骨骼粗壮,体质属"粗糙紧凑型",结实强壮,秉性悍威刚毅,对主人百般温驯,对陌生人有高度的警惕、强烈的敌意等特点,成为广泛分布在青藏高原及其周边地区最优秀、最原始的藏獒种群。该种群藏獒首先在体型外貌上表现出青藏高原自然生态环境长期对其影响的印痕,具备了青藏高原犬种独特的形态特征。外形评定,其体型高大,体格粗壮,略显粗糙,结构协调。头大额宽,顶骨圆拱,两耳低位、下垂,呈倒三角形;嘴筒粗短,下唇角低垂弯曲,形成皱褶,裸露下牙床;眼大小适中,下眼睑内角略下陷,目睛褐黄;颈肌丰厚、颈粗壮,长度适中,喉皮松弛,呈褶环状;胸宽深,肋骨开张,背腰宽广平直,腹充实,腹线略平行于背线,臀宽平;前肢粗壮端正,爪掌肥大,后肢筋腱强健,飞节坚实;被毛丰厚,有长毛型、中毛型和短毛型 3 种类型,均具有双层被毛,表现出周毛粗长,绒毛密软,臀毛长密,头部和四肢下部毛短;尾大毛长,侧卷于臀上。

诸多特点说明藏獒是生活在青藏高原的犬品种,已经经历了 3 000 多年的育成历史,漫长的自然选择和人工选择进程以及严酷的生存环境使藏獒的各组织与器官之间、形态结构与其功能之间、整个机体与外界环境之间形成了高度的协调与一致,各种组织、器官亦得到了充分的发育和锻炼,使其在原产地具备了非一般犬所能具备的智力和体能,具备了对青藏高原恶劣环境的高度适应能力。表现在对高海拔、气温、食料、栖息环境、饲养管理方式等诸多方面的适应性。外观上也可以看到藏獒高大强壮,体重大,幼年期生长快等,具有生活在寒冷地区动物的共同特征——体型大,单位体重所占有的皮肤表面积小,有利于动物保存体温或在寒冷多变的气温条件下调节体温,保持体能。

## 五、藏獒的品种退化及应对措施

### (一)藏獒养殖现状

**1. 藏獒标准研究现状** 1993年,国内制定了第一个藏獒标准——甘肃省地方标准《河曲藏獒》,标准规定了河曲藏獒的体型外貌、生理特征、习性和分级评定。2002年甘肃省在修订《河曲藏獒》标准的基础上颁布了《藏獒》标准,标准规定了对藏獒品种性能鉴定的要求和对藏獒体型外貌、体尺、毛色、适应性与气质评定的分级评分,标准中明确规定了藏獒的体质类型应当是粗糙紧凑型。2003年,河南省颁布了藏獒地方标准《中国藏獒》,标准规定了中国藏獒的术语和定义、品种特征与特性、评定方法、后代品质、综合等级评定及评定规则。2010年,农业行业标准《藏獒》颁布实施,规定了藏獒定义、体型外貌基本特征,适用于藏獒品种登记、品种鉴定和等级评定。另外,美国藏獒协会也制定了"藏獒品种标准"(包括美国藏獒协会藏獒标准Ⅰ、Ⅱ)。制定"藏獒标准",首先应有代表性,能反映藏獒基本的生物学特征和水平,其次该"标准"应有导向性,能引导和推进国内对藏獒的选育沿着正确的方向发展,在保护藏獒品种资源的同时,充分发挥藏獒的各种性能,满足社会对藏獒需求的新高度、新水平,不断推进藏獒的选育。

**2. 性能退化主要表现** 随着藏獒养殖的急速扩大和升温,过去鲜为人知的藏獒终于走出了草原,步入了人类的现代社会,以其固有的品质性能得到社会的认可和重视,开始为人类创造新的财富,以至藏獒养殖成为某些藏獒产区发展经济的"重要产业",体现了藏獒在人类社会生活中固有的价值和历史地位;但是另一方面,伴随着每年大批优良藏獒离开原产地,离开了曾经世世代代养育了它们的青藏高原,不仅对青藏高原的藏獒种群资源保护造成严重破坏和威胁,而且也使得这些数量众多的藏獒犬只在新的地域产生不良反应。

藏獒是广泛分布在青藏高原及其周边区域的护卫犬品种,千百年来,由于青藏高原独特生态环境的陶冶和藏族牧民的严格选择,使得藏獒具有了高大的体型、强壮的体魄、结实的体质,具有了刚直不阿的脾性、高傲的气质,勇敢搏击的勇气和忠诚、纯朴的秉性。藏獒以自己硕壮的体型、优良的品质倾倒了世人,饲养藏獒已成为一种时尚,风靡了全国。但是大批藏獒被直接贩运到我国内地后,由于海拔、气候、光照、食料和栖息环境的剧烈变化,超出了藏獒生理调整的能力,使之完全处于一种生理紊乱或应激状态时,再奢谈"藏獒强壮、凶猛"岂非惘然?而事实上,如果深入分析,不难发现目前我国内地诸多省(自然区)所饲养的藏獒,就其适应性有关的各类性状而言,实际正在发生退行性的变化,其中特别是品种特征和品质性能,已发生了比较明显的退化,大量从产地运入内地的藏獒在被引入新的地区后,其当代或后代都比引入前在品种性能上发生了不利的遗传变异,主要特征是体质过度发育,出现了与原产地粗糙紧凑型体质完全不同的体质类型(细致紧凑型、细致疏松型等),从而不能适应新环境的生存条件,生活力下降。具体如下:

第一,体躯或纤细单薄,背腰狭窄,腰凹背拱;或肥胖臃肿,背腰塌陷,肌肉筋腱松软无力。抗病力较差,尤其是幼犬,极易为疫病侵染,发病率、死亡率较高,冬春时节每逢寒流侵袭,感冒、稀便、咳嗽频频出现。

第二,生长发育缓慢,在通常的饲养条件下,大多数幼犬达不到相应月龄应达到的体尺和体重,而在内地"优厚"、不平衡的饲养条件下,藏獒幼犬又多因营养过剩表现出体质过度发育引起的"肥胖",并相应出现骨关节发育不良、关节畸形乃至前后肢瘫痪等不良表现。

　　第三,食欲差、消化力下降、摄食量不足也是内地部分藏獒品质退化的生理表现,其完全丧失了在原产地藏獒所具有的"暴食性",表现出与原产地藏獒品质不相符的懒食、食欲不振,以致犬只营养和体况不良,体质纤弱,"胚胎型"、"幼稚型"表现十分普遍。

　　第四,繁殖性能下降,种公犬表现出性欲不强,配种时只有短暂的爬跨甚至不爬跨,受胎率低,与配母犬多有空怀,亦多有繁殖疾患,诸如卵巢囊肿、阴道炎、子宫脱出、早期流产、难产、死胎、产后无乳,乃至新生仔犬死亡率高,断奶成活率低,断奶窝重低。

　　第五,行为懒散,嗜睡懒动,对周边发生的声响、光照等反应迟钝,失去了作为护卫犬特有的行为反应能力,更失去了通常人们所言及的"藏獒的凶猛性"等。

　　**3. 性能退化原因分析**　　由于人们错误地引种,错误、盲目地对藏獒的选择、饲养、培育和极度的商业炒作所造成藏獒产地种群资源迅速流逝,品种资源保护受到严重威胁,藏獒品质性能被人为扭曲和破坏以及环境嘈杂、食料变化、疫病侵染等生存环境的恶化对藏獒的严重影响。

　　除在藏獒品种形成中人类的作用外(人工选择的作用),人为因素对藏獒的影响主要是近年来部分人士出于商业炒作的目的,盲目引种,不科学的饲养和管理,使千百年来生活在青藏高原的藏獒被大批贩运到内地后,在生活环境、饲养管理方法、选种选配技术、选育方向等诸多方面对藏獒所产生的在体型、体质、品质性能和适应性等诸多性状的影响。这种人为影响虽然没有自然影响的作用持久、稳定,但在一个相对的时间段中,人为因素对藏獒的影响比自然因素更直接、更强烈。因为其直接改变乃至破坏了藏獒作为护卫犬所应具备的体型外貌和体质类型。

　　青藏高原的自然生态环境对藏獒的品种形成有着3 000多年的长期影响,人类不可能在短期内抹去这些影响。所以,许多人为了牟取暴利,将藏獒从青藏高原贩到我国内地的行为完全是盲目的、错误的。1958 年有人曾将产自青藏高原的牦牛运到广州饲养,当年全部死亡,宣告引种失败。虽然藏獒主要在牧民家中饲养,受人类的影响较牦牛大,也更加适应人工的饲养环境,但并不是说藏獒对低海拔、气温高、噪声、烟尘的环境就能适应,藏獒喜欢通风凉爽的气候环境,"喜凉怕热",所以在我国内地低海拔、高氧压、夏季炎热潮湿的环境条件下,藏獒不仅表现出少食懒动、呼吸浅表外,甚至表现出热应激的生理反应,如体温升高、呼吸急促、血压升高、脉搏加快、饮水量急剧增加等生理异常表现,在高温、高湿气候状态下,猝死现象频频发生。特别是某些人在利益驱动下毫不顾及藏獒的生物学特征和生理适应性,把一些原产于高寒、高海拔地区的长毛型藏獒(社会上称为"狮头型")直接贩运到我国内地,标榜为"纯种藏獒",使得许多人盲从,不仅对原产地藏獒种群资源造成了严重破坏,更使得那些被贩犬只深遭厄运。在内地高温、高湿气候和低海拔生态条件下,藏獒维持基本生命活动的过程受到严重干扰和威胁,又怎么可以想象让藏獒去冲锋陷阵,勇猛搏击呢? 更有甚者,目前有个别炒作者过分强调"纯种藏獒"的毛长、三吊(嘴吊、眼吊、脖嗦即颈垂吊)和体高85 厘米等特征,从而一味追求藏獒嘴型的过于"垂吊"和体型的过于"高长",完全忽视了藏獒在 3 000 多年的品种形成历史中青藏高原独特生态环境所形成的体型结构、协调性和结实性,破坏了藏獒体型结构与生理功能间的一致性和平衡性,人为迫使藏獒的体型、体质向疏松、软弱乃至纤弱发展,对藏獒的伤害是可想而知的。

此外,不科学的饲养管理也是造成藏獒健康水平下降、品质性能和体质变化的重要原因。许多人出于爱心,对藏獒的活动、采食、卧息等过多地人为干预,完全按照自我意识饲养藏獒,如犬活动量受限、大量使用高能量、高蛋白的食品。甚至有人为了让生长犬肥胖"好看",不惜使用雌激素等,这样做都会破坏藏獒在 3 000

多年的品种形成中所建立的与青藏高原自然环境之间的协调性，也不能期望犬只个体在当代或一两代内就能与新环境之间建立起统一和平衡。人为不科学饲养和片面选择的结果，正在走过去已被实践证明的"偏选种"的老路，对藏獒的生长发育和体质形成极度不利。

## 六、藏獒的科学饲养与培育

藏獒是一个原产于青藏高原及其周边国家和地区的原始性、地方性犬品种，受产地自然条件（自然选择）的影响深长而久远，受人工选择和社会生态条件的影响主要集中在藏獒的气质秉性（凶猛性）、忠于主人、警惕生人等方面。就体型外貌性能特征等性状遗传而言，藏獒不同于德国牧羊犬等品种经过了人类有方向、有目标、有科学选育方案和措施为基础的严格系统的选育过程，更没有达到国际公认和学术界公认的纯种犬必须具有的遗传稳定性（主要性状基因的纯合率达到 25％以上），所以客观地说，目前我国的藏獒仅仅可以称之为一个深具青藏高原特点的地方性犬品种，而不能称为"纯种"。进而言之，只要认真研究一下那些被标榜为"纯种"藏獒后代的遗传性，不难发现其后代犬在体型外貌、气质秉性、生长发育、体质类型、毛色表现乃至抗病力、繁殖力、适应性等诸多方面表现的差别，就能断言该犬性状遗传的分离性、杂合性和不稳定性。

针对以上情况，甘肃省科技厅积极组织科技立项，在全国率先由甘肃农业大学崔泰保教授主持开展《纯种藏獒系统选育的研究》，在国内引起了反响和瞩目。开展纯种藏獒系统选育研究，在我国尚属首次，包括藏獒品种资源的保护、品质性能的改良、提纯和对藏獒品种资源的科学利用等多项研究内容，具有科学的前瞻性和技术的先进性。培育纯种藏獒，首先要考虑藏獒原产地自然生态条件对该犬品种特征形成的长期影响，又要关注到在项目完成后所培育的纯种藏獒犬向我国内地推广的要求。甘肃省无论在海拔、气温、食料来源、藏獒的种群资源，还是有关对藏獒科学养殖的技术研究等方面都具有相对的优势条件，是全国其他省、自治区、直辖市无可相比的。其中，就技术水平而言，甘肃省是全国第一个科研立项开展藏獒种质特性研究的省份，1989 年即建立了国内第一个藏獒品种资源保护核心群场，1993 年甘肃省已率先在国内发布了第一个关于藏獒的选育标准——《河曲藏獒》标准，并于 2002 年经甘肃省质量技术监督局批准，对原《河曲藏獒》标准修订后颁布了《藏獒》标准。1997 年，甘肃农业大学崔泰保教授主持开展了对中国最优秀的藏獒种群"河曲藏獒"种质特征的研究，发表了有关河曲藏獒生长发育、繁殖性能、选种、选配和生物学特征等方面的科研论文 10 余篇，正式出版了国内第一部关于藏獒的科学专著《藏獒的选择与养殖》，在国内外产生了深刻的影响。

中国纯种藏獒系统选育的研究针对目前在我国内地所养殖的藏獒在体型、毛色、体质类型、气质秉性等诸方面与藏獒固有的品种性能的差别、所发生的退行性变化（或称为退化），包括适应性下降，生长缓慢，性格懦弱，抗病力低，繁殖能力下降等诸多方面的表现，展开有关动物遗传学、动物育种学、数量遗传学和统计学分析，确定藏獒优良数量性状的遗传力和质量性状的基因频率，进而采取相应的选择方法对决定藏獒优良性状的基因准确选择，并有针对性地进行优良性状基因的选优提纯工作、优良性状的科学组合工作，纯化固定工作，最终通过优良基因的选优提纯，科学选种选配，品系（或品族）繁育，定向培育，科学饲养等措施，从体型外貌、体质类型、生长发育、繁殖性能、性状遗传和种用价值 6 个方面全面开展对藏獒的系统选育，在达到规定的基因纯合率（25％）后，将个体所具有的优良性状、性能及时转化为群体所共有，全面实现纯化后藏獒品种的提纯复壮和品种资源的科学保护，完成中国纯种藏獒系统选育研究的技术要求。经过系统选育的纯种藏獒必须具有纯种犬的基本条件——遗传稳定性好。就同一窝的新生幼犬而言,应表现出体型外貌(包括毛色)、气质秉性、生长发育、繁殖性能等外观性状的一致性与整齐性。同理,在同一场内同期出生的新生幼犬和在上下代同月龄犬只性状所表现的一致性亦代表着犬场系统选育的能力和水平。

因此,培育一条外形俊美、神情严峻、品质优良的藏獒,首先必须以藏獒的系统选育为基础,学习有关科学饲养藏獒的知识,了解藏獒——这个来自青藏高原原始犬品种基本的生物学特征,深刻认识藏獒培育的目标,扎扎实实地做好系统选育工作。该项工作在目前阶段应达到以下3个方面的标准或内容:

第一,经过系统选育的藏獒必须能够体现藏獒最基本的体型外貌特点,表现出体型高大强壮、紧凑协调的基本形态,包括头大额宽,胸宽深,背腰宽广平直,四肢粗壮,四爪粗大等,绝非只有一身长毛、一张"吊嘴"所能代表。更应强调在根据外形选种时,不要苛求背腰的过于高长,面颊的过于吊垂,胸部发育的过于浅窄乃至被毛的过于长密。后者,受自然气候的影响很大,遗传力低,难以稳定遗传,在世代选育中极难固定。所以,自古有"外形鉴定,形(形态结构)骨(骨骼发育)为先,徒以貌取,差之远矣"之说。

第二,开展系统选育的目的是为了保护藏獒固有的品质性能,因此强调加强藏獒体质选育的重要性,使藏獒表现出"粗糙紧凑"的体质类型。无论在青藏高原还是在我国内地,藏獒都表现出体质结实,体型协调,适应性强,抗病力好,性格强悍,凶猛、沉稳,所谓"坐如钟,动如风"!

第三,要加强开展对藏獒毛色的选育。一方面,开展藏獒系统选育的最终目标是为了获得藏獒的纯种,纯种藏獒就不应有杂毛色。这是基于世界上的任何一种纯种家畜都是以毛色作为其选育水平和选育质量的标准,也是其品种质量的表现。事实证明,在开展藏獒的系统选育中,毛色性状不稳定性很高,给选育造成了一定的困难;另一方面,随着国内对藏獒鉴赏水平的不断提高,那些毛色不纯,具有白胸、白爪、白鼻梁、"暗四眼"、四肢琥珀色等杂毛色藏獒或某些由于决定毛色的等位基因之间所表现的等显性、无显性、不完全显性而决定的藏獒毛色个体(亦多为杂毛色)已经被公众否决,市场价格低廉,甚至无人问津。另外,由于我国现在仍然是发展中国家,各地经济发展速度和人民生活水平都不尽一致,出于卫生防疫和群众生活安全的考虑,国家在许多大中城市都有关于限制养犬,特别是限制饲养大型犬、烈性犬的规定,所以国内目前和今后大量发展藏獒养殖的市场消费量是十分有限的,国家有关部门应当给以相应的指导与建议。

如果藏獒养殖作为一种产业预测其今后市场前景如何,必然是以科学选育为导向的新一代纯种藏獒的市场! 必然是以系统选育为基础的、以全面评价藏獒体型外貌、体质类型、适应性、抗病力、繁殖力、气质品位乃至社会鉴赏为一体的藏獒的市场。为此,目前首先要重视藏獒的系统选育,特别是体质的培育,包括研究藏獒生长发育的规律,研究藏獒的适应性,了解藏獒在生长发育的不同阶段对营养和环境的要求,并据此采取科学严谨的饲养管理技术措施,真正实现对藏獒的科学培育。这些措施,一般应当在胚胎发育的后期就开始,通过加强对母犬的科学饲养,才有可能为出生前及出生后仔犬的良好发育和健康奠定良好的基础。培育优良藏獒最重要的时间是在仔犬出生至 6 月龄阶段,仔犬出生后,新生环境与胚胎时期相比发生了极大的变化,而仔犬体质纤弱,抗病力低,只有注意环境改良,加强疫病防治和科学饲养管理,并注重藏獒的选种、选配和驯育,才有可能培育出真正具有威慑力的藏獒。为此,目前首要重视藏獒的系统选育,特别是体质的培育,包括研究藏獒生长发育的规律、适应性,了解藏獒在生长发育的不同阶段对营养和环境的要求,以采取科学严谨的饲养管理技术措施,真正实现对藏獒的科学培育。

# 第二章　藏獒的生物学特性

## 第一节　藏獒的适应性

### 一、适应性的概念

适应是指生物受到内部和外部环境的刺激而产生的生理功能反应或遗传反应,这种反应可以使藏獒犬体一切功能保持着与周围外界环境的动态平衡,使其能在变化的环境条件下正常地生存与繁衍后代。所以,藏獒的适应性就是藏獒对其在外界环境作用下所产生的反应过程中的调整能力和程度。藏獒对变化了的环境的适应,表现在许多方面。一般来说,为了保持机体内功能的恒定性,机体就会对所受到的刺激产生形态、解剖、生理、生化和行为的改变,这些改变通常统称为表型适应。这种适应使藏獒能够在一定的环境中更好的活动,因而有利于生存。由于自然选择与人工选择的结果,淘汰了不适应于环境变化的个体,保留了适应于新环境的个体,这使群体在某一特定环境中通过自然选择和人工选择而获得了能遗传的特征,这称为遗传适应。这种适应也是导致生物进化的一个主要因素。良好的适应表现为:在不利的条件下(如营养缺乏、气候应激、运输应激等)体重下降最少,繁殖力不受影响,幼犬生长发育影响不大,抗病力强,发病率低,生产能力正常。反之,不良的适应具体表现在生长率、生产力、繁殖力、抗病力等都下降。藏獒的适应性也就是指藏獒在某一特定环境中生活力的综合表现,或者可以认为是藏獒与其生存环境之间保持协调性的综合能力,通常可以通过对某一环境作用下藏獒的性状发育、行为反应、性能表现、生活力、抗病力以及繁殖力等表现而得出定性乃至定量的结论。

藏獒是生活在青藏高原的犬品种,已具有 3 000 多年的育成历史,漫长的自然和人工选择进程和严酷的生存环境使藏獒的各种组织与器官之间、形态结构与其功能之间、整个藏獒机体与外界环境之间形成了高度的协调与一致,各种组织、器官亦得到充分的发育和锻炼,使其在原产地具备了非一般犬所能及的智力和体能,具备了对青藏高原恶劣环境高度的适应能力,表现在对海拔、气候、食料、栖息环境、饲养管理方式等诸多方面的适应性。外观上藏獒高大强壮,体重大,幼年期生长快,说明藏獒具有生活在寒冷地区动物的共同特征——体型大,单位体重所占有的皮肤表面积小,有利于动物保存体温或在多变的气候条件下调节体温,保持体能。

## 二、藏獒在我国内地环境下的适应性

评价藏獒在我国内地气候条件下的适应性是开展藏獒系统选育的重要内容。一个重要的途径则是记录并观察藏獒在新环境中的行为反应,因为有许多资料和报道都一致认为"适应"几乎是动物一切行为的基本内涵,或者说,动物在各种不同的环境中所表现出的各种行为都含有动物个体的、种群的、累代的对环境适应的意义,并决定着动物的生死存亡。藏獒的适应有 3 条途径,即遗传变异、生理变化、行为反应。其中,行为反应是个体在日常生存中表现最多、最快速的应变方法。一个成年藏獒在时刻变化的环境中生存就必须依靠自身的各种行为反应能力来应答环境,保护自身。这种行为反应的能力是由先天遗传和后天获得成分复合构成的。先天遗传包括各种简单反射(多由动物肢体中存在的能够控制动物肢体运动的简单神经中枢指挥),如跑、跳、躲避、逃跑等;复杂反应则包括各种简单的行为反应所构成的行为链,而后天获得的成分则包括各种条件反射、学得的反应和习惯。这些不同的成分可以构成藏獒浩繁的、千变万化的行为现象,从而进一步反映藏獒对环境的适应能力或与其生存环境保持协调统一的能力。所以,"适应"又是藏獒生命现象的基础,而"不适应"则预示着藏獒生命现象的阻遏或停止。

观察和评价藏獒在我国内地环境条件下是否适应,应着手了解在一个样本群体中的藏獒在采食能力、生长发育、抗病力、繁殖力(包括种公犬的配种能力、公犬的精液品质、与配母犬的受胎率和母犬的发情率、受胎率、产仔数、产活仔数、仔犬断奶成活数、仔犬断奶窝重、仔犬断奶最大个体重等)和藏獒的体质类型、气质秉性以及藏獒在新环境中的行为反应等方面的表现,与原产地相比,是否发生了不利的、退行性的变化,特别是上下代之间相比是否发生了遗传性变化或退化。不要幻想藏獒会在引种后的当代或以后的几代内就会对我国内地的自然社会条件适应。

系统选育问题非常重要。目前,内地几乎有95%的藏獒养殖场仅仅是繁殖场,场内充其量只开展小范围的表型选配,而完全不能有目的、有意识地开展藏獒的系统选育、开展深层次的科学选种和选配,使得场内犬只的性状组合、性能表现按照藏獒性状遗传规律和预订的技术方案发展。否则,藏獒在我国内地环境条件下是不适应的,是退化的。

## (一)藏獒在我国内地条件下退化原因分析

客观的评价,目前藏獒在我国内地环境条件下的适应性表现是退行性的,或者说,在我国内地气候条件、饲养管理条件乃至选种选配技术水平条件下,几乎有95%的藏獒养殖场,犬只在适应性有关的性状性能表现上正在发生退化,由此对藏獒品种资源保护产生的不利影响令人甚忧。藏獒是广泛分布在青藏高原及其周边区域的护卫犬品种,千百年来,由于青藏高原独特生态环境的陶冶和藏族牧民的严格选择,使得藏獒具有了高大的体型,强壮的体魄,结实的体质,具有了刚直不阿的脾性,高傲的气质,勇敢搏击的勇气和忠诚,纯朴的秉性。藏獒以自己硕壮的体型,优良的品质倾倒了世人,饲养藏獒已成为一种时尚,风靡了全国。但是深入分析,不难发现目前我国内地诸多省(自治区)所饲养的藏獒,就其适应性有关的各类性状而言,实际正在发生退行性的变化,其中特别是品种特征和品质性能,已发生了比较明显的退化,进而言之,大量从产地运入内地的藏獒被引入新的地区后,其当代或后代都比引入前在品种性能上发生了不利的遗传变异,主要特征是体质过度发育,出现了与原产地粗糙紧凑型体质完全不同的体质类型(细致紧凑型、细致疏松型等),从而不能适应新环境的生存条件,生活力下降。目前,在我国内地条件下出现的藏獒品种退化与藏獒生活环境、选育目标和培育条件的变迁有直接的关系。

## (二)藏獒的体质与适应性

在现代动物育种中,一直高度重视动物的健康性,即在各种不良环境中,保持正常摄食、生长发育、抗病和抗逆的能力,为此首先强调或重视体质在选种中的重要性,并把体质看作是动物适应生存环境的一种综合能力,其与动物的健康程度、生活力、生长势(生长发育的强度)、繁殖力乃至生产力之间都有密切的关系,更可以通过动物以上的各方面表现判断其体质类型。反之,又可以根据动物的体质类型确定其培育发展的方向和前途。

目前,国际上一般是按照库列硕夫创建的方法,判断动物的体质。库列硕夫从动物机体各组织器官的协调性出发,根据动物骨骼、皮肤、皮下结缔组织(脂肪等)、肌肉及内脏的发育情况把各种家畜的体质分为两对相对的体质——细致与粗糙、紧凑与疏松。后人在生产中根据实际情况,将体质分为 4 种混合类型,又补充了结实型,即细致紧凑型、细致疏松型、粗糙紧凑型、粗糙疏松型、结实型。

适合于藏獒的体质类型是粗糙紧凑型,其具体部位表现是头大额宽,骨骼粗壮但很结实,体躯魁梧,头粗重,四肢粗壮,骨间距小,骨骼相互靠得较紧,中躯显得较短而坚强,肌肉筋腱坚实有力,皮厚毛粗,皮下结缔组织和脂肪不多,适应性和抗病力较强,神经敏感程度中等。

根据藏獒的体质类型规定,藏獒骨骼、肌肉、筋腱的发育是粗糙型的,而皮肤、皮下结缔组织的发育必须符合紧凑型。至此,国内目前各地在藏獒的培育中,不仅体况不能太胖,而且要注意纠正一味追求某些端部器官过度发育、"皮松"的现象,诸如追求嘴部上下唇和耳的过于下垂、硕大,颈垂的过于松软,体格的过于高长等,实际都不符合粗糙紧凑型体质的要求,片面追求的结果,不仅会破坏藏獒犬体结构的协调性,更使犬的体质会背离紧凑型而向疏松型发展,出现体质的过度发育,表现出体质的疏松和纤弱,适应性、抗病力下降。犬只表现出脾性温驯、懦弱、懒散,体态龙钟、背腰凹陷、四肢出现"卧系",或纤弱单薄,不能耐受粗放饲养管理,多病、挑食、厌食、易疲劳、繁殖力下降等一系列不良表现,久而久之会完全丧失藏獒的气质秉性和特征。

# 三、藏獒对各种环境的适应性

## (一)藏獒对海拔的适应性

藏獒对海拔的适应性不仅表现在可以在海拔 5 000～6 000 米的地方生活并正常的摄食、生长、繁殖,在具备相应的条件和过程后,亦可适应于沿海低海拔地区。在我国福建、广东和"台湾"等沿海省份和东南亚国家,藏獒饲养目前十分普遍,藏獒对海拔有较好的适应性,其适应范围尚无任何一种动物可比。

当然要保持藏獒对海拔的适应性也相应需要一定的条件并须经历相应的技术过程。近年来,在我国中原及东北、西南、东南等许多地区,养藏獒非常普遍。许多人反映藏獒出现"不适应"的问题,如幼犬死亡率高、生长发育缓慢、母犬受胎率低、死胎、难产多有发生以及发病率高。综合分析,实质上还是选种不当、饲养管理不善的原因。首先,由于藏獒群体的高度混杂,内中个体的体质类型各不相同,对海拔的适应性也不同,因此加强选择是必要的,并不是所有藏獒个体对内地的低海拔都不适应,内中不乏能够很好适应的个体。其次,加强犬只的锻炼,也是提高藏獒对低海拔适应能力的有效措施。通过充分的活动与锻炼,藏獒的各组织器官之间、机体与外界环境之间可以达到最大程度的协调与统一,使各种器官功能得到充分的活动与发育,保证犬生命力旺盛,身体健康,各种器官亦能充分发挥其生理功能。例如,国内著名的中国藏獒纯种选育核心群场——兰州原生獒园及宁夏金沅纯种藏獒育种核心群场,为产地引入的藏獒提供了宽敞凉爽的饲养环境,场内设有山坡绿地,绿树成荫,所有藏獒随时可以自由驰骋、奔跑跳跃,身心得到充分的锻炼和欢娱,体质结实,体态健壮。但我国内地的绝大多数藏獒养殖场,藏獒被贩运到内地时,且不说沿途可能受到的多种传染病的侵染,大多数藏獒在到达新的场区后即刻被拴系或关在极狭小的笼圈内,不能随意活动,无处庇荫躲雨,亦得不到任何活动和锻炼,终日懒散昏睡,体质、体力和各种组织器官的功能日渐衰弱,生活力降低。当然据此我们还不能说藏獒的适应性发生了退化。在动物育种学中,"不适应"的概念是指动物在新的环境中生活力、抗病力、繁殖力等方面经遗传统计学检验,发生了不利的遗传性变化。就藏獒而言,如果在新的居住环境中能够加强犬只在体质类型、体型和凶猛性等方面的科学选择,为藏獒提供较大的活动区域、注意加强疫病防治、改善饲养管理,无疑对保持和提高藏獒的适应性有积极的作用。在我国的宝岛台湾,对藏獒的饲养和培育十分重视。台湾同胞视藏獒为"国宝",无比珍爱,自然也格外注意加强饲养管理,重视疫病防治、选种选配和幼犬培育。当地百姓所饲养的许多藏獒发育充分,确有"高大威猛、熊风虎威"的气质品位和形态特征,令人望而生畏,爱意倍增。台湾同胞养藏獒多采取散养的形式,犬只很少拴系,可以自由地出进庭院,夜间有"狗屋",宽敞洁净,在饲养管理乃至环境卫生控制等方面几乎达到了尽善尽美。台湾对藏獒的选择亦十分重视,强调从 3 个方面选择优良的藏獒——体型高大强壮、体质结实、性格强悍、毛色均一,突出了体质类型在选种中的重要性,所以藏獒在台湾不仅能较好适应,也得到了良好的培育,由于抓住了藏獒选育的核心,出现了许多出类拔萃的个体,取得了较好的选育效果。

**(二)藏獒对气候的适应性**

　　藏獒原产地是世界屋脊,绝大部分地区无绝对无霜期,年平均温度在 0℃左右,气候的垂直分布带十分明显,在西藏南部有亚热带气候和温带气候,拉萨、日喀则等地为寒温带气候,海拔 4 000 米以上的地区基本属于寒带气候,终年冰雪严寒,冻土带长年保持。这种气候分布使藏獒具有极好的适应气候变化的能力。从生物学角度讲,藏獒更能适应于寒冷潮湿的气候环境。青藏高原的夏季多暴雨,高原居民都有经验,草原上飘来一朵云,就有一阵雨,看到云来就要设法躲雨,稍有迟缓,疾风暴雨如同万马奔腾,挥然而至。在这种环境下,藏獒在空旷的原野中唯有依靠一身被毛抵御骤雨。此时聪明的藏獒会将身体蜷缩成一团,将蓬松的尾巴垫在臀下,将头缩到胸腹部,任凭风吹雨打,欣然不理。待风雨过后,将周身皮肤和被毛用力甩动,就可将身上的雨水甩得干干净净。由于有双层被毛保护,风雨之后,藏獒依然健康,依然强壮。至于在漫漫冬日,藏獒被毛修长,绒毛密软,即使劲风呼号、飞雪漫天,藏獒依然奔腾跳跃,越加欢畅。

　　犬只个体无论处于何种气候环境,当代就能良好适应,表现出健康的生理状态和体态。藏獒适应环境气候的方式首先表现在增加或减少被毛的绒毛量、周毛的长度与密度。特别是当藏獒犬只在被销运到气候炎热地区后,即刻能通过褪换被毛的方式脱去冬装,减少绒毛甚至不再着生绒毛,周毛(粗毛)稀疏,犬体完全处在毛丛形成的空气隔热层保护之中。据测定,在强烈阳光照射下,藏獒毛尖温度可高达70℃,但皮肤温度仍保持正常。近年,由青藏高原运至深圳、厦门、武汉等地的藏獒中有些个体较好地适应了当地夏季的高温气候环境,受到了广泛称赞。当然,就藏獒本身的生物学特点而言,更倾向于清新凉爽的气候环境,因此每当天气炎热、烈日当空时,聪明的藏獒总是寻找在树荫下、水塘边等通风背阴处避暑,或者直接在阴凉潮湿的地方挖一个土坑,爬卧在内,为自己创造一个凉爽环境。藏獒的这种适应和改造环境的能力是非一般品种犬可比的。另外,在天气炎热时,藏獒还能自行减少采食量,以减少体内的产热量,缓解高热对机体的影响;或增加饮水量,频繁排尿,或加强呼吸与唾液分泌借以散发体热。因此,夏天及时给藏獒饮水是非常重要的。

　　控制摄入饲料营养的能量水平是动物适应环境气温的一种本能,在青藏高原寒冷气温条件下,藏獒所具有的"暴食性"、"动物食性"集中体现了藏獒为了获得维持基本生命活动的能量和维持体温恒定所具有的摄食能力和食物构成特点。但是在我国内地夏季高温气候条件下,大量采食高能食料造成藏獒采食发热增加,短时间内体内蓄积的热量不能散发使藏獒体温升高,发生"热射病",导致藏獒昏迷甚至猝死;长期摄食高能食料,必然造成藏獒体重增加,体型臃肿肥胖,不仅肌肉松软,活动困难,丧失搏击能力和勇气,而且过度肥胖加重心脏负担,动脉血管硬化,出现心脑系统疾病。有相当一些藏獒饲养者为了追求外观的"美感"或出于对藏獒宠爱有加,唯恐自己的藏獒受到委屈而大量喂给富含动物脂肪的高能食料，其结果却适得其反，加重了藏獒的负担，使藏獒在我国内地炎热的气候条件下很难适应。

　　藏獒对热环境的适应能力有一定的范围和极限。据测定，在海拔 3 000 米地域，藏獒适应气温的能力为 30℃～－30℃；在低海拔地区，藏獒对环境气温的适应能力因海拔越低、湿度越高、空气中水汽越大，越不利于藏獒的体温调节，藏獒适应热环境的能力也越低。但是，近年来社会上有些人受藏獒炒作的影响，一味追求"长毛型"，没有经过任何驯化过程，将许多长毛型藏獒直接引入到我国南方地区，在夏季 35℃左右的高温、高湿环境中，藏獒身披厚长被毛，好似盖一床厚厚的毛被，岂有不热之理？又岂有适应之理？而引入我国南方地区的大量短毛型藏獒，到了新的地区后能迅速褪换被毛，减少着生绒毛，周身轻松，能较快地适应新环境。

### （三）藏獒对环境变迁的适应性

　　环境变迁是指藏獒在离开原产地包括主人、食料、场地等方面的变换情况和藏獒所表现出的适应能力。显然，发生以上情况对任何动物都是一种应激，但藏獒一般都能在较短的时间内，及时调整自身各组织器官的功能和行为习性以尽快适应。例如，虽然藏獒具有忠实于主人的天性，但无论大小藏獒，一旦更换了新主人，就能马上辨识、记忆新主人的音容笑貌，包括新主人的气味、说话的语调、走路脚步的轻重和新主人的形态特征，并竭力博取主人的信任，屈从于主人的召唤和驱使，体现藏獒具有极高的驯化程度。尽管藏獒是以凶猛闻名遐迩，但首先是以忠于主人为前提的。其次，在新的环境中，藏獒能较快地熟悉周围环境，也是其他犬品种所不及的。诸如通过标记、嗅闻、巡视新环境，优良藏獒还能随之确定在新环境中睡眠、采食、排粪尿的合适位置；如果在新环境中还有其他犬只，藏獒能依据自身的条件恰当确定自己在犬群中的位置或排序，既能保持自己的尊严，又不会受到其他犬的欺辱。藏獒对新环境的适应能力是在千百年的品种进化或藏族牧民的强度选育中形成的，是品种种质性能的典型表现。诸如由于藏族牧民生产生活的游动性，随之迁移的藏獒一般不具有攻击性，在草原上从来没有听说藏獒在迁牧中攻击人或家畜。但是，一旦牧业点迁到了新的放牧点，主人的毡房落定、新砌的炉灶生起袅袅炊烟时，藏獒就马上开始履行职责，绝不允许生人随便靠近。这充分体现了藏獒的聪明灵敏和对自身行为发展的把握程度，在世界其他犬品种的行为能力研究中是未见报道的。

**（四）藏獒对食料变化的适应性**

藏獒在原产地的食物来源通常有 3 个方面：其一，主人所提供的食料，包括青稞炒面、饭汤、肉肠、畜骨、酸奶水（提取酥油、奶豆腐后的奶水，含有少量奶中的无氮浸出物等）；其二，由于冬、春季瘦弱和自然死亡的家畜，数量较大，是藏獒育成犬和成年犬在冬、春季节的主要食物；其三，夏、秋时节草原上遍布的各种啮齿类动物，是藏獒的主要食物。所以，即使是严冬时节（12 月份至翌年 1~2 月份）出生的藏獒幼犬，尽管在出生的 1~2 个月内由于母犬体况较差，营养不良，奶水不足使新生仔犬生长受到了影响，但 5 月份以后会有一段快速生长发育期或称生长代偿期。在这一阶段，藏獒母犬会尽其所能，在草原上捕获各种啮齿类动物，并将其中一部分带回来以反哺的形式饲喂幼犬，对幼犬的生长发育具有良好的促进作用（或代偿作用），经过代偿生长，幼犬累积生长结果与我国内地均衡良好营养条件的藏獒幼犬无明显区别。牧区藏獒幼犬的这种生长代偿能力在 3 000 多年的品种培育进程中，已经形成了品种特征，说明在内地饲养条件下只要营养平衡，就完全没有必要担心藏獒幼犬发育不良，而过量饲喂反而容易造成幼犬消化不良，影响食欲，出现厌食、腹泻、腹胀等现象，影响生长。生产中特别提倡食料营养全面，结构粗放，加大新鲜蔬菜、麦麸等粗纤维含量较高饲料的配比,减少高能高蛋白质、质地细腻食物,对保持幼犬消化道健康,胃肠道功能通畅有良好的作用。所以,藏獒对我国内地食料的适应实质上是一个如何通过人为调整来调动藏獒的食欲,保持消化道健康的问题。配制食料的一般原则是宜粗不宜细、宜稠不宜稀、转换宜慢不宜快、宜熟不宜生,所有奶制品、牛羊肉及其加工副产品、谷实类作物子实(磨粉)、多种蔬菜、骨粉等都可以用于配制藏獒的食料。

**(五)藏獒对管理方式变化的适应性**

在原产地,藏族牧民对藏獒的管理十分粗放,所谓"地上一根绳,地下一个洞",白天拴系,晚上放开,任由藏獒在毡房附近、草场周围游走、觅食,在草地上酣睡,寒冬或繁殖季节,藏獒多在拴系地点或毡房附近刨坑,蜷缩其中,以避风寒。在这种管理条件下,藏獒受自然因素的影响较大,形成了对自然环境良好的适应性,夏耐酷暑,冬抗严寒,体质强健。藏獒被引入内地以后,饲养居住环境发生了根本性变化,如果活动场地有限,导致活动量不足,骨骼肌肉缺乏锻炼,体质疏松,脾性懒散,不能保持或发挥其固有的气质秉性是可想而知的。另外,居住环境不卫生、生活垃圾、空气污染、高分贝噪声等对藏獒的身心健康所产生的危害也十分严重,日积月累,藏獒相应出现了听力下降、反应迟钝、抗病力低、性情急躁、过敏等与中枢神经系统病变有关的不良反应,应引起饲主重视。一般的预防措施,应尽可能保持藏獒居住环境的清洁、宁静、宽敞,提供较好的活动空间,采取独立拴系或独立空间散养方式,这对于保持藏獒的独立性、孤傲的个性及发挥其领地行为、护卫本能等都有十分积极的意义。

**(六)藏獒的抗病力**

抗病力是指动物在受到某种疫病侵袭时,保持机体健康,不受疫病侵染的能力。动物的抗病力除外部原因外,还与动物自身的体质条件有直接关系。由于藏獒原产地青藏高原高海拔、强辐射、低气温,目前在我国内地流行并严重危害犬只健康的烈性传染病,在藏獒原产地却较少发生。20世纪80年代以前,生活在青藏高原的藏獒很少会由于疫病而死亡,一般的风寒感冒、消化道疾病,对藏獒几乎很少有影响。但是近年来,这种状况正在发生改变,由于气候转暖、大气污染和大量狗贩涌上青藏高原寻求藏獒所造成的疫病蔓延,青藏高原"无病区"的神话已经不存在,每逢冬、春季节,犬瘟热、犬细小病毒性肠炎、传染性肝炎、副伤寒等疫病对藏獒的危害是十分严重的。在我国内地高气温、空气污染、嘈杂环境条件下,上述多种传染病流行,是造成藏獒养殖失败的主要原因。可以认为环境污染和体质衰弱是目前造成藏獒抗病力下降的主要外因和内因,提高藏獒的抗病力也必须从以上两方面着手。此外,作为临时性、安全性措施,每年按时防疫,对藏獒实施预防注射仍是最为有效的技术手段。

# 第二节　藏獒的行为学特性

## 一、藏獒的行为与行为学

藏獒的行为就是藏獒的行动举止,如行走、跑跳等,感受某种内在的或外来的刺激时所表现出的情绪、动作或特定的反应,如注目、竖毛、发声、愤怒、恐惧,乃至静止不动等。各种动物都有其特殊的行为方式,而在不同的环境条件下,即使是同种动物又可能有不同的行为发应。因此,藏獒的行为被认为是明显的或复合的藏獒的功能,包括藏獒的品质性能和气质秉性。进而言之,评价一只藏獒的优劣,不仅要注意其体型外貌,更要注意它的行为和气质秉性。

藏獒行为学是一门专注于对藏獒行为进行研究的学科。有时藏獒的某种行为可以很直观地看到、观察到,有时藏獒的行为又是潜在的,包含着一系列的行为反应过程。人们也因此可以从生态学、生理学、遗传学、畜牧学等不同的角度研究藏獒的行为,并对藏獒的行为给出不同的定义。综合起来可以说,藏獒的行为是藏獒在某种特定的环境中所表现的动作和动作的变化,是藏獒个体在生存中对一定的刺激表现出的反应,是藏獒在特定的环境中对内在和外界条件间的关系予以调整,以对周围的生物或非生物环境所做的动态调整和适应,体现了藏獒的品质秉性和能力。

## 二、藏獒的行为生理

藏獒生活的环境是不断变化的,藏獒的行为是藏獒与环境保持适应最快捷、有效的方式。但是,藏獒只有在感知环境变化的情况下,才能做到行为的调整。因此,藏獒的行为是藏獒与其环境相互作用的复杂结果,也是藏獒在进化中形成的综合功能。这种功能的产生经历了漫长的生物进化过程,达到了相当的水平,以至于每当环境变化时,藏獒总能通过自身的生理反应,来适应环境的变化。所以,要深入研究藏獒的行为,必须先了解藏獒出现行为反应的机制,即藏獒行为发生的生理过程。

### (一)神经系统与藏獒的行为

在藏獒的进化过程中,随着藏獒机体结构的复杂化,藏獒的信息传导和协调技能就更加重要。因此,藏獒的某些细胞特化成了神经元,并进一步发育出外周神经组织,担负起测知内外环境变化、传导信息、对信息进行整合并引起反应的功能。所以,藏獒的行为水平实际是藏獒神经系统的能力的一种表现。一只优良的藏獒在外界环境发生变化时,一方面能以感觉器官接受外界的刺激,另一方面又以执行器官作用于环境,所以藏獒的神经系统成为其行为的基础,而其中藏獒的感觉细胞、神经细胞、肌细胞都发生了重要的作用。

藏獒的感觉细胞能把所接受的刺激以及物理或化学能的形式变成神经细胞的神经信息,神经信息则对该信息作进一步的传导,其中主要被传导到中枢神经系统。在中枢神经系统被集合、整理、变成决定藏獒所应产生的行为反应的信息后,再经中枢神经传导给相应的肌肉组织和器官。肌细胞在接收到来自中枢的信息(或指令)后即会产生相应的活动(又有电位的变化),出现一定的行为反应。在藏獒的行为反应中,各种感受器发挥着提供情报的功能。藏獒的感受器分为外感受器和内感受器两类。外感受器接受来自藏獒体外的刺激,包括来自藏獒视觉、听觉、嗅觉乃至皮肤所接受的各种刺激或信息。内感受器接受来源于藏獒体内的刺激,其一般分布在藏獒的肌肉、关节、筋腱和内脏。藏獒神经系统所接受的神经脉冲的电流是比较稳定的,但频率不同。一般接受的刺激越强、频率越高,引起的反应也越大。

### (二)内分泌系统与藏獒的行为

藏獒的各种生理活动都是神经系统和内分泌系统共同作用的结果。神经系统能在其通路中非常迅速地传达信息,一般多作用于肌肉和腺体,但不便于传达长期稳定的信息。内分泌系统传达信息虽然不够快捷,但能够持续向血管中分泌激素,使信息情报被直接传达到相应的细胞(靶细胞),甚至能将信息稳定地保持数月之久。在藏獒的进化中,有一些神经细胞或神经元已进化成为具有分泌作用的神经分泌细胞,具有功能上的两重性,它们往往丛生成为腺体,既与神经相接又与血管相连。例如,藏獒的脑下垂体,就是由神经组织与上皮组织融合而成的,并与丘脑紧密相连。丘脑是大脑下面的一部分,受神经系统的调节。而脑下垂体腺是能以分泌来调节其他腺体的总腺,但脑下垂体腺也受其他内分泌腺的反馈影响。这种复杂的制约关系,使藏獒的内部与外部环境变化都能影响到内分泌系统。例如,随着光照时数的变化通过藏獒的视觉刺激作用于神经系统,再影响到脑垂体和其他腺体,从而引起藏獒的发情和繁殖等一定的行为反应。有些内分泌腺的反应比较快,如肾上腺,它由两部分组成:内层是髓质,外层是皮质。当受到强烈刺激时(如争斗、恐惧、交配),髓质受自主神经系统的作用,使藏獒向血液中释放肾上腺素,从而引起身体的许多变化,包括立毛、出汗、心跳和呼吸加快等。但肾上腺消失很快。如果应激状态持续下去(延长),则会引起皮质的分泌。皮质不直接受神经支配,而是受其他激素的影响如垂体腺分泌的促肾上腺素的影响,该过程是:延长的应激—间脑细胞—脑下垂体—肾上腺皮质—促肾上腺素,所以仅肾上腺即有引起短期与长期两种不同的行为反应。

与藏獒的行为关系最为直观的内分泌是性激素的分泌,其过程是:光照变化(也包括气温变化)—藏獒视觉—下丘脑—脑下垂体—促卵泡激素(FSH)—促进卵泡发育(成熟)—促黄体激素(LH)。当然激素与藏獒行为之间的关系是十分复杂的,往往还有相互的影响。

激素对藏獒行为的作用效果分为两类:一类是基础的内分泌水平对行为反应强度和形式的影响,比如藏獒体内的激素状态对争斗序位、性行为、母性行为反应强度的影响。另一类是出生后早期的激素对成年后的行为形式的延期影响。主要表现在行为的两性差别方面,如早期体内的性激素对藏獒成年后排尿姿势的影响。

### (三)外激素与藏獒的行为

外激素也叫类激素,是由藏獒的一定腺体所产生的气味性化学物质,被排放到体外,能影响藏獒的其他个体。外激素可分为两类:一类能直接作用于对方的神经通路,降低域值而直接引起行为,叫作"信号外激素";另一类激素的信号由接受者的化学感受器传至中枢神经系统后并不立即产生行为,而是引起生理变化,影响内分泌、发育或生殖功能,叫作"原初外激素"。

**1. 信号外激素** 信号外激素常被用作把藏獒个体本身或其占地范围向其他个体传达的信号,因其能立即引发或者改变对方的行为。信号外激素按其作用不同,可分为4种。

(1)标志占地范围的信号外激素 藏獒以其尿液标志其生活场所、区域,尤其以藏獒公犬较明显,可能与藏獒的雄激素水平有关。

(2)有关争斗的信号外激素 藏獒的雄性个体比雌性更易引起对方的攻击,说明它们身上带有能促进或抑制斗争性的外激素。

(3)性引诱外激素 现在人工合成的许多昆虫的性引诱外激素已经实际的应用于农业的病虫防治。藏獒则多靠外激素来辨别性别或作为引诱异性的信号。

(4)母性外激素 母子相识,据研究与母体促乳激素有关。

**2. 原初外激素** 原初外激素的研究,发现它与繁殖生理的关系密切。例如,公藏獒所分泌的外激素能促进母藏獒的性成熟和引起性周期活动并非由于母藏獒的身体接触,而是它所释放的气味所致。据研究,发情母藏獒所释放的气味(原初外激素)也能引起其他尚未进入发情期的母藏獒及时发情。

# 三、藏獒的本能行为

平时人类在日常生活中说到的"本能"多是指人的下意识活动,或动物生来就有的含有目的性的行为。动物行为学认为,本能是固定在藏獒神经系统中的具有适应性的综合体系,引起本能行为的信号其输入与传出的机制皆有层次性,当其潜在的势能积聚起来时,可被外来的一定信号所引发,于是表现为固定形式的动作。简言之,本能是由遗传决定的行为模式。藏獒的本能都是一些不必学习便能做出的有利于个体或种族的适应行为,如新生藏獒仔犬立刻就会吮乳也是本能的行为。

有人对藏獒本能行为建议用 3 条标准来确定：①不是学习得来的；②是物种所特有的；③具有适应性。但该标准在实践中应用并不容易，因为对于高等动物的藏獒而言，个体所发生的行为中有时很难完全排除学习的作用。例如，在野生环境中藏獒的猎捕行为，可能很多人认为是一种本能，但实验证明并不尽然。

对本能行为的认识，欧洲学者提出两点标准：①本能行为都是由动物内部的一定状况决定的。例如，繁殖方面的本能便取决于动物体内的性激素水平；②本能行为只要一定的刺激来"引发"，但在行为过程中，并不需要刺激来维持，它在进行方式上不受外因的影响。对于藏獒，本能行为的表现形式同藏獒的形态构造一样，都是固定一致的。但是在本能行为中，也时常包含有可变的成分。进而言之，许多复杂的本能行为都是由两部分组成的，一部分是先天固定不变的，决定了行为动作发生的时间和程度；而另一部分则是对后天环境的反馈反应，借以控制行为动作的空间方向。许多本能行为是由一系列行为构成的复杂的行为连锁，如在繁殖方面，是由挑逗—交配—筑窝—整修内部等一系列活动构成，这一方面说明藏獒的某些生物学目的需要许多活动的依次配合才能完成，另一方面也反映出，在藏獒的系统发育中所形成的决定某一行为表现的遗传模式在中枢神经系统中是有层次编制的。

# 四、藏獒的领域行为

## （一）领域行为的含义和意义

藏獒表现有明显的占据一定地域空间，不许其他外犬进入的特性，这叫"领域行为"。领域行为的生物学意义在于能促使藏獒个体均匀地分布在繁殖地区里，保证各有一定的食物资源和繁殖场所，并会使藏獒熟悉所占据地域的情况（食物、安全隐蔽场所、逃跑的道路等）发挥个体的能力，护卫所属领地。

藏獒的领域性行为还表现在不容许外人或生人、外犬和非主人家的家畜进入主人的草场、主人的棚圈和帐房。这是藏獒几千年以来作为护卫犬所具备的最典型的品质和性能，也是护卫犬由看护庭院房舍发展的守卫性能。不论在小范围或大范围，只要藏獒单独存在，就会本能地肩负起看护的职责。这种本能行为必须是在单独圈养时才得以表现。如果同时有多只犬共养，就必须由"头狗"带领，才会发生守卫性。

### （二）领域的形成

藏獒的领域多半都是主人的草场地域，藏獒会本能地划作自己的势力范围。势力一经确定，便各守一方，不许外犬进入。由于牧业生产的特殊性，在以往的生产中，藏獒必须经常跟随藏族牧民搬迁毡圈，改变生产作业点，这种经常性的搬迁使得藏獒的领地意识紧密的专注于主人的牧业生产作业点。认定在主人的毡房和毡圈，因此无论多么凶猛的藏獒，在随主人搬迁途中绝不会攻击途中的生人、家畜或不熟悉的生犬，但一只优良的藏獒在到达新的作业点，主人的毡房一旦扎好、毡房升起冉冉炊烟时，藏獒就绝不容许再有生人路过，绝不容许生人走近毡房，藏獒即开始坚定地履行自己的责任。所以，藏獒的领地行为已经被人类驯化，实际成为一种服从于人类生产的护卫行为。

藏獒有不同的"标记行为"用来显示其所占有的领域。如视觉性标记，是以占有者的姿态、活动来显示其领域位置和距离；声音标记，靠占有者发出的声音显示对某一区域的占有；嗅觉标记，在藏獒中较多应用。它借身体排出的粪、尿、唾液，产生持效较长的气味物质，标示对被占区域的占有，占地面积较大时，其气味标记又有路标的作用。

藏獒个体日常所经过的地方是活动圈，它与领域相似而不相同,区别在于个体对于活动圈并不加保卫,对其中的资源也无优先权。在优先权方面,序列行为与领域行为也有共同之处,但是序列行为中的优先特权是随时随地都有的,而领域行为则不然,只要在自己的领域以内,弱者也敢向强者发动攻击,直到把外来者驱赶出去。但是,领域行为有时与序列行为发生关联,不同个体必须在同一群里生活时按优势序列,不在一群里生活时则通过争斗或威吓的过程各占一定空间。

藏獒的领域包括采食、居住、繁殖的"全面领域"和各种"单项领域",如采食领域、栖息领域、交配领域和繁殖领域。总之,有强烈领域行为的藏獒,并不适合大规模密集饲养,成年个体通常应该单独饲养。

# 五、藏獒的社会行为

## (一)藏獒社会行为的概念

藏獒社会行为的含义与人类的不同,"社会"一词主要是指藏獒个体通过相互作用而结成的一种生活组织。所以,社会行为就是与同类发生联系作用的行为。它包括同伴、家族、同群个体之间的相互认识,联系、竞争及合作等现象。

动物在其由低等向高等发展进化的过程中,随着其种间关系的增多和复杂化,动物从以个体为生活单位向着集体的生活共同体发展,从而逐渐形成了动物的社会行为,其中不仅包含有亲族关系,更重要的是各自独立的个体之间由相互作用,所构成的生活组织。其组织形式有的按等级制,有的按领域制,也有的按首领制。另外,高等动物的社会群体,在调整家族与群体的关系时,表现为在后代具有独立生活能力以后,雌性被保留在家族内,雄性必须脱离群体。

构成动物社会的条件应有:①能相互沟通信息;②成员的性

别、年龄组成有一定的稳定性,并对维持群体发挥不同作用;③对内有团结,对外有排斥的倾向。

对野生动物的社会生物学研究表明:动物的社会组织皆与生活资源的分配有关。例如,优势序列结构使一些成员在食物和交配上占有优先地位。领域制使自己的配偶和后代得到生存上的利益,还有一些物种是由首领引导群体去利用最有利的环境条件。在家养条件下,尽管驯化已使藏獒的社会行为有所改变和削弱,但犬群的结构、犬群内斗争等仍对生产发生很大的影响。

### (二)藏獒的结群行为

各种动物都有一定的结群倾向,即结群行为。聚群能使动物得到许多生物学利益,比如互相报警、共同防御、分散捕食者的注意力、有利于发现食物和繁殖的同期化等。各种动物结群的程度不同:从简单的雌雄同居,家族共处,到规模不同的群体,以至有分工的社会等。事实上,许多行为都具有把同种动物聚集到一处的作用,如求偶、母性、食物、仿从等。

群居的动物,不仅聚集在一起,而且有一定的共同行动,并通过一定的信号联系取得一致性,其信号联系有化学、接触、声音、视觉等。对接收信号一方有的能触发反应,有的能引导反应,有的能制止反应。据分析,人类当初在驯化动物时,可能会把动物的群居性作为选择的条件之一,对于人类正确开展家畜的饲养管理有积极的意义。但在藏獒的养殖生产中,藏獒的组群主要是人为决定的。人类根据生产和管理的需要,按照性别、年龄、性状特点及选种选配的需要而决定藏獒的组群。

### (三)藏獒的争斗行为

争斗行为是藏獒个体间在发生冲突时的反应,由攻击与逃避两部分组成。其概念包括从退却到进攻的一系列行为反应。这些行为反应可以从优胜的、屈从的或某种中间状态的,或可以从藏獒个体的面部表情、身体姿态、发出的声音以及表现的运动中明显地得到反映。

当两个陌生的藏獒个体相遇时,双方都面临进攻或逃走的矛盾。所以,从个体生存的角度,在面对强手时以逃为佳,所以逃避实质是争斗行为里的一种消极形式。同理,不动反应则是逃避行为的一种特殊形式。

攻击行为一般都是在同性别藏獒个体间进行,有时也能指向异性。藏獒用于种内的攻击行为纯属竞争的性质,所争的对象有生物的和非生物环境(如配偶、食物、栖身住所、交配场地等),藏獒的种内争斗多会造成伤残,但争斗行为是藏獒群体内建立次序所不可缺少的,是藏獒社会行为中的一种。在争斗中优胜的藏獒,可以获得在交配、食物等诸多方面的优先和特殊,但同时也须承担相应的责任,诸如保卫领地、护卫群体等功能。所以,藏獒的争斗行为有许多生物学意义,它能促使藏獒以个体、配偶或小群为单位,在栖息地保持均匀的分布;能在群体过大时迫使多余的成员转移疏散,特别是种内争斗在自然交配时利于藏獒保持优生,使强者多留后代,保证种群的强盛,但在人工选配时不会产生以上作用。

藏獒个体间的争斗旨在驱逐对方,但是很凶猛的藏獒,在争斗时往往会使用致命的手段。不过群内藏獒的争斗大多采取一种无害的形式,所以这类争斗也叫形式化的争斗。它实际上要比杀伤性的争斗需要更多的时间和力量。藏獒群内的争斗的形式基本上是相同或相近的,表现有规则性,如开始时先发声威吓,只要对方退让,争斗即告结束。

### (四)藏獒群内的优势序列

**1. 优势序列及其作用**　优势序列是社会行为造成的一种等级制,它是某些藏獒个体通过争斗在群内占有较高地位,在采食、休息占地和交配等方面得以优先。藏獒群体内的优势序列具有 3 种作用：①保证首领的权威性，特别在群体的对外关系方面；②能以威吓代替战斗，使群内减少争斗；③使优势个体在性行为和繁殖方面优先，保证种群基因库不按随机原则遗传。

**2. 优势序列在藏獒群体中的表现**　藏獒群体中的优势序列是后天经历确定的，一般是通过争斗决定个体在群内的位次。某一个体一旦在一场争斗或威吓行为中取胜，以后无须再重新较量，败者会随时予以避让或表示屈服。

在藏獒群体中，优势个体有明显的特征。例如，优势公犬比较强壮高大，这些可能与性激素有关。但由于生产中对藏獒多按同一年龄和性别的原则组群，所以犬群中的优势现象与野生动物大不一样。一般在一个有组织的、稳定的犬群中，个体之间比较熟悉，相安无事。但在一个新组合的藏獒群中，时时会有冲突和对抗。藏獒个体在犬群中的序位，常取决于其争斗、体重、年龄和经验。新入伙的个体必须经过争斗决定出自己的位次后才算群里的成员。

按优势原则组成的藏獒群，应与藏獒的辨识能力相适应，一般数量在 15～20 只，有时序列不一定全是垂直关系，尚有并列或三角关系。

对藏獒而言，优势序列现象能造成家养条件下个体间的待遇不均，食料不足时产生的争食矛盾会更加突出，因此实际中的许多管理措施都是针对优势序列采取的。

# 六、藏獒的学习行为

学习是从人类的语言中借用的，是指藏獒对环境变化所引起的行为的修正现象，表现为从前遇到的情况能使藏獒对当前的某种刺激发生行为的改变。

藏獒的学习行为的反应需要有从感官输入信息、信息的储存记忆和需要时再现的过程,这样才能保证藏獒的个体行为对某时的特殊环境的适应。在行为学中,学习的定义是:通过经验或练习,使行为发生比较长久的改变过程。这就排除了由于成熟、疾病、疲劳、药物等所造成的持久性或短时性的行为改变。藏獒的行为改变有以下几种情况:①出现某种新的行为方式;②对先前本来无关的刺激建立起刺激—反应联系;③改变原来的某种状态下发生反应的可能性或反应形式。

依据藏獒的进化程度不同,藏獒的学习方式也有简单学习和复杂学习 2 种,该学习过程的水平的提高,代表着藏獒适应能力的加强。因为藏獒的本能行为虽然是生来就有的,但缺少灵活性,本能行为的发生代表藏獒在进化中达到的分析综合信息的遗传能力,而学习则代表藏獒获得信息后后天储备与反映的能力。藏獒的学习能力有习惯化、印记、尝试与错误、条件反应、模仿、悟性学习等。

### (一)习 惯 化

习惯化的实质是藏獒对那些既无积极效果又无消极效果的五官刺激,会变得无动于衷而不再加以理睬和反应。例如,藏獒对树枝的摇动、刮风下雨的声音等习以为常而不予反应。习惯化对藏獒行为的改变,并不是由于对反应的疲劳,因为相隔数日的反复刺激也能造成习惯化。所以,习惯化是发生在藏獒的中枢神经系统中,藏獒已从先前的刺激中掌握了一定的信息,能对刮风下雨这类刺激发生习惯化的反应,而不会再出现感官水平变化的现象。

### (二)印 记

概括起来印记有 4 个特点:①这种学习只发生在生后较短的时限以内;②印记一旦建立以后非常牢固;③印记虽然在生后的早期完成,但能影响成长中的若干行为如社会行为和性行为等;

④动物开始时对大体的特征进行反应,以后随着识别力的发展对详细特征发生反应。

据观察,新生藏獒在出生时都有一定的印记时限,或称感受期,此时仔犬对母犬的气味、乳头的特征和位置、母犬舌头舔吮的力度乃至母犬的气息和声音都能发生印记,使幼犬在母犬离窝或回窝时能马上感知,并做出相应的反应。据记录,藏獒仔犬印记最敏感的时限为 24 小时,24 小时以后,日龄越小,印记能力越强,而母藏獒在分娩后 24 小时以内也处于接纳或排斥仔犬的敏感期。近年来,在我国内地一些省份有诸多的报道说明,主人从小养大的藏獒,变得性情温驯,即使生人来访也很少吠咬。其实,藏獒这种秉性的变化,首先与其过早离开母犬有关,藏獒仔犬本能地对"抱养"的主人发生印记,把主人乃至人类认作母亲,自然不再吠咬。

### (三)条件制约

条件制约也可以称为条件反应,是基本的学习过程,分为古典式和奥陪兰式 2 种。

**1. 古典式**　也叫反应式制约,即条件反射,如果把与藏獒唾液分泌本来无关的某种刺激与食物结合起来,经过多次重复之后,单独用无关刺激也能引起藏獒分泌唾液的行为。该行为被认为是藏獒个体在一定条件下形成的一种反应,所以叫条件反射。藏獒在自然状态下形成的条件反射叫"自然条件反射",例如,藏獒在吃过味道不好的食物后,就再也不吃同样的食物。可见,自然条件反射对于改进个体行为反应的重要作用。在草原上,藏獒听到打酥油的节拍声,就有了喝酸奶水的准备,这就是古典式条件反应的表现。

**2. 奥陪兰式**　也叫操作式条件反应,其特点是行为在前,效果在后,行为的后果能成为以后行为的原因。因此,在导致藏獒做出受奖惩的不同行为反应方面,有藏獒的主动作用。例如,主人对主动驱赶外人家畜的藏獒给予奖励后,获奖的藏獒会随时注意驱赶外畜,以获得食物奖励,并成为以后继续努力的行为动力。

在奥陪兰式的学习中,开始时藏獒往往是自然地做出各种先天具有的行为,训练者如果有选择地予以奖励或惩罚,就能使被奖励所强化的反应在以后变得更频繁,而被惩罚所强化的反应不再发生。奥陪兰式学习与古典式相比,后者是一种被动的学习,刺激在前,学习在后,行为是刺激的结果,对刺激的反应是既定的,藏獒没有主动性。

### (四)模　仿

藏獒都有模仿的行为,一般是模仿同龄幼犬,从而可以间接地增加经验,便叫作模仿学习,它主要通过观察动作或听取声音而对个体产生作用。如刚断奶的幼犬相互对盘中人工奶的舔吮动作的模仿,开始只有个别幼犬在主人的帮助下能舔吮食盘中的补饲奶,但很快其他幼犬也模仿学会了舔吮食盘中的食物。据研究,藏獒的扑咬、攻击、躲避等行为都是模仿母犬学来的。

模仿学习包括 4 个步骤,即注意、记忆、行动、效果(行为表现之后,依其效果好坏决定以后发生类似行为的多寡)。例如,幼龄藏獒通常是模仿其母亲学会许多生活的本领,诸如进攻、吠叫、厮咬、护食等。但模仿也会使藏獒形成不良的行为。在幼龄藏獒群体中某一成员发生某种行为时,往往能刺激其他成员发生仿从行为,如听到异响,有一只幼犬本能地逃跑时,其他幼犬会随之而跑。

### (五)潜在学习

例如个别藏獒幼犬在无意中找到一个能从栅栏中钻出的位置后,以后就能很自然地从原位置钻出。这反映了该藏獒的潜在性的学习能力。探究也是一种潜在学习,藏獒对于新奇事物总会表现出好奇,用看、听、嗅、接触等去了解陌生对象或不熟悉的环境,从而很好地适应新环境。

### (六)悟性学习

这是最高级的学习形式,是指藏獒把两个以上的独立经验结合起来合成一个新经验的能力。当藏獒解决问题的速度远比试行错误(藏獒通过试行错误与偶然成功来学习正确的活动)快时,即认为它运用了悟性。例如,在追猎草原上的啮齿动物失败后,藏獒会采取先潜伏再突然出击的方式,这种出其不意的出击一旦取得成功,即成为藏獒以后猎捕的主要方式,这就是悟性学习。

## 七、藏獒的母性行为

母性行为是动物的基本行为之一,属于一种本能行为,主要表现为做窝、哺乳及抚育等分娩前后的一系列幼仔的关爱和保护行为。母性行为能够提高幼仔的存活率,对物种的延续与发展及种群的稳定有重要意义。藏獒有很强的母性行为,主要有做窝行为、育幼行为、护仔行为等。正常的母犬在哺乳期间,性格会发生明显的改变,比如不允许别的犬接近自己的幼犬,甚至对饲养人员也保持谨慎态度,母犬很注意防卫产仔安全,一有动物和人靠近产窝,它就双目直视,嘴里发出警告声音。哺乳时很少离窝,以偎卧供暖。当幼犬13天左右双眼睁开后,母犬才肯离开幼犬短暂时间。直到幼犬长到40日龄左右时,活动能力已比较强,母犬方允许饲养人员温和接近幼犬,但警惕性仍很高。母犬辨别自己幼仔的方法是通过奶味、尿味来实现的。在仔犬将会吃食时,母犬常会吐出部分咀嚼好的食物喂给仔犬,这些行为都是对后代生存和生长有利的天性。

藏獒母性行为受相关激素的影响,可分为激素预激期和激素触发期。激素预激期主要依赖于雌激素、孕激素和催乳素的作用,激素触发期主要依赖于孕激素水平降低、雌激素水平上升及催乳素和催产素的作用。在这两者之间有一个"过渡期"，此期间母仔接触对母性行为的维持起着至关重要的作用。雌激素和孕激素协同作用能激发母性行为的出现。孕激素能增加母性行为对雌激素的敏感性，而单纯孕激素对母性行为有一定抑制所用。此外，一定剂量的促肾上腺皮质激素释放激素可抑制母性行为，但母性经验在一定程度上能降低这一激素对母性行为的作用。

　　藏獒母性行为的产生除了与激素有关外，还与神经系统有关。神经系统兴奋的独立作用是通过仔犬的直接刺激及视觉、听觉、嗅觉的感受得以维持的。母性攻击行为和识别行为是构成母性行为的重要组成部分，嗅觉在其中起主要作用。藏獒对初生仔犬的识别与接受有赖于嗅觉对仔犬气味的感知，藏獒的母性经验似乎可补偿嗅觉信息的缺失，经产的藏獒比首产的藏獒在后代识别上用的时间少。生理上及感觉上的因素依赖于藏獒前一次的母性经验，激素诱导的母性行为对于没有分娩经验的母犬是无效的，但对有分娩经验的母犬是有效的。母性经验似乎能诱导神经的成熟过程，有效促进嗅球中递质的释放。嗅觉识别和视觉、听觉识别的建立在时间上是相关的，空间上是互补的，在母性识别中，嗅觉起主导作用，视觉和听觉在一定程度可补偿嗅觉的缺失。

# 八、藏獒的其他行为

## （一）卧栖行为

　　藏獒作为一种家畜，早已适应了家养条件下的各种环境，跟随主人家的迁移随遇而安。但藏獒会根据居住地的气温条件为自己选择最舒适的卧栖地点。冬季严寒，飞雪漫天，藏獒会卧在主人为其修筑的暖窝内，安然自睡。如在旷野，聪明的藏獒会本能地为自己掘一地穴，将厚密的犬尾垫在体下，鼻吻拱在前胸，蜷卧在穴内，而任寒风劲吹，我自岿然不动，藏獒的双层被毛足以抵御高原寒夜的冰天雪地和劲风吹袭。夏天的青藏高原,有时天气湛蓝,晴空万里,欢畅的藏獒在无垠的草原上随心所欲,游走四方,随地而卧,似乎天地都属其自己,卧在山冈,栖在溪旁,躺在花丛中,睡在草甸上,姿势千姿百态,或者爬卧,或者仰躺。

### (二)睡眠行为

藏獒都有嗜睡的特点,成年藏獒白天的睡眠时间可以长达 10 小时以上,夜间虽时有活动,但如果不受惊扰,仍然绝大部分时间在睡眠中度过。研究结果表明,成年藏獒食后每天的睡眠时间占全天的 93%,即使是幼犬也达到了 83%~87%,说明藏獒嗜睡的特点是其种质的特征。该特征的形成可能与其生活环境海拔高、氧分压低有关。在该种环境下,睡眠是保存体力和保持其正常生命活动的有效方式。藏獒长期生活在这样的环境中已形成了以睡眠保持其体能和健康这样一种对高原环境的特殊的适应性。当然,藏獒嗜睡的特点主要还与藏区的牧业生产形势有直接的关系,特别是藏族牧民对藏獒白天拴系、夜晚放开的管理方式有直接的关系。

藏獒的睡眠习性与千百年来藏族牧民的生产、生活方式融为一体。通常牧民总是习惯于白天将藏獒拴系,晚间放开,任藏獒在牧场巡视,所以长期以来,藏獒已经具备了"昼伏夜出"的睡眠习性,白天嗜睡,夜间则表现得非常机警、兴奋。睡眠是藏獒恢复体力、保持健康所必不可少的休息方式。藏獒每天的睡眠时间为14~15 小时,一般没有相对固定的时间,也不会一次睡这么长的时间,而是常分成几次。只要有机会,一天 24 小时藏獒随时都可以睡觉。相对而言,藏獒比较集中的睡眠时间多是在中午至午后。藏獒的睡眠时间一般因年龄的差异而有所不同,通常是老龄犬和幼犬的睡眠时间较长,而年轻力壮的藏獒睡眠时间则较短。

藏獒在睡觉时始终保持着警觉的状态。因此,总是喜欢把嘴藏在两个前肢的下面,以保护其鼻子的灵敏嗅觉,且头总是朝向外面,比如房门、院门的方向等,以便随时可以敏锐地察觉到周围情况的变化,一旦有异常便可迅速做出反应,这也就成了藏獒能够担当看家、警卫任务的优良特性。也有人认为,藏獒处于睡眠状态时,就完全停止对气味的反应。因此,藏獒在睡觉时的警觉反应是依靠灵敏的听觉,而不是嗅觉。

藏獒多是处于浅睡状态,稍有动静即可醒来,但有时也会沉睡。处于沉睡的犬不易被惊醒,有时还会发出梦呓,如轻吠、呻吟,还会伴有四肢的抽动和头、耳轻摇等。而浅睡时,藏獒一般呈伏卧的姿势,头俯于两个前爪之间,经常有一只耳朵贴近地面。藏獒在熟睡时,常常侧卧,且全身舒展,睡姿十分酣畅。

藏獒在睡眠时,不易被熟人和主人惊醒,但对陌生的声音仍很敏感。被惊醒的藏獒也会有心情不佳的表现,还会对惊醒它的人表示不满,如以吠叫的方式发泄其不满的情绪。

### (三)清洁行为

藏獒有爱好清洁,具有保持犬体清洁的本能和厌恶潮湿的习性,它不在吃睡的地方排粪排尿,喜欢排在墙角、潮湿、荫蔽、有粪便气味处。所以,可以训练藏獒在固定的地点排粪排尿,使之养成良好的卫生习惯,保持舍内清洁和干燥。如藏獒会经常地用舌头舔身体,还会用打滚、抖动身体的方式去掉身体上的不洁之物等。藏獒的皮肤表面神经末梢分布广泛,当皮肤上有异物时,皮肤会因刺激而感到不舒服,于是体表受其神经收缩活动牵动而全身尤其是躯干部发生抖动。抖动后体表异物便被甩掉。藏獒的皮脂腺分泌物有一种难闻的气味,容易粘在皮肤和毛上。因此,藏獒应经常刷拭,除去犬体上的污物等。

### （四）妒嫉与忠诚行为

藏獒的妒嫉行为突出表现在主人对某一犬只以爱抚夸赞时，往往引起其他犬只的强烈不满，因之会对被夸赞的藏獒群起而攻之，或者大声吠咬，表示愤怒，发泄不满。藏獒的这种妒嫉行为与其对主人的忠诚性和该犬孤傲的气质禀性有很大关系。在每只藏獒的心目中，忠实于主人是其天性，自己属于主人。为了捍卫主人的草场、毡房或牛羊，每只藏獒都会勇敢出击，毫无畏惧。因此，每只品质优良的藏獒都本能的视主人为己有，绝不允许其他犬只侵占自己的利益，也每当看到其他犬只欲取宠于自己的主人时，藏獒就感到怒不可遏，产生强烈的妒嫉心理和强烈的愤怒。藏獒的妒嫉性是否可以被看作是其忠实性的负面表现，还可以做进一步的讨论，但作为该犬的行为表现，在对藏獒的饲养管理和调教训练中必须加以注意，更应加以必要的控制和矫正。

忠于主人，对主人百般温驯，对外人或生人有高度的警惕、强烈的敌意，是藏獒最典型的品种特征之一，也是该品种犬千百年来在高原环境下与主人相依为命、共享安乐、共赴艰辛所形成的最优异的秉性，因此藏獒受到了藏族牧民无限的信赖和喜爱，被视为"家人"对待，更是牧民家庭妇女与孩子们的"宠物"与保护神，与主人一家建立了深厚的感情。这种感情是一种原始的、纯朴的、最真实的感情，没有丝毫的虚假，体现着青藏高原特有的那种自然与深沉。所以，牧民家中不能没有藏獒，藏獒也绝离不开藏族牧民，其间已形成了一种共生的关系，一旦被分开，无论对主人还是对藏獒都会造成心灵深处极大的悲哀和伤痛。

# 第三章 藏獒的生理特性

## 第一节 藏獒的生理特点

到目前为止,人们对藏獒的认识和了解还是十分有限的。藏獒善解人意,能准确洞察主人的内心世界,领会主人的语言、表情和各种手势,有很强的时间观念和极强的记忆力。凡此种种,都说明在经历了严酷的自然选择和严格的人工选择后,藏獒不仅在体型外貌、品质性能、气质秉性等方面有了巨大的提高和发展,而且智力聪颖,具备了作为一个大型工作犬品种所具有的优良品质与性能。因此,无论现在或将来,藏獒都能为人类社会的进步和发展做出积极的贡献。

### 一、大脑发达

藏獒与藏族牧民的生产生活是融为一体的,藏民群众喜爱藏獒,不仅因为藏獒善解人意,甚至能感知主人的心理和心情,喜主人所喜,忧主人所忧。藏獒也是藏族牧民生活和生产中最得力的助手。藏獒绝顶聪明,有超常的记忆能力,能辨认自家几百头牛、近千只羊,能协助主人在出牧、归牧、迁牧等活动中归拢牛羊,能确定自家的草场边界而坚决维护主人的利益。

藏獒超常的记忆力得益于日常的"学习"、锻炼和培养,由于生活环境的随时变化,藏獒每次随同主人迁牧,都要迅速熟悉新环境,包括周围的人员、村落、地形和草原,特别警惕周围是否有其他藏民的牛羊、人员和犬只,以忠于职守。为此,一只优良的藏獒必须具有对新环境、新动向的观察、记忆、反应能力,这种能力有一部分是在藏獒系统发育的过程中形成的,或者说是在生物进化中形成的,是一种本能的行为能力,是与生俱来的,但缺少灵活性。本能行为的发生代表着藏獒在进化中达到的分析综合信息的遗传能力,而更多行为反应的形成,则是藏獒在后天的生活中通过"学习"掌握的。所谓"学习"是指藏獒通过经验或练习,使行为发生比较长久的改变过程(这就排除了由于成熟、疾病、疲劳、药物等造成的持久性或短时性的行为改变)。藏獒的行为改变有以下几种情况:出现某种新的行为方式。对先前本来无关的刺激建立起刺激—反应联系。改变对原来的某种状态发生反应的可能性或反应形式。通过学习、经验或联系,可以使藏獒对新环境、生人、新的事物、光照条件、声、像条件发出某种新的行为反应过程,乃至发生比较长久的行为改变过程。该过程和藏獒学习水平的提高,代表着藏獒品质性能、学习能力和适应能力的水平。

藏獒的学习方式一般要经历由简单到复杂的过程,因而藏獒的学习能力实质也代表了其获得信息后后天储备与反应的能力。

藏獒的学习能力有以下几种:习惯化、印记、尝试与错误、条件反射、模仿、悟性学习等。其中,对幼年藏獒而言,模仿是一种最常见到、最多用的学习方式。幼龄藏獒通过模仿母犬学会许多生活的本领,又模仿同窝、同龄小犬,从而可以间接地增加经验。在一个规模化藏獒养殖场,许多幼犬都互相模仿学习了吮舐、霸食、争宠、厮咬、躲避乃至逃跑,而过早被出售的幼犬,由于失去了相互模仿学习的机会,行为方式会变得单调、胆小、懦弱。

藏獒的聪明和记忆基于其发达的嗅觉、听觉和大脑存储信息的多寡。藏獒辨识主人、熟人或生人,辨识自家的牛羊、草地边界,主人家的器械,主要依靠辨别气味和声音,并将其作为信息储存于大脑,以后当再次接收到该信号时,就能马上与大脑中的信息相对照,并确定信号源的性质,决定自己的态度和行动。据报道,藏獒大脑可以长期储存几万个信息,因此奠定了藏獒非同一般的记忆基础,也说明为什么藏獒每到一处新环境,总是忙于四处嗅闻,或侧耳倾听,十分专注,原来它在忙于收集情报。藏獒的这种生物学特点也说明藏獒有发达的中枢神经系统,能对各种外周感受器官所收集的信息及时进行整合、分析与处理,进而做出正确的判断和应答。藏獒的这一特征有利于人类训练藏獒,为人类服务或便于管理。但也应注意,藏獒的超常记忆力有时也会走向反面,使藏獒表现出记仇、执拗的负面效应。所以,在初次接触时,切忌对藏獒冷漠、呵斥、踢、打。否则,藏獒会记忆对方的声音、气味,并形成对此人的态度,以后很难改变。

显然,藏獒发达的记忆能力也奠定了学习和积累经验以更好地适应生活环境的基础。藏民群众在藏獒2月龄时将其抱回家中喂养,以便人犬之间建立终生相依的关系。但由于2月龄的小藏獒尚没有经过母犬的教习,许多行为习性只能靠自身的探究和主人的调驯中逐步学会。因此,幼龄藏獒应任其自由玩耍、嬉戏、自由活动,在此过程中,使小藏獒认识世界,积累经验,认识自我,学会攻击、躲避、防卫和尽职尽责。

## 二、嗅觉灵敏

根据藏獒的行为习性和生活环境的特殊性,有人认为藏獒是尚处于半驯化状态的动物,这种观点实际上是从人类对藏獒训练的角度理解认识藏獒。在草原上,藏族牧民对自家的藏獒很少拴系或白天拴系而夜间放开的。由于白天牧业繁忙,整天被拴系的藏獒有时几乎得不到食料,只有晚上被放开后去自己谋食。此时,饥肠辘辘的藏獒全凭发达的嗅觉和听觉在四野觅食,高度警觉,绝不放过任何声响和动静。千百年来,这种野外生活的锻炼,使藏獒的听觉和嗅觉系统得到了充分的发育和锻炼,在青藏高原严酷的自然条件下,藏獒得以延续和发展。藏獒的许多行为发展依赖于发达的嗅觉与听觉系统,如标记领地、辨识环境、追随主人乃至千里归家等。藏獒能精确分辨出 10 多万种不同的气味,能嗅闻到千万分之一浓度的有机酸,能察觉到 200～300 米外的野生动物的气息,为其守卫和出击提供先知的机会。同样,藏獒能嗅闻 400～500 米外的人体汗味,辨别出是主人还是外人并做出相应举动。

据报道,藏獒对酸性物质的嗅觉灵敏度高出人类几万倍,可以感知到分子水平。位于藏獒鼻腔表面的"嗅黏膜"有许多皱褶,面积为人类的 4 倍,黏膜内大约有 2 亿个嗅细胞,是人类的 1 200 多倍。在其嗅黏膜表面有许多绒毛,可以显著增加嗅黏膜与各种气味物质接触的面积和机会,使藏獒具有敏锐的嗅觉和高超的记忆力,可以轻而易举地分辨出家中的每一个成员、圈舍中的每只牛羊和家庭的每样器具。所以,主人出牧后,无论走多远,藏獒都能找到自家的畜群,永远不会迷失。

嗅觉灵敏在藏獒的交配与繁殖中也具有特殊的意义。藏獒的交配完全是自然交配,每年 8 月下旬,在天气开始转冷时,藏獒开始进入发情阶段。此时在母犬的尿液中含有较高浓度的化学外激素。公犬借助灵敏的嗅觉能找到发情的母犬,并完成交配。

## 三、听觉敏锐

藏獒的听觉也很发达。无论何时,卧息的藏獒总是把耳朵贴在地面。它能分辨出来自 32 个不同方向的极微弱的振动声,其灵敏度是人类的 16 倍。据报道,人在 6 米远听不到的声音,藏獒却可以在 25 米外清楚地听到。夜间如有野兽或狼群逼近羊群,藏獒能立即察觉。再狡猾的恶狼也难躲避藏獒的警惕和奋起搏击。灵敏的听力也是藏獒区分家人,辨别敌友的重要方法。藏獒能区分家庭成员脚步的轻重、走路、呼吸,乃至心跳的声音,对来自主人和熟人的声音,能以安详、忠诚、欢快的行为表达自己的情感,对外人、异常声音产生困惑、怀疑、警惕,并反映出敌视、憎恶、愤怒的心理,采取准备进攻的态势。

嗅觉与听觉是藏獒最敏锐的感觉器官,借助嗅觉、听觉、视觉系统和发达的中枢神经系统,形成了机敏、沉稳、聪明和勇猛的品种特征,这些都得益于藏族牧民累代地严格选择和青藏高原严酷自然环境的陶冶,使藏獒成为最优秀的犬只类群,坚定自由地生活在世界屋脊和茫茫雪原,成为世界称赞的"东方神犬"。

## 四、视力较弱

虽然有诸多资料说明,犬的视力不如其嗅觉和听觉发达,但由于生存条件的严酷和险峻,藏獒的视觉器官亦得到了相对的锻炼。草原上的藏獒能分辨出 300 米外的主人或生人,对活动目标的视力距离可以达到 1 000 米以上。在无垠的草原上放牧的牛羊随心所欲,游走四方,却都在藏獒的视野范围之内。一旦有牛羊走出自家地界,藏獒会即刻将其逐回,一旦有野兽接近畜群,藏獒会毫不迟疑地勇猛出击。藏獒头大额宽,视野开阔,全景视野为 $250°\sim$ $290°$,单眼的左右视野为 $125°\sim145°$,上方视野为 $50°\sim70°$,下方视野为 $30°\sim60°$,对前方的物体看得最清楚。当藏獒雄居于山冈时,绿波荡漾的草原,炊烟袅袅的毡房,自由采食的牛羊都尽收眼底。但藏獒的视力与其他犬科动物类同,视觉是色盲。在藏獒眼里,色彩斑斓、五彩缤纷的大草原其实只有黑、白两种颜色,因此依靠明暗度来区别或辨别物体,并对移动的物体更易发现。不同之处是藏獒暗视力很强,善于在夜间捕食,这是在系统发育过程中进化形成的,与藏獒总是在夜晚被放开,巡视草场、看护牛羊或猎取食物的半野性生活方式有直接的关系。

## 五、味觉迟钝

藏獒的味觉比较迟钝,其味觉器官位于舌面。由于嗅觉灵敏,并在几千年的品种形成过程中习惯于摄食冻毙的牛、羊尸体,所以藏獒感兴趣于有臭味的畜肉、有甜味的食物,却厌恶酸辣食物,并对乙醇等醇类物质非常敏感。因此,藏獒对食物的选择,是依靠嗅觉和味觉的双重作用决定的。藏獒摄食粗糙、狼吞虎咽的习惯是在野生环境下迫于生存而形成的适应性,试想对于藏獒的野祖——狼而言,保护经过千辛万苦所猎获食物的最好方式当然是尽快地吃掉,所以犬科动物在生物进化中都保留有狼摄食的特点,但藏獒胃酸含量达到 $0.4\% \sim 0.6\%$、pH 值达到 4.2,藏獒的消化道又具有反向蠕动的特点,完全可以防止由于味觉迟钝、摄食粗糙对犬体可能造成的不适。

## 六、触觉发达

藏獒的触觉非常发达,诸如位于其唇部的触毛、颜面和眉间的刚毛及趾底的感触能力都非常灵敏。藏獒的捕食、格斗、探究、学习行为都与它的触觉器官有密切的关系,这得益于高原严酷自然环境对藏獒的陶冶。藏獒是世界上最古老的犬品种之一,其灵敏的触觉器官是神经系统高度发育的结果,也是在世界最严酷的自然环境中生物进化的结果。

## 七、汗腺不发达

与其他犬科动物相比,藏獒的汗腺不发达,这与藏獒产地的高寒气候条件有直接关系。所以,藏獒作为高度适应于青藏高原自然环境的动物,主要依靠调整呼吸频率,增加或减少呼吸蒸发,使之在环境气温的变化中努力保持体温恒定。事实上,对藏獒而言,更为突出的问题首先是保存体温,不使在年平均气温低于 0℃ 的特殊环境下过度丢失体温而影响健康。因此,藏獒不仅皮肤汗腺极不发达,还具有双层被毛的品种特征。

# 第二节 藏獒消化道的特点

藏獒具有广食性和杂食性的摄食特点或食性,但藏獒在动物分类学中的位置,依然属于食肉目。尽管藏獒品种的形成已有3 000多年,但其消化系统在结构与功能上,仍然保留着其祖先以食肉为主的特点。这与藏獒生活在青藏高原广大牧区,食物构成偏向动物性为主有直接关系,包括马、牛、羊等家畜和生活在青藏高原的多种野生动物的肉、奶、骨、内脏等都可为藏獒所采食。但藏獒毕竟经过了人类的长期选择和培育,在消化道特点上比其野生祖先更加适应于人工的饲养条件。

## 一、藏獒牙齿的特点

藏獒牙齿的齿式与构成是:门齿 3/3,犬齿 1/1,前臼齿 4/4,臼齿 2/3,共计42个。藏獒牙齿的排列体现了食肉动物在生物进化中形成的特点,适合于搏斗、啃咬和嚼碎兽骨,"犬牙交错",呈剪刀状排列,其中第三臼齿是横向排列的,特别有利于将大块兽肉、组织和较为致密的筋骨切碎,以便吞咽。藏獒的犬齿特别发达,尖锐锋利,具有威慑力,非常便于撕咬猎物和搏斗。藏獒上、下颌异常发达,最大咬合压力可以达到300千克,足以咬断家畜尸骨。由于高原上生活环境恶劣、食物紧缺,在长期的生存竞争中藏獒已形成了吃食粗糙、狼吞虎咽的特点,牙齿坚硬、锐利,非常有利于藏獒的摄食。

## 二、藏獒唾液分泌的特点

藏獒具有发达的神经和内分泌系统,不仅在摄食时能及时调整消化系统的状态和功能,产生强烈的食欲,旺盛进食,亦能在摄食时使各种消化腺在内分泌系统的调控下,充分发挥其功能,保证消化健康。其中,以藏獒唾液腺的分泌最具代表性。藏獒的唾液腺非常发达,在嗅闻到畜肉的气味或听到主人摆放食盆的声响时,即开始大量分泌唾液。唾液的主要功能,一是具有清理和湿润口腔的作用,其中含有丰富的溶菌酶,能有效地在摄食时消除口腔细菌;二是在摄食时藏獒的唾液腺能大量分泌唾液,与食物充分混合,便于咀嚼和吞咽,也有助于食物的消化;三是在热天大量分泌唾液亦具有散发体热,调节体温的作用。因此,无论何时,在藏獒的饲养中都必须随时给水、补盐,否则会严重影响犬的摄食和健康。

## 三、藏獒胃液构成的特点

由于藏獒具有杂食性的特点,胃液构成除胃蛋白酶、淀粉酶外,胃中盐酸的含量达 $0.4\% \sim 0.6\%$,胃液的 pH 值达到 4.2,非一般家畜可比。藏獒胃液中的盐酸首先能使食物中的蛋白质膨胀变性,并能激活胃蛋白酶,促进食物蛋白质的消化和吸收,也奠定了藏獒食肉性的基础。胃液盐酸又可以杀灭和抑制腐肉中的大量病原菌,维护犬的健康。

## 四、藏獒消化道的特点

藏獒消化道短,长度为其体长的 $3 \sim 4$ 倍,但肠壁较厚,食管壁上有丰富的横纹肌,消化吸收能力很强,一般在摄食后 $5 \sim 7$ 小时内,就可将胃中的食物全部排空。藏獒的呕吐中枢非常发达,当吃进有毒有害食物而肠胃道感到不适时,藏獒能通过自主性的呕吐将食入的食物吐出,以实现自我保护,而处于干奶期的母犬更能通过呕吐将消化道内处于半消化状态的食物吐出并喂给断奶不久、刚开始摄食的幼犬。这种母犬反哺的食物非常有利于幼犬消化吸收,对藏獒幼犬有极重要的生理意义。

## 五、藏獒肝功能的特点

肝功能发达是犬科动物共有的生物学特性,藏獒亦然。肝脏是哺乳动物体内最大的内分泌腺,也是机体在保持体内环境稳定和代谢中最重要的器官之一。藏獒的肝脏特别发达,占其体重的3%左右,在藏獒各种营养物质(包括碳水化合物、蛋白质、脂肪、维生素)和体内激素的代谢中,都占有重要的地位。藏獒具有广食性,所摄食的各种畜肉、兽骨乃至其他食物,在消化过程中肝脏发挥着重要的分解、合成的作用,具有解毒、分泌和排泄等多方面的功能。其中,尤其在脂肪、蛋白质、维生素和激素的代谢中发挥着其他器官所不能取代的作用。

### (一)肝脏在脂肪代谢中的作用

在原产地,藏獒每天的食物构成中含有大量的动物性脂肪,诸如家畜内脏、骨骼、酥油、奶酪等。藏獒的肝脏在所食入的油脂的分解、合成、消化和吸收中有重要的作用。藏獒每天所摄入的脂肪实际是由两类物质组成的,即脂肪和类脂。前者主要分布在藏獒的皮下结缔组织、大网膜、肠系膜、肾脏周围等组织中,所以又称为储脂,是藏獒脂肪的储存形式。据测定,藏獒所食入的每克脂肪彻底氧化分解可以释放出38千焦的能量,是同样重量糖的2倍多,而且脂肪是疏水的,藏獒储存脂肪并不伴有水的储存,所以脂肪又是藏獒机体用于储存能量的主要形式,其含量随藏獒的营养状况而变动。在夏、秋季节,草原上食物非常丰富,当藏獒所摄入能源物质(包括富含碳水化合物、糖,或脂肪等物质)超过了犬体消耗的需要时,藏獒就可以以脂肪的形式储存起来。而在冬、春季节,当藏獒面临食物匮乏,所食入的能源物质不能满足其生理活动的需要时,藏獒又会动用体内所储存的脂肪氧化为犬体提供能量。藏獒的这种生物学特点完全是对青藏高原恶劣生态环境的适应性表现。所以，每逢夏、秋季节，草原上的藏獒个个膘肥体壮，说明其已在准备过冬，已在体内储存了充足的脂肪。除储脂外，在藏獒体内还有另一类称为组织脂的物质，其主要成分是类脂，分布在藏獒体内所有的细胞中，是构成组织细胞膜的主要成分，参与所有的细胞代谢活动。

### （二）肝脏在蛋白质代谢中的作用

藏獒是食肉性动物，经常食入大量富含蛋白质的食物，而肝脏是蛋白质代谢最重要的器官，其蛋白质的更新速度最快。藏獒的肝脏不但能合成犬体本身的蛋白质，还能合成大量血浆蛋白质，即血浆中的全部清蛋白、纤维蛋白原以及部分的球蛋白都在肝脏合成，凝血酶原、凝血因子也都在肝脏合成，这对保证生活在青藏高原的藏獒的血液循环、氧气代谢和体质健康，保证藏獒对环境的适应性有极为重要的作用。

### （三）肝脏在维生素代谢中的作用

维生素是藏獒犬体不可缺少的重要的生命活性物质。维生素缺乏，将影响藏獒的营养与健康。与其他犬品种不同，藏獒在漫长的生物进化中增强了肝脏的结构与功能，能储藏多种维生素，如维生素 A、维生素 D、维生素 E、维生素 $B_{12}$ 等。据测定，藏獒肝脏维生素 D 的含量是人的 300 倍，由此解释说明了藏獒喜食畜骨并能正常消化吸收的机制。

### （四）肝脏的解毒功能

肝脏是藏獒犬体主要的解毒器官，在藏獒的大肠内细菌腐败作用产生的毒物或通过各种途径进入血液的药物、毒物随血液进入肝脏后，经肝脏的分解、处理会生成毒性较低或无毒性的化合物,经尿或胆汁排出体外,保护了藏獒的健康和生命安全。此外,在藏獒的正常代谢中,也会产生一些有毒的物质,如蛋白质代谢所产生的氨、血红素分解所产生的胆红素,也是经过肝脏分别转变为尿素、葡萄糖醛酸胆红素而排出体外。藏獒肝脏的解毒方式有结合、氧化、还原、水解等方式,其中以结合与氧化的方式最重要,肝脏发生某些疾病时,其解毒能力会降低。另外,藏獒肝脏的解毒能力是有一定限度的,如果毒物进入体内过多,超过了肝脏的解毒能力,藏獒仍然会发生中毒现象,而如果肝脏有病,也容易引起中毒现象。

藏獒肝脏的解毒作用是在长期的生物进化中经自然选择而保留的适应性和生命力,在畜牧专业上称之为肝脏的生物转化作用,其作用机制和功能水平反映了生物的进化水平。近年来,由于国内藏獒养殖的迅速升温,危害藏獒健康的"犬传染性肝炎"相对有所发展,病犬肝脏受到病毒侵染后,消化道功能及藏獒摄入的各类营养物质代谢相应紊乱,使其健康受到严重危害,并发症相继出现,病死率亦相对升高。所以,保持藏獒摄食卫生,预防传染性肝炎发生在开展藏獒养殖中具有极重要的意义。

**(五)藏獒肝脏的排泄功能**

藏獒的肝脏也有一定的排泄功能,如犬体在正常代谢中所产生的胆色素、胆固醇、碱性磷酸酶及钙和铁等,可随胆汁排出体外,而肝脏经解毒作用的产物则大部分随血液被运送到肾脏,经尿排出体外,也有一小部分经胆汁排出。一些重金属离子,如汞、砷等毒物进入藏獒的体内后,一般先保留在犬的肝脏内,以防止向全身扩散,然后缓慢地随胆汁排出。在藏獒的肝脏功能发生障碍时,由胆道排泄的药物或毒物有可能在犬的体内蓄积而引起中毒。因此,保持藏獒消化道健康,特别是肝脏的健康,发挥肝脏在藏獒摄食中的生理功能,无论对藏獒公犬、母犬或幼犬都有极重要的生理学意义,应当高度重视。

# 第三节　藏獒的食性与摄食特点

## 一、杂食性和特殊的摄食特点

藏獒是食肉目犬科动物,是由古代生活在青藏高原的狼及大型山犬驯化而来的。在长期驯化过程中,形成了生活上对人类的高度依附性,与人同居,受人支配,吃牧民给予的食物,藏獒的食物构成逐渐发生了改变。一方面藏獒仍保留着野生祖先的遗传性,喜爱吃肉、嚼骨,草原上也唯有家畜的残肉碎骨最为常见,牧民每次宰杀牛、羊,或因自然灾害等原因倒毙牛、羊时,藏獒都有肉可食。藏獒自幼处于这种环境,自然保留或养成食肉的习惯与习性;另一方面,藏獒也不可能天天有肉吃,在藏民的食物构成中,酥油、青稞炒面还是最日常的食物。因此,始终依附于人类生活的藏獒逐渐演化成为杂食性动物也是顺理成章的,但藏獒受原产地自然和生态环境的长期影响,其食性有以下特点。

### (一)广食性

藏獒食谱广泛,除食肉、骨等动物性食物外,还吃大量的植物性食物,或者可以说所有人类平常吃的食物,如各种谷物、蔬菜,藏獒都能良好摄食。因此,观察到目前许多藏獒被贩运到我国内地后,对内地所生产的玉米、大米、小麦等食物,都能正常摄食,而从无不良反应。另外,长年圈养或拴系的藏獒,一旦放出或放开,不仅格外兴奋欢畅,还特别对生长的牧草感兴趣,似乎饥不择食地大嚼牧草,然后将一部分食入并处于半消化状态的草茎、草叶等又呕吐出来。这是由于长期拴系造成的营养缺乏还是藏獒本身已具有"吃草"的习惯无从知晓,平时散放的藏獒很难见到这种"食草"的行为现象。藏獒通过吃草和主动性的呕吐，清理了消化道，保持健康，提高食欲的特点却是在其他犬类未曾报道的。据观察，生活在草原上的藏獒，对各类水生动物及其产品，表现出极端的厌恶，无论是各种鱼类、还是禽蛋均无丝毫的兴趣或食欲。其实藏獒的这种摄食特点完全是一种摄食习惯。众所周知，藏民群众不吃鱼，还时常买来活鱼放生。所以，藏族同胞从来不会用鱼类等水生动物饲喂藏獒，藏獒对这些动物的气味十分不习惯，即使是偶尔触及，也会表现得极不舒适，摇头甩鼻，好像一个顽皮的小孩要甩掉不小心粘在手上的脏物。但在我国内地的饲养条件下，藏獒又能很快调整自己的摄食习惯和食性，吞食食物中新主人所添加的鱼粉或其他水产品，说明藏獒是具有广食性、杂食性的动物。在以人工饲养为主的条件下，对藏獒的食物构成应尽可能广泛、多种类搭配，并应该适当粗放，尽量避免选用精细加工的食物乃至高脂肪、高蛋白质的食物饲喂幼犬、母犬和种公犬，这对保持藏獒消化道健康有极其重要的意义。

## （二）暴 食 性

青藏高原自然生态条件极端恶劣，特别是在长达7～8个月的漫长冬日，雪漫漫、野茫茫，藏獒极难找到食物。由于生活环境严酷和跟随放牧牛羊迁移，即使牧民家中饲养的犬只，也不能保证每天按时获得食物，免不了时常忍饥挨饿。食物来源不均衡，迫使藏獒饲必食，食必净，有时几乎食入量达到正常时的几倍，养成了它暴食暴饮的食性。成年藏獒在冬、春季节一次几乎可以吃掉藏羊胴体的1/3，以重量计，可以达到十几千克。运气好，如果能遇到一头冻毙的羊只或主人喂给的牛头等物，藏獒不吃干净是绝不会放弃的。由于活动量大，环境气温低，藏獒在暴食后一般很少发生消化不良现象，这种体能和秉性说明藏獒保留了野生祖先适应于自然环境和生活条件所必须具备的能力，也说明藏獒具备了在青藏高原生存的条件。更具有将食入的过量食物营养及时储存以备后用的能力,因此迫于环境恶劣,在连续几天难以获得食物的情况下,藏獒就会本能地动用体内所储备的营养以维持其生命和生产活动,能够忍饥挨饿,尽职尽责,充分体现了千百年来生活在雪域高原的藏獒所具有的坚韧、顽强、不屈不挠的毅力与品质。

客观分析,藏獒是由古代的狼和山犬等食肉性野生动物驯化而来的,消化道具有食肉动物的特征,消化道短、蠕动快,消化腺体发达,能较快使摄入的食物消化、吸收并将食物残渣排出体外。藏獒的消化系统、血液循环系统、体温调节系统、运动系统乃至泌尿系统等全身各种组织器官的功能都受其神经与体液系统控制和调节。在藏獒动物进化的最初阶段,神经系统就作为联系周围环境和藏獒全身各部位、器官和组织的特殊机构而发生发展起来,随着藏獒先祖在严酷的自然选择下的不断进化,其神经系统的结构和功能也在不断复杂化和完善化,神经系统又使藏獒全身各部分的活动互相联系起来,使之互相协调,互相配合,并在复杂的外界环境下,始终保持与环境变化的高度适应和辩证统一,形成了藏獒出类拔萃的适应性表现。

### (三)护食性

护食几乎是野生动物的本能,可以这样认为,在自然环境或野生环境中生物与生物的关系首先是吃或被吃的关系,即"食物链"的关系。因而,对野生动物而言,获取食物可能是每天活动最重要的目的和内容(正如动物行为学所言——一种欲求行为和完了行动的关系)。对生活于恶劣环境、食物匮乏的动物,食物就是生命,有无食物是生命攸关的事。获得了食物就要保护,保护食物就是保卫生命。与野生动物相同,藏獒亦保留着护食性,也可以把藏獒的护食看作是其野性的返祖。可以试想,藏獒经百般艰辛捕捉到一只野兔、一只旱獭或获得些许食物时,饥肠辘辘的藏獒怎能轻易放弃！藏獒必然要尽可能地吃光吃尽所获得的食物,绝不允许其他犬只或动物分享。藏獒性格中那种绝不屈服的品质和特点,使藏獒在食物受到威胁时会十分气愤,甚至愤怒,当侵入的犬只不接受警告时,一场恶战在所难免。不及时制止,有时两条性格倔强的藏獒会为争抢食物或护食而咬得皮开肉绽,这种特点告诫人们给藏獒投食后切忌再欲取回,迫不得已要取回已投喂给藏獒的食物时,最好由藏獒最信赖的主人或饲养员在召唤藏獒的过程中,转移犬的注意力,再设法取走食物。一般为了避免互相撕咬争食,饲喂时应坚持每犬 1 份,绝对不可 1 份食多犬共用,即使同窝的藏獒幼犬,其秉性中所具有的护食性也会使其在共食中互不相让,并恶斗一场,尤其是那些性格倔强的藏獒,有可能从此记恨在心,稍有不顺即可争斗,着实让主人大伤脑筋。

藏獒的护食还表现在对暂时不吃或吃不完的食物,它能像野生食肉动物那样,本能地将食物掩埋或藏匿,这一点更表现出藏獒野性尚存的秉性和特征。但藏獒埋食的动作很特殊,藏獒不像常见的野生动物那样先用前趾刨一土坑,放入食物后再推土掩埋,并可能在埋后用趾踩实。藏獒埋食较简单,只用鼻吻拱少量浮土堆积在食物上即算完成。说明藏獒的埋食行为,仅是一种返祖现象,是在 3 000 多年的人工选择下,残留下的藏獒野生祖先埋食行为的遗迹,该行为动作已不完整。在人工饲养条件下,应该坚持饲养管理"四定"原则,即定时、定量、定人、定位,不吃剩食,以免食物久置发生变质。

## 二、其他摄食特点

### (一)喜食动物腐尸臭肉

生活在青藏高原的藏獒,日常所能得到的食物或者为残渣剩饭,或者为丢弃的畜骨,而更多是冬、春期间冻毙的牛、羊。由于目前牧民牦牛藏羊超载过牧,造成草原退化,所以在冬、春期间牧草紧缺时,家畜体况极差,不敌风寒,时有家畜倒毙,尸弃荒野,腐败变臭。但死去的牛、羊尸体却是藏獒的主要食物,饥肠辘辘的藏獒难抵夜间高原劲风的吹袭,被迫四处寻食,那些腐尸臭肉散发的气味,极易引来草原上觅食的狼、狐,也引来了藏獒。累代的摄食方式和食物构成,使藏獒不仅习惯于吃臭肉,甚至喜欢吃有臭味、异味的食物,如牛羊内脏、肠肚等。在人工饲养条件下,藏獒对有臭味的食物依然兴奋不已,表现强烈的食欲。当然这并不意味着要给藏獒饲喂变质和变味的食物。藏獒在原产地有广阔的草原任其奔走、巡游、猎食,活动量大,体质强健,消化力强,所吃食物即便已变质,一般也未必能使犬只致病。但在内地圈养条件下,或者环境污染、空气污浊,或者活动空间极其有限,终日拴系,体质衰弱,食物不洁,极易患病。因此,在内地饲养藏獒,应注意食料品质,防止食物腐败变质极为重要。值得注意的是,观察到藏獒和其他品种犬都特别对国内专用于灭鼠的有机磷类药物有特殊的嗅闻和摄食的嗜好。国内多有关于家中所饲养的犬误食了被毒死的老鼠或田鼠而死亡的报道,其实造成犬有机磷中毒乃至死亡的原因很可能与犬特别嗜好各种有机磷毒药的气味有关。藏獒极端感兴趣于各种剧毒鼠药,无论是药饵还是已被毒杀的老鼠尸体,藏獒都可以凭借灵敏的嗅觉,嗅出其中有机磷的特殊气味,而且一旦发现必欲食之。藏獒的这种对有机磷毒药气味的特殊嗜好是造成家庭养犬发生犬只中毒死亡的直接原因。

## (二)摄食速度快

尽管藏獒牙齿坚硬,咬合力强,摄食时却很少细嚼。藏獒在摄食中表现出摄食快、狼吞虎咽的特点,即使是硬骨,只要能吞下,藏獒就很少咀嚼。藏獒摄食快、吞食粗糙也是在野生环境中食肉动物的共性。野生动物捕获到食物后,不尽快吃完,就很有可能被其他动物掠去,吃得越快越稳妥。至今藏獒仍保留着这种野生的习性,该习性对藏獒种群的延续和生存有利。在我国内地的家养条件下,藏獒多不具有昔日那种大量采食畜骨的条件,对偶然获得的少许骨块表现绝对喜爱,骨块小,藏獒会整块吞下,毫不咀嚼,骨块大,藏獒会用"前爪抱紧,后爪蹬硬",从边沿啃起,一边啃,还一边环顾四周,唯恐被其他犬夺取。生产中对藏獒这种喜食畜骨的特点,应正确对待。一方面对 6 月龄以上的藏獒可时常喂给新鲜畜骨,以满足犬只的生理需要,保证犬只发育和健康;另一方面所投骨块的大小应有所掌握,一般宁大勿小,防止因藏獒吞食粗糙而发生不测。

## 第四节　藏獒的繁殖特性

### 一、藏獒的繁殖性能

藏獒是一年一次的季节性发情动物。藏獒母犬 10 月龄性成熟,1.5 岁体成熟。藏獒母犬每年发情多在 9～11 月份,妊娠期 63 天,产仔多集中在 11 月份至翌年 1 月份。母犬最佳配种繁殖年龄为 2～5 岁,有效繁殖年限最大可达到 12 岁。6 岁以上母犬活产仔数、断奶成活数、断奶窝重均呈下降趋势。藏獒公犬 12～14 月龄性成熟,2 岁体成熟。寿命为 15 年左右,少数个体达 20 年以上。达到性成熟的藏獒公母犬,健康无病,能正常发情、配种,繁殖性能良好。

### 二、藏獒的性行为

藏獒的性行为表现为对母犬的性兴奋和性较量方面。在母犬发情期中,公犬只要嗅闻到发情母犬尿液中的外激素气味,就会产生强烈反应,引起性冲动,急切寻找发情母犬欲行交配。此时的公犬变得性情急躁,食欲下降,大量饮水。散放在场院或野外活动时,四处奔跑搜寻发情母犬成为它唯一需要或目标。公犬一边嗅闻,一边奔跑,对所经之处的树干、木桩、墙角等都要撒上尿液,以示疆界和对外来犬只的"警告"。公犬凭借灵敏的嗅觉,几乎可以判断母犬的发情状况和进程。对处于发情前期的母犬,可以表现亲近和追逐,但一般不进行爬跨;而对发情期母犬,一旦发现或接近,立即紧追不舍,除非受到母犬警告,否则非进行交配不可。公犬在交配之前,先要在母犬周围、墙边、墙角等物件上撒尿,吸引和促进母犬兴奋,紧接着公犬开始嗅闻母犬阴部,舔吮母犬阴门分泌物,并开始挑逗母犬,舔母犬头脸,表示亲热和爱抚,并用身体碰撞母犬体侧。如果母犬做出反应,出现相对以头嘴触地,前肢和前胸匍匐在地的姿态,表示已接受了公犬。有经验的公犬开始会先用头颈部贴压母犬背腰部,母犬会用臀部朝向公犬,主动迎合公犬。母犬尾帚偏向一侧,阴部开启,有节律地开张和收缩,以迎合公犬。公犬受到母犬这种迎合刺激,会立即开始爬跨,阴茎完全勃起,从包皮伸出,前后抽动试探母犬阴门位置。有经验的公犬会将两后肢前伸或后踩,使阴茎能准确地触觉到母犬的阴门,并顺利插入。一旦插入完成,公犬即刻将后躯紧贴母犬后臀部,力求深入,个别公犬甚至会将后肢悬空。此时公犬阴茎出现短暂而剧烈的颤抖,说明已开始射精。射精时公、母犬都处于极度的紧张和性兴奋状态,甚至母犬会发出短促、低哑的鸣叫,阴门括约肌也反射性收缩,压迫公犬阴茎背侧静脉,而同时,公犬的阴茎勃起使龟头球膨大,阴茎被阴门锁定。射精时间很短暂,通常仅 6～10 秒。公犬一旦完成射精,母犬就开始回头轻咬公犬,公犬亦迅速从母犬背上滑下,并完成身体扭转180°,与母犬呈两尾相对,头向相反的姿势站立。在母犬轻咬和公犬躲避过程中,公、母犬阴茎和阴门锁定被拉紧。锁定时间5～40分钟不等,视与配公、母犬的年龄、体质状况和性欲而不同。犬在交配中的"锁定"过程有助于公犬进一步完成后续性射精,并有防止精液倒流的作用。事实上,有相当的青壮年犬,被锁定后尚有第二次射精或第三次射精,每次射精中母犬都会再次发出兴奋性低鸣。对锁定中的公母犬应防止干扰,任其自行解脱。解脱后,公、母犬均会自己舔吮性器官,交配即告完成。

研究藏獒在交配中阴茎勃起的功能,对了解和开展藏獒的选配有积极的意义。藏獒阴茎勃起交配的过程,与其他家畜有明显的不同。一般如马、牛、羊、猪等家畜的交配都是在阴茎完成勃起,达到最硬、最大时才插入,而且是一插入即射精,从而完成整个交配过程。但藏獒的阴茎勃起分为交配前期、交配中期和交配后期3个阶段,交配则是在性兴奋开始时阴茎未完全勃起的状态下插入。阴茎在插入后,才达到完全勃起并与母犬阴道锁结在一起,并完成整个交配过程,期间射精也有3个阶段。

### (一)交配前阴茎勃起

在藏獒公犬有交配欲望时,即开始进入性兴奋状态,性兴奋中枢的各项指令开始通过神经系统传导到藏獒以阴茎为主的各个性器官,开始引起阴茎动脉大量供血给海绵体,使之膨胀,动脉血压升高但静脉不闭锁,进入海绵体血液增加,阴茎也稍有膨胀,但还没有达到完全勃起,此时公犬阴茎抽动,主要是依靠阴茎骨的支撑,而插入母犬的阴道内。

### (二)交配中阴茎完全勃起

在公犬阴茎插入母犬阴道后,受到阴道的刺激,阴茎勃起中枢神经更加兴奋,使动脉血快速流入海绵体,海绵体内压增高,阴茎白膜紧张,阴茎勃起肌收缩,引起母犬阴门收缩,使公犬阴茎的静脉闭锁,尿道突起和龟头冠逐渐明显,龟头球膨胀,阴茎达到完全勃起,并使公、母犬锁结在一起。此时由于公犬调头转向,阴茎也随之反转 180°，但公犬的阴茎动脉血管和尿道不会因公犬的反转180°而闭锁，血液流入和射精会照常进行。

### （三）交配结束期阴茎勃起的消退

公犬射精后，阴茎勃起肌停止收缩，母犬阴门也随之停止收缩，阴茎的静脉结束闭锁，龟头球萎缩，公、母犬的锁结结束，阴茎滑出阴道，阴茎恢复自然角度，海绵体血液流畅，阴茎勃起消退。

藏獒的射精过程大致可以分为 3 个阶段。第一阶段是当公犬的阴茎刚插入阴道时，就开始射精，但这时的精液呈清水样液体，并不含有精子；第二阶段是经过几次抽动后，刺激母犬阴道，引起母犬阴道节律性的收缩，反馈性地刺激引起公犬的阴茎充分勃起，而将含有大量精子的乳白色精液射入母犬阴道内，该过程很短，很快就结束；第三阶段射精时在公、母犬锁结后发生的，此时的精液是不含精子的前列腺分泌物。

# 第四章　藏獒的营养与标准化饲养

## 第一节　藏獒的营养物质

饲料营养物质是藏獒维持生命基本活动、生长发育、繁殖和各种生理功能的物质基础。藏獒摄入的食料经消化吸收，获得包括蛋白质、脂肪及脂类、碳水化合物（糖类）、维生素、矿物质和水等多种营养，用于构成犬体组织和为犬体提供营养保障。饲料中的各种营养物质对藏獒有各自不同的生理作用和生物学意义（表4-1）。

表4-1　营养成分及其主要功能

| 营养成分 | 体内主要功能 |
| --- | --- |
| 碳水化合物 | 供给能量 |
| 脂肪 | |
| 蛋白质 | 构成机体成分 |
| 矿物质 | |
| 维生素 | 调节体内各种生化过程 |

注：—— 主要功能；---- 次要功能。

# 一、水

水是构成藏獒犬体的主要成分,占成年犬体重的 60% 以上,占幼犬体重的 70% 以上。在不同的组织、器官中,水的含量各不相同。在藏獒体内,各种营养物质的消化、吸收、运输和利用,各种代谢产物的排除、生物化学反应的进行及体温的调节都离不开水。水对藏獒健康的保持、性能的发挥至关重要。在炎热的夏天藏獒每时每刻都需要水,在严寒的冬天藏獒也不能缺水。藏民总结出"藏獒越冷越喝水"的经验。尽管青藏高原冬天滴水成冰,但藏獒只要能喝到水,有时甚至舔冰啃雪,就能保持机体的正常代谢并抵御严寒。藏獒体内没有专门的储水机制,缺乏储备水的能力,不能耐受缺水时对机体的威胁。有资料说明,当藏獒体内水分损失达到 5%,就会出现缺水反应,食欲降低;水分减少至 10% 时,出现黏膜干燥,血液黏稠,造成循环障碍;失水达 20% 时,就会导致藏獒死亡。正常情况下,成年藏獒每 100 千克体重每天需水 1.5 升以上,幼年犬高达 1.8 升。高温季节、配种期或饲喂较干的饲料时,必须增加饮水量。所以,饲养藏獒必须保证水的供给,最好让犬只随时自由饮水。

# 二、蛋白质

蛋白质是一切生命活动的物质基础,是最重要的营养物质。蛋白质是构成藏獒犬体组织的重要成分,犬体各种组织,包括肌肉、神经、骨骼、结缔组织、腺体、皮肤、血液乃至被毛、皮肤、爪、足垫等,都是以蛋白质为主体构成。蛋白质也是犬奶、精液及胚胎的主要成分。

蛋白质是藏獒机体功能物质的主要成分。蛋白质是具有不同生化性质的化合物,不同性质的蛋白质其生理功能不同。藏獒个体大,供给足够的蛋白质是保证藏獒生长发育需要,用于维持犬体新陈代谢,保持藏獒强壮体质,保持其固有的抗病力和繁殖力的物质基础。事实上,藏獒无论在调整自身功能以适应各种高寒、高温、高海拔、低气压、低氧压乃至低海拔气候条件,还是在藏獒勇敢搏击的过程中,需要坚韧的生命力和更旺盛的代谢力,而在藏獒生命与代谢过程中起催化作用的各种酶、起调节作用的激素、具有免疫防御功能的抗体,都是以蛋白质为主体构成。特别是在极热极冷的环境下,藏獒要保持体温和维持体温恒定,保证其各项基本的生命活动时,亦必须通过蛋白质以维持体内的渗透压和水分的正常分布。

蛋白质在藏獒体内是修补和更新组织的主要原料。在藏獒一生中,伴随着藏獒的生长发育和新陈代谢,也始终进行着各种组织器官的组织更新、修补等活动,都需要各类蛋白质。蛋白质可以转化为糖和脂肪,为藏獒提供能量。当藏獒所摄入的蛋白质过多或其氨基酸组成不平衡时,未被用于合成的蛋白质可在体内被合成脂肪或氧化,为藏獒提供能量,某些还可生产葡萄糖,满足犬体的需要。

蛋白质的基本结构单位是氨基酸,其中许多种类是在藏獒体内不能合成而必须由饲料供给的必需氨基酸,如精氨酸、组氨酸、亮氨酸、异亮氨酸、赖氨酸、蛋氨酸、色氨酸、苯丙氨酸、缬氨酸和苏氨酸等。藏獒的饲料中缺少了蛋白质或必需氨基酸,说明饲料营养未能满足其营养需要,营养不平衡。短期内,藏獒可动用体内的蛋白质或氨基酸储备以维持基本的生命活动,但长期缺乏饲料蛋白质,或饲料蛋白质品质差,或缺乏合成体内蛋白质所需的必需氨基酸,均会造成藏獒严重营养不良,导致各组织和器官的功能失调,生长发育受阻或迟缓,体重减轻,免疫力下降,抗病力下降。公犬性欲降低,精液数量少、品质差,精子活力低;母犬则被毛粗糙,发情异常,不孕、流产或死胎等。蛋白质合成受阻可导致代谢紊乱,中枢神经系统、心血管系统、消化系统等功能失调,后果十分严重。因此,保证饲料蛋白质的数量和质量对维持藏獒健康极其重要。通常认为,在每天的饲料中,动物性蛋白质饲料应当超过饲料蛋白质的1/3。成年犬每天每千克体重需可消化蛋白质5.0克以上,其中动物性蛋白质不应低于1.6克。正处于生长发育旺盛的断奶幼犬,每天每千克体重需可消化蛋白质9.6克(补充犬奶蛋白质,与其他动物奶比较,犬奶蛋白质含量高)。饲料蛋白质水平是衡量饲料营养价值最重要的指标,在营养配比中应始终给予高度重视。

在衡量藏獒饲料蛋白质水平时,最重要的是饲料蛋白质的氨基酸水平,特别是必需氨基酸中的限制性氨基酸——赖氨酸、蛋氨酸和色氨酸的水平。这3种氨基酸通常在各种饲料中都极易缺乏,而饲料又常常因这3种氨基酸的不足而限制了其他氨基酸的作用及蛋白质的合成,因此又会降低饲料蛋白质总的利用率,所以生产中把赖氨酸、蛋氨酸、色氨酸分别称为第一、第二、第三限制性氨基酸,其中尤以赖氨酸对蛋白质合成的限制性作用最强,影响最大,生产中切不可忽视。

饲料蛋白质在胃蛋白酶、胰蛋白酶和糜蛋白酶的作用下,相继分解为蛋白胨,而肠肽酶与胰液中的羧肽酶将蛋白胨分解成氨基酸或小肽。氨基酸或小肽通过不同的转运机制经肠壁吸收,经肝门脉系统进入血液循环,转运到全身各器官、组织、细胞,参与新陈代谢。

当饲料中蛋白质不足时,藏獒会本能地动用体内储存的蛋白质,此时体内的蛋白质代谢会变为负平衡,体重减轻,生长停滞。如饲料蛋白质缺乏的时间过长,则藏獒会发生血浆蛋白过低、血红蛋白减少、抗病力减弱、贫血等症状,幼犬生长停滞,成年犬体重减轻,妊娠母犬多出现流产或产下弱胎、死胎等。

# 三、碳水化合物

碳水化合物的主要生理作用是供给能量，多余的能量在体内转化成糖原和脂肪储存起来，在需要时再分解供给能量。

在饲料营养物质中，碳水化合物是仅次于蛋白质的非常重要的一大类营养物质。事实上，在藏獒产区外的众多地区，特别是目前的家庭养藏獒的情况下，碳水化合物就成为最主要的饲料物质。这里所说的碳水化合物主要指淀粉和粗纤维，广泛存在于禾本科作物如小麦、玉米、稻子、高粱等子实中，这些作物的加工产品被普遍用作藏獒的饲料。但由于藏獒摄食很粗糙，狼吞虎咽，咀嚼不充分，加之肠管短，吃进的食物在消化道中停留仅 5～6 小时，因而藏獒对饲料粗纤维的消化利用能力较差。粗纤维饲料主要具有刺激藏獒消化道蠕动和加快消化道内容物的排出的作用，可以起到清理胃肠道，使藏獒感到饥饿，产生食欲。在藏獒的饲料组成中，以干物质计，一般粗纤维含量不超过 5％～10％，过多不仅不能被利用，反而会影响饲料中其他营养物质的消化率，影响其他营养成分的吸收和利用。而较好的麦麸，不仅粗纤维含量较高，还含有较高的镁盐（$Mg^+$），故在藏獒饲料的干物质中，应加入 20％～25％的麦麸。麦麸占的比例较大，利于藏獒消化道蠕动和及时排便，对保持藏獒消化道通畅与健康是有益的。

在可被藏獒摄食的碳水化合物中，淀粉是重要的能量来源。在唾液淀粉酶、胰淀粉酶的作用下，淀粉被逐渐分解成麦芽糖、葡萄糖，经肠道吸收后，随着血液循环被运送到各种组织和细胞中，经生物氧化产生的能量，维持了藏獒各种生命功能和体温，故碳水化合物对藏獒而言是主要的"能量物质"。如碳水化合物供应不足，或其中的粗纤维含量太高，不能为藏獒消化利用时，就会影响藏獒的能量平衡。藏獒为了维持基本的生命活动和体温的稳定，就会动用体内能量的储备物质——糖原和脂肪来补充能量消耗。

这样还不够时,就会分解体内的蛋白质来获得必需的能量。长此以往,藏獒就出现消瘦、乏弱、生长迟缓、发育停滞。成年藏獒的繁殖功能会受到严重影响,母犬停止发情,或不育、流产、死胎,公犬睾丸萎缩、精液品质差、无性欲等,都与饲料能量供给不足有直接的关系;反之,如果饲料中碳水化合物或能量物质供给过多,因藏獒具有极强的积累和储备饲料能量的能力,很快就会发胖,过度肥胖同样不利于藏獒的生长和繁殖。

## 四、脂 肪

脂肪是广泛存在于动植物体内的一类有机化合物,不仅是合成体细胞的主要成分,还是机体所需能量的重要来源之一。每克脂肪充分氧化后,可产生 39.33 千焦热量。脂肪是构成细胞、组织的主要成分,也是脂溶性维生素 A、维生素 D、维生素 E、维生素 K 的载体,可促进维生素的吸收利用。皮下的脂肪层具有保温的作用。脂肪还能为幼小仔犬提供必需脂肪酸,藏獒需要的必需脂肪酸有 3 种:亚油酸、正亚油酸和花生四烯酸,都是不饱和脂肪酸。此外,脂肪对仔犬的生长发育及成年犬的精子形成都有着十分重要的作用。

众所周知,藏獒有极强的恋膘性,是世界上储备能量物质最强的犬品种。在饲料能量过多时,藏獒就会把这部分能量转化为体脂肪的形式储存于体内,以备在食物匮乏时利用,维持其生命活动。因此,在藏獒产区,藏獒都有暴食性,藏獒轻易不会放弃得到的食物。体脂肪是藏獒储备能量的主要形式,通常藏獒体内脂肪的含量为其体重的 15%～20%。

脂肪中的脑磷脂、固醇类等是构成藏獒体组织和细胞的重要成分。各种脂溶性维生素都必须随同脂肪一起被吸收和利用。幼犬生长和成年犬正常代谢中的必需脂肪酸,如亚油酸、亚麻油酸、花生四烯酸,只能由饲料供给。换言之,藏獒对食物中的脂肪有特殊的偏好,尤其是牛、羊体脂肪,或草原上啮齿类动物体内的脂肪,藏獒已形成了一种食癖,这类食物能强烈地刺激藏獒的食欲和消化能力。饲料中脂肪不足,会引起藏獒严重的消化障碍,甚至中枢神经系统的功能障碍,犬只出现倦怠无力,被毛粗乱,性欲降低等症状,母犬还表现繁殖力降低、发情异常、流产、死胎率升高等。

摄入过多的脂肪,可导致犬体过于肥胖,也会影响藏獒正常的生理功能,特别是影响繁殖功能。母犬过肥,影响卵泡发育,母犬不能正常发情、配种,或出现空怀和产仔数降低。公犬则性欲差,精液品质不良。日粮中脂肪含量如果过高,还会引起犬的食物摄入量减少,导致对蛋白质、矿物质、维生素等其他营养物质摄入量的减少而不能满足其需要。通常藏獒对脂肪的需要量以每千克体重计,幼犬的需要量每日为1.3克,成年犬为1.2克。以饲料干物质计算,脂肪以达到8%～10%为宜。

## 五、矿　物　质

藏獒所需矿物质的含量各有不同,常量元素钙、磷、钠、镁、钾、氯、硫等,约为藏獒体重的0.01%,而微量元素铁、铜、锌、锰、氟、碘、硒、钴、钼等的需要量则很低。各种矿物质元素与藏獒组织器官的构成和功能都有密切关系,是体组织,特别是骨骼、牙齿的主要成分,也是维持犬体内酸碱平衡和渗透压的基本物质,还是许多酶、激素和维生素发挥作用必需的辅助成分或重要成分。矿物质不足会使藏獒发育不良和发生多种疾病。在藏獒产地,藏獒可以摄入较多的畜肉、剩骨,矿物质可以得到满足。但在藏獒产区以外的其他地区,矿物质的供给就十分重要。以干物质为基础计日粮中食盐的比例,成年藏獒应达到1%。为保证藏獒的生长发育,防止母犬产后瘫痪,保证公犬旺盛的性欲和精力,日粮中应保证充足的钙和磷,钙、磷的比例为1.5～2.0:1,以满足藏獒对钙和磷的需要并维持犬体的健康,保持良好的生长发育和组织器官的正常功能。据报道,在我国西北内陆普遍缺硒,由此造成母犬发情异常,或屡配不孕。缺乏铁、铜、钴时,犬常发生贫血。因此,在日粮中应注意补加所缺的矿物质。

# 六、维 生 素

维生素是具有高度生物活性的有机化合物,在机体的生命活动中起催化剂的作用,是机体正常生长发育、繁殖所必需的微量营养物质。维生素分为脂溶性和水溶性两种,脂溶性维生素有维生素 A、维生素 D、维生素 E、维生素 K;水溶性维生素有 B 族维生素和维生素 C。除几种维生素机体本身可以合成外,大多由饲料来提供。

藏獒维生素的缺乏也只在其原产地以外的诸多地区见有报道。由于藏獒产地丰富的肉食、鲜奶,以及藏獒自己能自行采食到鲜草,所以各种脂溶性和水溶性维生素的摄入是充足的,也是平衡的。在其他地区,由于犬主往往忽视在日常饲养中补加维生素,造成藏獒生长发育或健康受到很大影响。维生素是维持藏獒生命与健康的生命物质,是藏獒维持生命、生长发育、维持正常生理功能和新陈代谢所必不可少的物质,其在藏獒的营养中具有独特的生理功能和重要作用。维生素的作用与藏獒所需要的糖类、脂类的作用不同,不是机体的能量来源物质,与蛋白质也不同,即不参与构成体内的物质。维生素是作为生物活性物质或作为酶的辅助成分发挥其作用,起着控制犬体内酶促反应速度或参与调节体内新陈代谢强度的作用,有协调神经系统、体液调节系统、心血管、肌肉、骨骼和其他各系统功能的作用,在藏獒的营养配比中必须给予十分的重视。

藏獒一旦发生维生素缺乏症,就会影响到其体内某些酶的催化能力,从而使该类酶催化或促进的代谢过程受到影响或干扰,会影响到藏獒许多生理生化过程的正常进行。许多研究已经证明,藏獒在缺乏维生素 A 时,幼犬发育受阻,成年犬会出现干眼病、繁殖功能障碍,同时表现出被毛粗乱、骨质疏松等症状。缺乏维生素 D 会影响藏獒骨骼的代谢,幼犬发生佝偻病,成年犬出现骨软症。缺乏维生素 E,则使藏獒母犬受胎率下降,出现不育、弱胎、死胎、流产等各种繁殖疾病。一些水溶性维生素,如 B 族维生素和维生素 C 等,缺乏时会通过影响藏獒体内某些酶的合成而影响幼犬的生长、成年犬的健康与繁殖,会明显降低藏獒的生活力、抗病力和适应性,严重时甚至会导致代谢的衰竭或死亡。由于维生素本身并不进行代谢,而是通过影响犬体内某种酶类的活性或参与代谢调节过程起作用,所以对其中各种成分的需要量或消耗量很低。对藏獒维生素的补充一般都采用食物补充的形式,如日粮中的胡萝卜素可补充维生素 A。饲喂鲜肉可补充维生素 A、维生素 D。新鲜蔬菜中含有 B 族维生素各种成分和维生素 C,在食料中添加蔬菜可补充这些成分。但在某些特殊生理时期,就必须以投喂维生素丸剂或片剂等形式补充,如在母犬发情前,对母犬和公犬都要每日定量饲喂维生素 A、维生素 D、维生素 E 和复合维生素 B 等。断奶后的幼犬和老龄犬也应注意补充上述种类维生素,以提高机体抗病力、增强体质及促进幼犬生长。

# 第二节　藏獒的营养需要

## 一、维持需要

维持需要是指维持犬体正常的体温、呼吸、循环、各组织器官的正常生命活动以及供给起卧、行走等必要的营养。在这种状态下,藏獒不生长发育,也不繁殖和工作,其体重没有增加也没有减少。成年藏獒维持状态下各种营养物质的需要量如下。

### (一)能量需要

藏獒的能量需要受年龄、生理状态和环境等诸多因素影响。成年藏獒的能量维持需要量大约为每日每千克体重 300 千焦。

### (二)蛋白质需要

成年藏獒的蛋白质维持需要量每日每千克体重大约为 4.8 克,或维持能量的 2.5%。

### (三)矿物质需要

成年藏獒在维持状态下对矿物质的需要量每日每千克体重大约为钙 242 毫克、磷 198 毫克、钾 132 毫克、氯化钠 242 毫克、镁 8.8 毫克、铁 1.32 毫克、铜 0.16 毫克、锰 0.11 毫克、锌 1.1 毫克、碘 0.034 毫克、硒 2.42 微克。

### (四)维生素需要

成年藏獒维持状态下对维生素的需要量每日每千克体重大约为维生素 A 110 单位、维生素 D 11 毫克、维生素 E 1.1 单位、硫胺素 22 微克、核黄素 48 微克、泛酸 220 微克、烟酸 250 微克、维生素 $B_6$ 22 微克、叶酸 4 微克、生物素 2.2 微克、维生素 $B_{12}$ 0.5 微克、胆碱 26 毫克。

## 二、不同状况下的营养需要

### (一)藏獒种公犬的营养需要

对藏獒种公犬的基本要求是体格健壮,性欲旺盛,配种能力强;精液品质好,精子密度大,活力强。其平时的能量需要应在维持量的基础上增加 20%,蛋白质需要应高于维持需要,每千克代谢体重需要可代谢蛋白质 5～7 克。如蛋白质不足,可引起射精量、总精子数量显著下降。因此,在配种旺季,种公犬的需要量应在维持量的基础上增加 50％。

在矿物质需要量方面,以干物质计,日粮中钙 1.1％ 和磷 0.9％ 即可,锰对繁殖的影响也很大,缺乏时可引起睾丸生殖上皮的退化,每天每千克体重需要量约为 0.11 毫克,其他矿物质的需要量按维持量适当增加即可。

维生素 A 与种公犬的性成熟和配种能力有密切关系。维生素 A 每天每千克体重约需 110 单位。维生素 E 的供给量为每千克干饲料中含 50 单位。

### (二)妊娠期母犬的营养需要

对妊娠期的藏獒,不仅要满足其本身维持正常生命活动及各种功能所需要的营养物质,而且要满足胎儿的发育和准备泌乳的营养需要,其特点是后期比前期需要多,尤其是在妊娠的最后 15 天内应需要量更大,妊娠母犬的基础代谢率高于空怀母犬,在妊娠的后期提高 20％～30％。

体况一般的妊娠母犬在妊娠前 5 周能量略高于维持时的代谢能即可。妊娠第六周至产前需要量是在维持量的基础上分别增加 50％～100％。妊娠期的蛋白质需要高于维持需要,但低于泌乳期需要。妊娠后期,每千克代谢体重需要可代谢蛋白质 5～7 克。妊娠母犬对蛋白质的需要在产前 20 天左右急剧增长,要求同时提供足够的碳水化合物,以保证蛋白质与碳水化合物的需要比例平衡。妊娠期藏獒母犬日粮中,钙应占 1.2％,磷占 1.2％(干物质基础),其他矿物质高于维持量,低于哺乳期的需要。妊娠藏獒的日粮中,维生素的需要量应高于维持需要量,特别要注意满足维生素 A、维生素 D 和维生素 E 的需要。

### (三)哺乳期母犬的营养需要

哺乳期藏獒的能量需要大大增加,并且受窝产仔数的影响,窝产仔数多的母犬需要量比维持量大大增加。泌乳犬在哺乳的第一周,代谢能需要量应在维持量的基础上增加 50%;第二周增加 100%;第三周达到高峰,需要增加 200%。之后,由于仔犬已开食,其需要量逐渐下降,至第 6~8 周,随着仔犬断奶,恢复到正常量。哺乳期藏獒母犬蛋白质需要量为维持需要的 15%。矿物质和维生素需要是维持时需要量的 200%~300%。

### (四)藏獒幼犬生长的营养需要

幼犬的能量需要在各阶段不同。小于 5 月龄的幼犬每千克体重约需 600 千焦;5~8 月龄犬每千克体重约需 530 千焦。8 月龄至体成熟的生长犬每千克体重约需 440 千焦。

藏獒生长阶段蛋白质的最低需要量就是体内蛋白质的实际储积量。饲料中的蛋白质在消化代谢过程中有损失,而且有的蛋白质是不可利用的,因而日粮中所提供的蛋白质的需要量远远超过幼犬对蛋白质的需要量。藏獒生长期蛋白质的需要量包括两个部分,一是维持需要,二是生长发育需要量。生长犬蛋白质需要量每日每千克体重约 9.6 克。

藏獒在生长阶段,骨骼的增长很快,骨盐沉积较多,钙、磷的需要量大。藏獒每日对矿物质的需要量大体如下:钙 484 毫克、磷 396 毫克、钾 264 毫克、氯化钠 484 毫克、镁 17.6 毫克、硒 4.48 微克、铁 2.64 毫克、铜 0.32 毫克、锰 0.22 毫克、锌 2.2 毫克、碘 0.068 毫克。

生长发育期的藏獒对维生素的需要量约为:维生素 A 220 单位、维生素 D 22 单位、维生素 E 2.2 单位、硫胺素 44 微克、核黄素 96 微克、泛酸 400 微克、烟酸 500 微克、维生素 $B_6$ 44 微克、叶酸 8

微克、生物素 4.4 微克、维生素 $B_{12}$ 1 微克、胆碱 52 毫克。

# 第三节　藏獒的饲料

　　藏獒是偏食肉性的杂食性动物,生活在青藏高原的藏獒其食物来源主要有两个方面。一是主人饲喂的食物,与藏民同胞的食物习惯保持一致,包括牛羊肉、骨、内脏、酥油、青稞面、奶水(牦牛奶抽提酥油后所剩部分)等。二是藏獒自己寻觅的食物,包括草原上冬春瘦乏死去的牦牛、藏羊、各种野生啮齿类动物、草原上一些鲜草的新芽和嫩叶。藏獒的食物习惯与藏民群中的生活、生产紧密联系,因生产季节的变换食物构成有很大的不同(表 4-2)。

表 4-2　不同月份藏獒食物构成

| 月　份 | 食物构成 |
| --- | --- |
| 11～12 月 | 冬宰的牛羊碎骨、残肉、血、内脏等 |
| 1～2 月 | 藏民过年,有多种面食、骨、肉 |
| 2～4 月 | 瘦乏死亡家畜尸体、流产牛羊的犊、羔,早春出洞的啮齿动物 |
| 5～6 月 | 家中的面食、奶水,藏獒自己猎食或觅食 |
| 7～9 月 | 以主人投给少量食物,主要依靠自己猎食和觅食,以动物食物为主 |
| 10～11 月 | 秋天淘汰宰杀的牛羊头、骨、蹄、内脏,藏獒自己猎取的草原动物 |

　　藏獒的饲料种类很多,按饲料原料来源可分为蛋白质饲料、能量饲料、青绿饲料和添加剂饲料等;按饲料的形状和干物质含量分为颗粒饲料、风干饲料和稀食料等。

# 一、按饲料原料来源分类

## (一)蛋白质饲料

在动物营养中规定,蛋白质饲料指干物质中粗纤维含量低于18%,而粗蛋白质含量在20%以上的饲料,主要是豆类用以榨油后的饼(粕),如大豆饼、花生饼等。因这些饲料结构、种类、风味等的特殊性,藏獒并不喜爱食用这类饲料。这类蛋白质饲料中必需氨基酸的种类不全面,不能发挥各种氨基酸合成蛋白质的互补作用,不能保证为藏獒合成蛋白质提供种类全面的氨基酸,所以生物学价值较低,蛋白质品质也较差。通常各种植物性蛋白质饲料在藏獒日粮中的比例(以饲料干物质计)以不超过10%为宜。

比较适合藏獒的蛋白质饲料主要是各种动物性饲料,包括各种畜、禽肉类加工的副产品,诸如剔骨碎肉、剩骨、内脏、血液、骨粉、鱼粉、奶粉等,特别是各种家畜屠宰的副产品,如肺、脾、碎肉、毛蛋和各种淘汰动物,如孵化场淘汰的小公鸡等。这类饲料的特点是:①蛋白质含量高,一般在30%~50%,高的可达80%以上。②蛋白质生物学价值高,含有丰富的必需氨基酸,能弥补植物性饲料中必需氨基酸的不足,提高饲料的营养价值。③各种动物性饲料中含有丰富的B族维生素、维生素A、维生素D和较高的钙、磷等矿物质,利于满足幼犬、老龄犬、体弱多病犬生长发育和维持身体健康的营养需要。

在藏獒的日粮组成中,动物性蛋白质应占80%以上,干物质的比例以20%~25%为宜。为保证蛋白质饲料的品质与风味,并应将饲料熟制,这样不仅有消毒杀菌的作用,还可以提高蛋白质的消化率。在各种家畜的肉品中,马肉和兔肉中的蛋白质含量可以高达17%以上,具有高蛋白质、低脂肪、易消化等特点,特别是对断奶幼犬的培育具有极高的生物学价值。

## （二）能量饲料

能量饲料是饲料干物质中粗纤维含量在 18％以上，粗蛋白质含量在 20％以下的谷实类、糠麸类、块根块茎类饲料。显然，较适宜于藏獒的能量饲料是农作物子实，如青稞、玉米、稻米、小麦等粮食的加工产品。能量饲料在使用时，必须首先熟制，以利于犬只的消化与吸收。目前，我国藏獒生产中所使用的能量饲料基本都是植物性饲料。尽管各种动物性饲料，藏獒所食入的各种动物性产品及其副产品也可以为犬提供能量，但该种饲料作为蛋白质补充来源更显重要。从提高饲料的利用率和转化率而言，广泛使用作物子实以提供藏獒的能量是经济适宜的。

## （三）青绿饲料

青绿饲料包括各种蔬菜、根茎类等。这类饲料为藏獒提供丰富的维生素和一定的矿物质和纤维素，是藏獒饲养所必需的。在藏獒产区，夏季的藏獒会自行采食牧草嫩叶，冬日在缺乏青绿饲料时，可用胡萝卜作为藏獒的青绿饲料。使用各种青绿饲料必须边用边购买，切忌购买过多积压，避免青绿饲料发酵、腐烂。多种菜蔬在堆放时都易发生无氧酵解，使菜蔬中的硝酸盐类，多种含氮有机物被还原成亚硝酸盐类，亚硝酸盐类对藏獒有较强的毒性，其易于和藏獒红细胞中的血红素结合而使该红细胞失去运输氧气的能力。所以，各种青绿饲料的使用必须保证新鲜、适口。

## （四）添加剂饲料

该类饲料是为给藏獒科学地配合饲料或日粮而将藏獒所需要的各种微量元素等，以添加剂的形式配加到常规饲料中去。其包括营养性添加剂和非营养性添加剂饲料两大类。前者又包括维生素添加剂、微量元素添加剂和氨基酸添加剂三大类。而后者则包括生长促进剂、驱虫保健剂和其他非营养性添加剂。合理地使用添加剂,可以改善藏獒饲料的营养水平,提高饲料的利用率,增进藏獒的抗病力,促进藏獒良好地生长发育和保持其健康,提高繁殖力。但使用添加剂类饲料时,必须格外科学慎重,在全面了解欲购添加剂的功能、性质、用法、用量和有效期后才可使用。使用不当,有时反而会使藏獒发生不测或不良反应,给养殖业带来不可设想的损失。

## 二、按饲料的形状和干物质含量分类

### (一)颗粒饲料

颗粒饲料是将选用的原料按拟定的配方,通过一定的加工程序进行熟化和制粒所形成的产品。其干物质含量在 90% 左右。合格的颗粒饲料具有适口性好、营养全价均衡、卫生、易于长期保存、使用便捷等特点,但其成本较高。目前,该类饲料品种繁多,在选用时要注意以下几点。

**1. 选用品牌饲料** 良好的颗粒饲料须有一定的经济实力和科技水平为支撑,具有较好的质量保证。

**2. 注意各产品的营养成分** 在饲料的包装上都标有该饲料的营养成分,要注意各状态犬的营养需要与饲料的营养成分是否相符,再确定能否使用。

**3. 检查饲料性状** 抽样检查饲料的颜色、气味、形状的完整性和包装的密封性等,防止购入发霉、变质和过期的饲料。

**4. 进行必要的检测** 有条件的单位或个人可抽样进行饲料的营养成分分析,注意检测结果与标明成分是否相符。

**5. 进行饲养对比试验** 将拟选用饲料与原用饲料进行分组饲养对比,检查新选用饲料的饲喂效果。这是简便易行的方法。

**6. 不要经常更换犬粮** 由于犬对习惯的味道印象深刻,最愿吃。一定不要认为犬每天都吃一种犬粮会营养不良，犬会吃腻。其实犬并没有想吃这、不想吃那的欲望，只要营养全面、犬爱吃，就要坚持喂同一种犬粮。不要轻易更换，更不要经常更换。

### (二)风干饲料

将选用的原料按比例混合，通过熟化加工和风干而配制的饲料，其干物质含量一般在 60％左右。犬用奶粉亦可归为风干饲料。这类饲料的营养成分较全面，可短期保存。

### (三)稀 食 料

稀食料是将若干种原料进行熟化后直接使用的犬用食品。其干物质含量一般在 35％以下。犬用罐头也可列为稀食料。这类饲料成本低，制作简单，故而使用面广，但未做特殊处理时则不易保存。

## 第四节　藏獒的标准化饲养

## 一、藏獒的饲养标准

我国饲养藏獒的历史悠久，但始终沿袭着一种传统的养殖方式，饲养粗放，缺乏科学管理，对藏獒规模化生产制约很大。国内目前对藏獒的营养标准的试验研究尚不够系统和全面，还没有统一的藏獒饲养标准，仅有些学者和单位根据当前养犬状况，提出各自的营养需要建议量。美国 NRC 曾颁布犬的营养需要量(1974，1985)，规定了每日每头营养需要量、对不同料型的需要量(1974)或每兆卡代谢能的营养需要量(1985)。美国饲料管理协会(AAFCO，1997)提出的犬饲养标准，各项指标均以饲料中的营养浓度表示，对计算配方较方便。为供养殖者参考，现将美国饲料管理协会的饲养标准和国内有关报道中提供的犬饲养标准的大致水平列入表 4-3 至表 4-5。

**表 4-3　美国饲料协会(AAFCO)的犬饲养标准**　(1997)

| 营养成分 | 生长和繁殖犬最低需要 | 成年犬维持最低需要 | 最大用量 |
|---|---|---|---|
| 粗蛋白质(%) | 22.0 | 18.0 | — |
| 精氨酸(%) | 0.62 | 0.51 | — |
| 组氨酸(%) | 0.22 | 0.18 | — |
| 异亮氨酸(%) | 0.45 | 0.37 | — |
| 亮氨酸(%) | 0.48 | 0.59 | — |
| 赖氨酸(%) | 0.77 | 0.63 | — |
| 蛋氨酸+胱氨酸(%) | 0.53 | 0.43 | — |
| 苯丙氨酸+酪氨酸(%) | 0.89 | 0.73 | — |
| 苏氨酸(%) | 0.58 | 0.48 | — |
| 色氨酸(%) | 0.20 | 0.15 | — |
| 缬氨酸(%) | 0.48 | 0.39 | — |
| 粗脂肪(%) | 8.0 | 5.0 | |
| 亚油酸(%) | 1.0 | 1.0 | — |
| 钙(%) | 1.0 | 0.6 | 2.5 |
| 磷(%) | 0.8 | 0.5 | 1.6 |
| 钙磷比 | 1:1 | 1:1 | 2:1 |
| 钾(%) | 0.6 | 0.6 | |
| 钠(%) | 0.3 | 0.06 | — |
| 氯(%) | 0.45 | 0.09 | — |

续表 4-3

| 营养成分 | 生长和繁殖犬最低需要 | 成年犬维持最低需要 | 最大用量 |
|---|---|---|---|
| 镁(%) | 0.04 | 0.04 | 0.3 |
| 铁(毫克/千克) | 80 | 80 | 3000 |
| 铜(毫克/千克) | 7.3 | 7.3 | 250 |
| 锰(毫克/千克) | 5.0 | 5.0 | — |
| 锌(毫克/千克) | 120 | 120 | 1000 |
| 碘(毫克/千克) | 1.5 | 1.5 | 50 |
| 硒(毫克/千克) | 0.11 | 0.11 | 2 |
| 维生素 A(单位/千克) | 5000 | 5000 | 250000 |
| 维生素 $D_3$(单位/千克) | 500 | 500 | 5000 |
| 维生素 E(单位/千克) | 50 | 50 | 1000 |
| 维生素 $B_1$(毫克/千克) | 1.0 | 1.0 | — |
| 维生素 $B_2$(毫克/千克) | 2.2 | 2.2 | — |
| 泛酸(毫克/千克) | 10 | 10 | — |
| 烟酸(毫克/千克) | 11.4 | 11.4 | — |
| 维生素 $B_6$(毫克/千克) | 1.0 | 1.0 | — |
| 叶酸(毫克/千克) | 0.18 | 1.18 | — |
| 维生素 $B_{12}$(毫克/千克) | 0.022 | 0.022 | — |
| 胆碱(毫克/千克) | 1200 | 1200 | — |

注:假设饲料代谢能为 3.5 千卡/克干物质,如高于 4 千卡/克干物质,应予以校正。

### 表 4-4　国内犬饲养标准推荐值

| 营养成分 | 需要量 | 营养成分 | 需要量 |
|---|---|---|---|
| 粗蛋白质(%) | 17~25 | 锰(毫克/千克) | 100 |
| 粗脂肪(%) | 3~7 | 铜(毫克/千克) | 3~8 |
| 粗纤维(%) | 3~4.5 | 钴(毫克/千克) | 0.3~2.0 |
| 粗灰分(%) | 8~10 | 锌(毫克/千克) | 15 |
| 碳水化合物(%) | 44.0~49.5 | 碘(毫克/千克) | 1 |
| 钙(%) | 1.5~1.8 | 维生素 A(单位/克) | 8~10 |
| 磷(%) | 1.1~1.2 | 维生素 D(单位/克) | 2~3 |
| 钠(%) | 0.3 | 维生素 $B_1$(微克/克) | 2~6 |
| 氯(%) | 0.45 | 维生素 $B_2$(微克/克) | 4~6 |
| 钾(%) | 0.5~0.8 | 烟酸(微克/克) | 50~60 |
| 镁(%) | 0.1~0.21 | 叶酸(微克/克) | 0.3~2.0 |
| 铁(毫克/千克) | 100~200 | 维生素 $B_6$(微克/克) | 40 |

(引自孙好勤等,2000)

### 表 4-5　成年犬的日采食量

| 体重 | 日采食量(占体重的百分数) | |
|---|---|---|
| (千克) | 干料(干物质占 91%) | 湿料(含干物质 30%) |
| 1 | 3.5 | 11.8 |
| 3 | 2.6 | 8.7 |
| 5 | 2.3 | 7.6 |
| 10 | 1.9 | 6.3 |
| 20 | 1.6 | 5.2 |
| 30 | 1.4 | 4.7 |
| 40 | 1.3 | 4.4 |
| 50 | 1.2 | 4.1 |

(引自叶俊华,2003)

一般 55～60 千克体重的成年藏獒的日粮标准,平均每天的热量应为 12 588 千焦以上,其中肉类饲料 500 克、谷类和蔬菜类 1 千克、食盐 10～15 克。另外,适当补给奶、蛋类、矿物质和维生素类。

## 二、藏獒的日粮配制

### (一)藏獒的日粮标准

日粮(Ration)是 1 昼夜 1 只犬所采食的饲料量。按日粮饲料的百分比配得的大量混合饲料称为饲粮。饲粮配合必须参照犬的饲养标准,注意日粮的适口性,尽量选用营养丰富而价格低廉的饲料,考虑犬的消化特点,科学而又灵活地加以配制。现推荐几个藏獒日粮参考配方(表 4-6),供参考。

表 4-6 藏獒日粮组成参考配方

| 类 别 | 谷物饲料<br>(克) | 蛋白质饲料*<br>(克) | 蔬 菜<br>(克) | 骨 粉<br>(克) | 植物油<br>(克) | 加碘盐<br>(克) |
|---|---|---|---|---|---|---|
| 工作犬 | 400～600 | 300～500 | 200～300 | 20～30 | 0～49 | 10～15 |
| 休产犬 | 400～600 | 350～500 | 300～400 | 20～30 | 0～52 | 10～15 |
| 种公犬 | 400～600 | 450～600 | 250～400 | 20～30 | 0～55 | 10～15 |
| 妊娠母犬 | 500～600 | 600～800 | 300～500 | 30～50 | 0～61 | 15～20 |
| 哺乳母犬 | 600～700 | 800～1000 | 300～500 | 40～60 | 0～73 | 15～20 |
| 3 月龄<br>内幼犬 | 100～300 | 300～500 | 100～150 | 10～15 | 0～34 | 10～15 |
| 4～8 月<br>龄幼犬 | 400～600 | 400～700 | 200～300 | 10～30 | 0～56 | 15～20 |

* 动物性蛋白质饲料占 80%,植物性蛋白质饲料占 20%。

### （二）藏獒的日粮配制

**1. 日粮配制的原则**　藏獒日粮的营养配制非常重要,可以利用不同原料为其配制全价营养饲料。配制犬的营养日粮应遵守以下原则。

（1）营养全面,动植物性饲料合理搭配　配制时首先参考藏獒不同时期对营养成分的需求标准,制订出藏獒在某时期的营养成分指标。在配制时要注意藏獒对动物性饲料的需求,日粮中动物性饲料应占 10％～40％,以满足藏獒对蛋白质、脂肪和碳水化合物的需求。在实际配制藏獒的营养日粮时,日粮中的各种营养物质含量要略高于藏獒的营养需要。

（2）充分考虑饲料的消化率,提高日粮利用率　植物性饲料中小麦、小米、玉米、水稻、高粱等要脱粒后做成熟食,马铃薯要蒸煮,叶菜要洗净、切碎与其他饲料煮熟后饲喂,才能提高消化率和利用率。因鱼肉中含有破坏 B 族维生素的酶,所以要煮熟将其破坏后才能饲喂。另外,有些饲料中营养物质在机体内消化率并不是100％,在配制日粮时应予以补充。

（3）科学加工配制,减少营养物质损失　生肉和内脏要在水中浸泡后洗净,切碎,煮熟,与蔬菜、肉、米、面等充分混拌做成熟食。采用高温加工的藏獒饲料,注意不要将饲料烤焦、烤煳,破坏营养成分,而影响藏獒的食欲或引起拒食,夹生饲料会引起犬腹泻、呕吐和消化不良,不可使用。

（4）饲料要多样化,避免长期饲喂单一饲料　长期饲喂一种营养配方日粮,会引起藏獒厌食,要在一段时间后,重新配制营养完全、适口性强的日粮,不断调剂饲喂,以增强藏獒的采食量。

（5）保持配制的营养日粮卫生、新鲜　自配日粮时,除部分固体型日粮可在适宜温度下保存几天外,其他配制的日粮应现喂现配制。饲料原料要新鲜、清洁,易于消化,不发霉变质。

（6）注意藏獒饲料中的热量配比　饲料中如果热量过高，犬会发胖，体形不匀，食欲不振或偏食。应注意的是，给藏獒喂残羹剩饭或与人类需要相同的食物，都不能为藏獒提供它所需要的营养成分。如经济条件允许的话，可以购买市场上出售的犬不同生长阶段、营养全价、安全卫生的犬粮，并按说明书进行饲喂。

**2. 日粮的加工调制**　目前，各地在藏獒的饲养中所使用的饲料与其原产地有很大差别，必须经过认真的加工和调制，提高其适口性，也利于提高其消化率，更可防止有害有毒物质对藏獒可能产生的毒害。一般而言，藏獒虽具有杂食性特点，但藏獒却不能较好地消化淀粉，所以对淀粉类饲料必须先行进行熟化和加工调制，蒸熟成干食或煮成半流质状，以利于犬的吞食和消化、吸收。藏獒日粮加工调制过程中，应注意以下事项。

①根据饲养标准，参照饲料营养成分表，因地制宜地拟定一个科学的饲料配方，原料搭配要多样化。

②因矿物质、维生素在许多饲料中是分布在表面，故而加工时不宜洗涤过多、磨绞过碎，以减少营养物质的损失。

③注意防止蔬菜汁的流失，减少矿物质及维生素的损失。

④藏獒几乎不能消化未经过熟制的禾本科子实料，藏獒在摄食了未充分熟制的食料都会引起肠鸣或腹泻而损害藏獒的健康。因此，烹调藏獒的食料切忌半生不熟，也应避免食料焦煳。

⑤畜禽肉及其副产品应清洗干净，应在沸水中煮沸15分钟以上，然后随同煮汤一起拌食。清洗中浸泡时间不宜过长，煮沸时间以杀灭细菌和肉中寄生虫为准，肉不需过于焖烂。骨、肉分开饲喂，管状硬骨应砸碎或高压煮软后再饲喂。

⑥肉汤是配制食料的基础。可将洗净的蔬菜切碎，在肉汤中稍煮后拌入馒头或窝头。维生素等营养性添加剂必须经充分稀释后按规定用量拌入适温的食料，切忌直接煮沸。

⑦饲喂的食料温度不应过高，夏季应低于30℃，冬季也不应

超过 40℃。母犬与幼犬忌喂冰冷食物。

⑧用剩饭残汤喂藏獒必须捞除各种异物,如鱼刺、牙签、辣椒及各种调料。应与正常食料适当搭配使用,高脂肪、高盐分和有刺激性的食物不应饲喂母犬,特别是妊娠母犬,以防流产或产生畸形胎儿。

⑨食料应随做随喂,不宜久置,更不宜过夜,剩食必须经加热处理,酸败、变质的食物严禁用以饲喂藏獒。

总之,了解适宜藏獒的各种饲料及其加工和调制,对提高饲料利用率,保证藏獒的营养要求与健康,促进犬只生长发育,提高藏獒的繁殖力都有直接的作用;同时,对降低饲养成本和实现科学饲养藏獒有积极的影响。

**3. 日粮加工中营养素的变化** 不同种类的饲粮加工方法不同,但有一个共同点就是要熟化,以达到熟食、软化、易消化吸收的目的。各种饲料在加工过程中,其营养成分会发生变化,因而要制定出合理的加工工艺,以保证日粮的质量。

(1)蛋白质的变化 蛋白质受热首先发生凝固、收缩、变硬等变性现象。其变性并不是蛋白质的分解,组成氨基酸的排列顺序也不发生变化,仅是蛋白质空间结构的改变,这有利于改善蛋白质的消化性。大豆中胰蛋白酶抑制素蛋白以及鸡蛋中破坏糖代谢的抗生素蛋白可失去活性。继续加热有一部分蛋白质会逐渐分解,生成蛋白肽、蛋白胨等中间产物。它们进一步水解则分解成各种氨基酸,溶解于水中形成鲜美的汤汁,可被直接吸收。所以,蒸煮食物的汤汁是很好的营养品和调味剂,不能浪费。当然过分加热也有不利的方面,它会使赖氨酸等几种重要的氨基酸脱去氨基,与葡萄糖分子结合,从而影响酶的作用,使藏獒机体难以消化吸收,造成营养素的损失。因此,动物性饲料的加热要掌握适当的火候。

(2)脂肪的变化 饲料中的油脂在水中加热时,可水解成甘油和易被消化吸收的脂肪酸。肉类、鱼类的脂肪组织在蒸煮时不发生质的变化,但是不易保存,在加工中要引起注意。

（3）**碳水化合物的变化** 在藏獒饲料中,碳水化合物的主要表现形式是淀粉。经酶、酸和加热可分解为麦芽糖和葡萄糖,易被机体吸收,提供能量。

（4）**矿物质和维生素的变化** 饲料在加工受热时,矿物质会一起溢出于汤汁中,一般不产生损耗。加工受热影响最大的营养素是维生素。按损失量大小的顺序是:维生素 C、维生素 $B_1$、维生素 $B_2$、其他的 B 族维生素、维生素 A、维生素 D、维生素 E。多数维生素在酸性环境中较稳定,在碱性环境中易分解破坏,而且加热时间越长,温度越高,损失越大。

**4. 藏獒参考饲（日）粮配方**

（1）**人工乳配方** 鸡蛋 1 个,浓缩肉骨汤 300 克,婴儿米粉 50 克,鲜牛奶 200 毫升,混合后煮熟,待凉后加赖氨酸 1 克,蛋氨酸 1 克,食盐 0.5 克。

（2）**仔犬哺乳期饲粮配方** 瘦肉或内脏 500 克（绞碎）,鸡蛋 3 个,玉米粉 300 克,青菜 500 克（绞碎）,生长素适量,食盐 4 克,混合均匀后加水做成窝头,蒸熟后拌肉汤,再补加赖氨酸 4 克,蛋氨酸 3 克,充分搅拌,供仔犬舔食。

（3）**仔犬断奶期饲粮配方** 玉米 55%,麸皮 10%,黑面 14%,豆饼（或胡麻饼）8%,鱼粉 7%,肉骨粉 4%,奶粉 1%,食盐 0.5%,生长素 0.5%。

（4）**幼犬饲粮配方** 玉米 55%,豆饼 10%,麸皮 8%,黑面 10%,蔬菜 3%,生长素 1%,鱼粉 7%,肉骨粉 5%,食盐 1%。

（5）**青年犬饲粮配方**

①玉米 45%,豆饼 10%,麸皮 12%,黑面 15%,鱼粉（或动物内脏）8%,骨粉 4%,蔬菜 5%,食盐 1%,外加适量微量元素和复合维生素。

②玉米 50%,麸皮 20%,黑面 10%,豆饼 10%,胡麻饼 5%,鱼

粉 2％,肉骨粉 2％,食盐 0.5％,生长素 0.5％。

（6）成年犬饲粮配方

①玉米 40％,大米 30％,麸皮 17％,肉类或动物内脏 10％,骨粉 2％,食盐 1％,青饲料每日每犬 150 克。

②玉米面 25％,碎大米 15％,米糠 20％,麸皮 20％,豆饼 10％,鱼粉 7％,骨粉 2％,食盐 1％,青饲料每犬每日 150 克。

# 第五章 藏獒的四季管理

## 第一节 犬舍与环境卫生

### 一、家庭养藏獒

　　一般家庭饲养藏獒的犬舍修建在自家院落内,四周有院墙,犬不能随意外出,被拴在固定的位置,或散放在院中,可以随意游走到主人庭院的各个角落,甚至房间,方便于藏獒看家护院。藏獒犬舍可放置在北墙下,地势应高,干燥,背风向阳。可设计成可移动的小木屋形,单独放在庭院墙下。母犬舍长×宽×高为1.2米×0.7米×0.9米,门宽×高为0.4米×0.6米,内外均可开启,地面铺砖,分娩时垫草。公犬舍适当宽点,长×宽×高为1.2米×0.8米×0.9米,地面铺砖或木地板,一犬一舍,舍前固定一拴桩,在拴系时使犬能自由进入犬舍睡眠,亦可避风躲雨,抵御烈日酷暑和风雪严寒。

　　家庭养藏獒必须防止犬随地排粪尿。通常成年藏獒极少在宅内排便。对新买进的幼犬,只要在藏獒欲排粪便时,及时将其移到院落的合适位置,藏獒就很快能养成在院中指定地点排粪便的习惯。

### 二、规模化养藏獒

　　目前随着藏獒影响的日益扩大,一批不同种类与性质的藏獒养殖场建立起来,养殖藏獒数量较多,最少的存栏数也达十数只。规模化养藏獒应贯彻科学、适用、价廉和卫生的原则,建设管理方便、利于消毒、便于清扫的犬舍,也是顺利开展藏獒养殖的关键环节。

### (一)藏獒养殖场址的选择和环境卫生

**1. 远离城镇、村庄,环境安静** 藏獒生性比较孤僻,又有守卫犬的高度警惕性,对异响非常敏感,尤其在夜晚,稍有响动就会引起藏獒吠叫不止,且一呼百应,若离村庄太近,无疑会对人员居住休息形成很大的干扰。在母犬分娩期中,突然的惊动和响声,往往使母犬发生不测,或使新出生的仔犬被踩、丢弃,甚至被母犬吃掉,后果不堪设想。藏獒的粪便、尿液、毛屑都是主要的生物污染源,不仅有大量的细菌和病毒极易引起多种犬的烈性传染病和人兽共患病。另外,藏獒还有多种体内外寄生虫,如蛔虫、绦虫、旋毛虫、肺线虫等体内寄生虫和蜱、螨、虱、蚤等体外寄生虫,感染率均极高。在规模饲养藏獒的过程中,一定要贯彻科学防病的思想,防患于未然,构思藏獒犬舍设计,保证人和犬的健康。

**2. 地势较高,平坦、干燥** 场址地势高是建设畜牧场共同的要求,主要目的是利于排污排水,尤其是下雨、降雪后及时排出降水。场址地势高还有很多的好处,如利于通风,保持场内空气清新,预防疫病;光照条件好,犬舍无供暖,为仔犬冷培育创造了良好条件。只要能解决供水、供电和交通等问题,最好将藏獒犬场址选放在山梁上,四周可种植高大树木,夏天既能遮蔽阳光,又保持良好通风,为藏獒提供了理想的小气候环境,保证了场内犬只的良好生长发育。

**3. 犬场周围环境卫生状况良好** 远离厕所、垃圾堆、污水坑、其他家畜家禽饲养场,远离化工厂、屠宰厂、皮革厂、冷库等可能引起传染病或公害的区域。卫生环境的选择,关系到一个藏獒场的生死存亡,不可掉以轻心和有丝毫马虎。在确定藏獒场地址时应远离污染源,隔离带要求达到 200 米以上,应把犬场放在各种污染地带的上风头,而处于居民区的下风头。

**4. 场地应地面平坦,或有稍许坡地** 一则利于建筑犬舍,二则利于建设藏獒运动、活动场。场地四周必须有围墙,墙高 2 米以上。墙基深 30 厘米以上,防止藏獒打洞穿墙。

**5. 水电齐全** 场区供水充足,水源洁净,水质良好,电力供应有保障,道路畅通,确保藏獒养殖生产的正常开展。藏獒场用水很大。夏天藏獒主要靠呼吸和气体交换散发体热,要通过呼出的蒸汽将体内过多的热量散发到体外,即蒸发散热,犬只每天都要饮大量的水。冬天藏獒也要饮水充足,才能保证体内代谢水平的调整和稳定,保证体内正常的生理生化过程,以产生较多的热量,维持体温稳定。所以,对藏獒而言,"越冷越饮水"是有一定道理的。观察到藏獒的饮水量在冬季因气温下降而增加,饮水次数与气温之间呈负相关,$r = -0.71$。在藏獒场,尤其是夏、秋季节几乎每天都要冲洗犬舍,保持地面清洁,亦可使舍内有较高的空气湿度,适宜于藏獒对空气湿度较高的生理要求。场区对排出的污水亦必须有良好的净化处理设备,变废为宝,防止和消除犬场在排污中可能造成的环境污染,可用化粪池的方法定期清理化粪。

**(二)藏獒犬舍的建设**

**1. 犬场的规划与布局** 建立规模型藏獒养殖场应全面考虑场区的生产作业流程,卫生防疫的便利和有效、水电供应的保障等。首先,应将人员生活区与藏獒的繁殖饲养区分开设计,中间最好设隔离区域。其次,应将主要生产区与辅助、附属生产区分开,即用于加工犬只食料的配料室、贮存室、医疗室、办公室等与藏獒养殖区分开。要设置专门化道路,如用于运送食料的道路定名为"净道",而专门用于牵引犬只、拉运粪便的道路即称为"污道"。最后,要专门设置病犬隔离区和死犬处理场所,以便能在发生疫病时能及时隔离和处理,免于波及全群。

**2. 犬舍的类型和建筑要求**

(1)犬舍的类型 藏獒犬舍的建设应符合不同类型或用途藏獒的生物学特性,分为种公犬舍、基础母犬舍、育成犬(断奶犬)舍和后备种犬舍。各种犬舍的数量或比率应与全场的藏獒养殖规模、公母比率、繁殖率等为基础进行换算和确定。对种公犬、基础母犬采取单圈饲养的方式,所以有多少种公犬和基础母犬,就应设多少犬舍。对断奶至6月龄以前的藏獒,应按性别分群后合圈饲养,但必须每犬一食盘,单盘饲喂。6月龄以后的后备犬亦采取单圈单盘饲喂最合适。

(2)建筑要求 藏獒犬舍建设应尽量简单,尽量宽敞。其一,不需供暖,利于发挥藏獒耐冷怕热的生物学特点。其二,便于清扫,护理和对幼犬进行冷培育,保证在冬日幼犬能快速发育,奠定强壮、强健的体质基础,保证成活率。

藏獒犬舍一般应建成棚圈式。除母犬舍外,均有圈而无舍,砖瓦、水泥结构。三面围墙,一面敞开,装配铁栅栏,栏上装门。圈呈长方形,面积以200厘米×500厘米为宜,坐北朝南。后墙高200厘米,搭设棚顶,两侧山墙高120厘米,墙上加设80厘米铁栅栏,栏宽4~5厘米,地面用水泥拉毛,由后向前倾斜,坡度1%。圈上架设天棚,天棚也由后向前倾斜。这种圈舍,后有棚为舍,前有场为圈,圈舍同一。除母犬外,无须另盖犬舍,结构简单,经济实用,符合藏獒的生物学特点和要求,冬暖夏凉,避风防风,遮阳避阴,容易清扫,便于管理。

藏獒母犬舍的修建,只需在一般犬的北墙下依墙另砌一砖坯方框,留下侧门即可,标准是120厘米×70厘米×90厘米,门宽40厘米。待母犬临产前给加盖一块170厘米×70厘米的石棉瓦,用麻袋作门帘,窝内加铺垫草就能满足母犬产仔的需要。这种类型的产窝,也是坐北朝南,冬天阳光斜射进窝内,利于保持窝内干燥和温暖。

# 第二节 饲养藏獒的基本用具

## 一、犬 笼

藏獒犬笼可定做或自制,有金属制、木材和塑料等。犬笼要根据藏獒的体型大小来制作,主要用于运输、饲养或供犬休息用。供犬休息的犬笼内部应有一犬床,还要有犬只进出的空间,犬笼要遮盖,能够让犬休息,也要方便清洗。

## 二、犬 床

藏獒犬床大小以适于四肢伸展躺卧即可,以木床为好。犬床要经常更换、翻晒、清扫、消毒,按时清洗。床的位置要放在比较隐秘、隔离而无贼风的地方。犬床应离地面10厘米以上,以防潮湿。

## 三、颈 圈

颈圈通常由尼龙、棉布或皮革制成,在大小、质量及价格上都有不同。应在藏獒2～3月龄时就开始训练佩戴颈圈。合适的颈圈的标准是在颈圈与犬颈部可以松弛地伸入两指。简易可扣式颈圈适用于藏獒,但对性格多变、凶猛的藏獒,最好用较紧的半控制链式颈圈。

## 四、牵引带

控制藏獒用,有皮制的、金属制的及用各种编织物制成的,要求结实、耐用、不怕水。在2～3月龄时佩戴牵引带,使藏獒逐渐习惯在人的牵引下行走,在训练中尤为重要。此外,对标准牵引带的使用应注意,在室外训练时,可以使用棉的长牵引带;而室内控制犬时,应使用带有锁簧钩扣牵引带。牵引带和锁簧钩不应太重。伸缩性牵引带比较实用,因为可以使犬有一定自由活动距离,主人又可以随时控制犬的活动。

## 五、口　笼

有皮制和金属制两种,用以保定藏獒的口吻,防止它咬伤人、畜或啃咬其他不洁净物品等。皮制的较柔软,但是犬戴上后常常气闷;金属制的通气性好,但比较坚硬,受碰撞时容易将犬碰痛;篓状口笼可以使犬叫时喘气。一般情况下,主人似乎不太喜欢犬带口笼。犬会很快适应戴口笼。如果无人在场照管,应给犬取下口笼。

## 六、犬笼头

犬笼头对狂暴、易咬人、牙齿锋利的藏獒是比较理想的控制器具。笼头上的皮带与犬颌下的颈圈紧紧相连,如果藏獒向前冲,其本身的冲力就可使犬颌部绷紧,使头低下。

## 七、食具与饮水器

食具包括食盆和饮水盆。食具由金属(铝、不锈钢)、塑料、橡胶、陶瓷等制成,最好采用金属或陶瓷制的盆,因为塑料制品易被犬咬碎,有时还会将碎片吞下危及犬的性命,应加以注意。食(水)盆的大小和形状依据藏獒的年龄而定。为防止食用时食物和饮水四处飞溅,食具不宜太浅。盆底要宽,放置时稳固,不易被犬弄翻。根据藏獒耳、吻形状大小,一般选用浅盆。在炎热的夏季时,可备水桶以供饮水。

## 八、清洁洗刷用具

清洁与美容用具包括刷子、梳子、剪刀、肥皂、清洁剂等。刷子有钢丝刷和尼龙刷两种,以钢丝刷为好。刷洗能促进犬的血液循环和毛的色泽。长毛藏獒宜用钢丝稍长而硬度中等的钢丝刷;短毛藏獒则宜用毛稍短而硬度大的毛刷。梳毛用具有刮毛梳、密齿梳、疏齿梳、软针梳、蚤梳、针状梳、橡胶梳、平滑梳,以金属梳为好。藏獒被毛较粗,一般选用稀疏的梳子。修理牙齿和耳的用具有牙刷、犬用牙膏、牙垢去除剂、棉签、棉球、耳科钳。剪刀用于修剪爪尖或被毛。肥皂、清洁剂供犬洗澡用,用中性含椰子油的香皂和清洁剂最理想,因椰子油可使犬的被毛柔软而有光泽,不可用腐蚀性强的肥皂。

## 九、消毒用具

消毒常用药品要备齐,喷雾消毒器要检修好。临时治疗外伤用的纱布、药用棉花、碘酊、酒精、紫药水等都要适量准备。消毒的药物用品,要选用无刺激味的。

## 第三节　藏獒的日常管理

### 一、日常育种管理工作

家庭饲养藏獒也有育种工作,虽然数量很少,但一般都很重视所养犬只的品质是否优良或纯正,注意选取最优良的种公犬交配,并加强对母犬的饲养和幼犬的培育。但在一个有一定规模和数量的藏獒养殖场,就必须把场内藏獒的育种管理工作视为最重要的工作内容之一,由专人负责,专门管理和对待,以保护犬群的不断改进和提高。

## （一）定向管理犬群

整理犬群就是针对在藏獒养殖中犬群内部存在的年龄差别太大，公母犬数量比例不合适、血统来源狭窄、性状表现不一致等各种影响犬群品质改良和数量扩增的状况进行整顿。通过整顿要力求达到藏獒群内各个体间在品质、毛色、性别、年龄、血统等方面均能实现最合理的搭配和比例，保证犬群数量和质量的增长得到恰当的调控，不会因数量的过快增长而影响质量，也不会因质量的过高而影响数量。通过整顿便于科学地组织饲养管理，加强选种选配，不断培育出品质优良，发育健康的新生代藏獒，满足社会需要。

**1. 摸清犬群现行情况**　逐一核对清楚各犬只的年龄、血统，以往的鉴定记录，品质评定结果和配种、生产的情况，疫病发生和免疫的记录等，整理做好摸底工作。

**2. 逐步调整犬群结构**　犬群结构是指在一个藏獒群体中，不同性别、血统、年龄、品质和用途的犬所占的比例与数量。合理的犬群结构对保持犬群的更新与周转，提高犬群的繁殖率和品质性能乃至提高藏獒饲养的经济效益都有至关重要的意义。有的藏獒养殖场公犬太多，徒养而无用；有的适龄母犬太少而老龄、幼犬又太多，不利于繁殖扩增或世代更新，也不利于提高整个犬群的育种水平。在藏獒核心产区的甘肃省甘南藏族自治州玛曲县，过去以盛产河曲藏獒而闻名于世，但 1997 年调查时，该县河曲藏獒种群内公、母比例为 12：1。母犬极少而公犬太多，使河曲藏獒的犬群内部结构严重失调，以致河曲藏獒数量锐减，品质退化，种群资源已趋濒危。

（1）性别　在藏獒育种场或繁殖场中，为了能充分发挥公、母犬的作用，又能有效地控制近交，防止因近交不当出现藏獒品质退化，提倡每只公犬可搭配 3～5 只母犬，公、母比例为 1：3～5。

（2）血统　各藏獒养殖场中都应当至少保持 3 个以上公犬家系和 9 个以上的母犬家系,称为保持血统。保持血统或家系的意义,一是为了避免近交,防止退化,二是为了保持以血统为特征的犬只类型。因不同家系或血统的犬只往往可能在某一方面有独到之处。这样,提倡保持血统实际上就是保持了不同的犬只类型,为进一步人工选配、选种奠定了基础。

（3）年龄　无论是藏獒育种场、繁殖场或商品场,在开展藏獒选育或繁殖中,始终应注意调整犬群结构内部的年龄结构。在正常情况下,老龄犬就不宜太多,幼犬和适龄犬比例也要适当,藏獒母犬最佳的繁殖年龄在 2～5 岁,公犬在 3～6 岁,世代间隔(即繁殖 1 代所需要的时间)为 2 年。因此,老龄犬太多,犬群的平均繁殖能力会下降,犬群易老化,幼犬太多,也不利于犬群的繁殖,反而会加大养殖成本。一般而言,要根据藏獒的繁殖能力、配种能力和世代间隔的长短,使各年龄阶段的藏獒保持合适的递变比例,使犬群在世代繁衍中,始终能不断淘汰老龄犬而增补幼犬,能使最优秀的个体加入种犬行列,参加配种、繁殖并发挥其品质性能。优化组合的河曲藏獒保种选育核心群犬群结构见表 5-1,供参考。

表 5-1　河曲藏獒保种群犬群结构

| 年　龄 | 公　犬 | | 母　犬 | | 合　计 | |
|---|---|---|---|---|---|---|
| | 只 | % | 只 | % | 只 | % |
| 0.5 | 150 | 50.0 | 150 | 37.5 | 300 | 42.9 |
| 1 | 60 | 20.0 | 100 | 25.0 | 160 | 22.9 |
| 2 | 40 | 13.4 | 60 | 15.0 | 100 | 14.2 |
| 3 | 25 | 8.3 | 30 | 7.5 | 55 | 7.9 |
| 4 | 15 | 5.0 | 30 | 7.5 | 45 | 6.4 |
| 5 | 10 | 3.3 | 30 | 7.5 | 40 | 5.7 |
| 合　计 | 300 | 100 | 400 | 100 | 700 | 100 |

该核心群是为了保护河曲藏獒品种资源和加强对该品群藏獒的保护选育而建立的,肩负有对该藏獒品群保护和选育的双重任务,所以群体内适当延长了世代间隔,使3岁以上公犬和2岁以上母犬比例达到11:3,公犬的淘汰率达到80%,母犬淘汰率达到66%以上。幼犬比例高,淘汰率高,以保持对种犬的选择强度,提高种犬的质量和品质。

### (二)分级分群

在确定了犬群结构、公母比例及年龄组成后,应严格按照藏獒品种等级鉴定标准对所有藏獒犬只进行鉴定,按照鉴定结果将品质差的个体全部淘汰,一则减轻经济压力,二则可以杜绝不良个体的性状或基因在犬群中扩散,造成不良的影响。将留用的藏獒按照其类型、毛色、性别和等级分群。凡属于特等级的母犬与公犬交配产生的后代会有最大可能留作种用,并先行作为后备种犬而加强培育,而一级或二级公、母犬的后代可能只有极少数突出的个体留作种用,大部分都可能外调或外销他用。所以,以个体鉴定为基础,对所有藏獒经鉴定分群,将为下一步公、母犬的交配和选种奠定基础,也为科学饲养和登记提供了依据。

# 二、建立记录和登记制度

建立严格的记录和登记制度,不仅利于加强对藏獒养殖的科学管理,也便于及时总结工作,发现问题,找出原因,就地解决。记录和登记也是积累藏獒养殖的有关数据和资料,使其向科学化、标准化迈进,为进一步推动藏獒养殖向高层次发展提供科学依据。在藏獒养殖场,应记录的资料很多,应当分门别类逐项登记,不可遗漏。记录工作越详细,其科学价值就越高,越有意义。常用的记录包括以下内容。

### （一）种犬卡片

对每只参加配种的公母犬都首先应建立个体档案，称为"个体卡片"。在个体档案的建立中，应详细登记该藏獒的名字（或犬号）、性别、出生日期、父亲名、母亲名（可能时应登记三代的简明系谱）。其次对该藏獒从初生开始各个时期的生长发育资料（体尺、体重），体质外形鉴定资料，各年度的交配记录或各胎（母犬）的繁殖性能资料。将以上各种资料核实、整理后填入该犬只的个体卡片，建立档案。

### （二）配种记录

有了配种记录才能确定各后代犬只的亲缘关系。该记录主要登记与配公母犬的名字（或犬号）、品种等级、年龄、配种日期、预计母犬的分娩日期和胎次等。

### （三）分娩记录

该记录除了登记与配公母犬的名字、年龄、胎次、预计的分娩日期外，还应记录所产仔犬的出生日期、初生重、活产仔数、仔犬的毛色、性别、存活情况（死亡情况）、有无遗传缺陷或别症等。是对母犬、与配公犬和幼犬选评的重要依据。

### （四）生长发育记录

对场内所有出生的仔犬，特别是初配公犬和初产母犬的后代，准备留作种用的后备犬，都应定期称重和测量体尺。体尺测量指标主要应包括：最大额宽、体高、体长、胸围、管围等。称重和测量体尺的日期可安排为：初生、5日龄、10日龄、15日龄、20日龄、25日龄、30日龄、40日龄、50日龄、60日龄、3月龄、4月龄、5月龄、6月龄、9月龄、12月龄、18月龄、24月龄。

对所有称重和测量体尺所得数据要准确无误地登记到每一幼犬的"种犬卡片"中,并相应记录登记在其母亲档案和其父亲的档案中,便于日后据此对个体本身或其父母做出种用价值的分析与判断。

### (五)饲料消耗记录

一般而言,个人家庭养藏獒很少过问食料消耗的多少,但实际上饲料消耗量不仅对藏獒个体生长发育、性状性能表现有重要影响,而且饲料利用率和对饲料的转换能力也是评定藏獒品质性能的重要方面,在同样的饲养条件下,生长快、发育好的个体必然首先会被留种。鉴于实际中逐犬逐日记录饲料消耗量有一定的困难,可以每隔一段时间测 1 次,只要各犬只测定的时间和次数相同,就可以相互比较。

## 三、日常管理工作

无论是规模型饲养藏獒,还是家庭养藏獒,为了保证犬只健康、杜绝疫病发生发展,严防出现人兽共患病,乃至培养藏獒养成良好的生活习惯,就不仅要有科学的饲养方法,还应有科学的管理措施,对藏獒的日常管理包括以下内容。

### (一)圈舍的管理

藏獒天性喜好清洁,优良的成年犬对有限的圈舍面积本能地计划利用。每当将犬迁入新圈后,藏獒都会仔细地嗅闻,或撒尿做标记。其间,藏獒已就地面做出了分配。例如,在坐北朝南犬圈中,藏獒多以西侧墙下为定点排粪尿的"厕所",而在东墙下卧息,绝不会在食盘附近排泄粪尿。如能外出,绝不会在圈内排粪尿。所以,对藏獒犬舍的管理工作应按照犬的习惯进行。

**1. 保持犬舍的卫生** 犬舍是藏獒栖息的主要场所,犬舍卫生条件的好坏直接影响犬的生长发育和健康。圈舍必须每天打扫，随时清除粪便和污物。每月大扫除 1 次，并进行消毒。夏、秋时节还应每天冲洗，定期消毒，保持圈舍清洁。常用的消毒液有 3%～5%来苏儿药液、10%～20%漂白粉乳剂、1%～3%甲醛溶液等，均可用于对圈舍地面、墙面、器具、棚顶乃至犬体消毒。但在春、秋季节，特别是发生有犬瘟热、犬细小病毒性肠炎等传染病时，必须先将藏獒牵出，彻底清换犬舍的铺垫物，用过的铺垫物集中焚烧或深埋，然后用 0.5%～1%氢氧化钠溶液对圈舍仔细消毒，彻底杀灭病原微生物。消毒半小时后方可将犬牵入，以防药液伤害犬体。

**2. 保持圈舍通风、光照充足、遮阳，调整小气候环境** 藏獒犬舍是敞圈，一般而言，通风条件好，自然光照。但夏季高温，犬舍北墙下烈日炙烤，藏獒极难适应，除应有棚遮阳外，有条件时，还应给犬圈地面和墙壁洒水，更可在圈舍四周栽种高大树木，创造一局部的小气候环境，用于调整圈舍的温度和湿度，使犬感到舒服为宜。对藏獒而言，环境气温在 4℃～14℃，空气相对湿度在 60%～80%都是适宜的。

**3. 要保持藏獒犬舍周围的环境卫生** 清除垃圾和杂草，粪便应定点堆放或倒入发酵池中发酵。排水沟要通畅，对犬场周围应通过喷洒消毒液、投药饵或掩埋等方式，消灭蚊蝇与老鼠，保持周围环境的卫生与清洁，防病于未然。

**(二)定期消毒**

坚持圈舍、食具等定期卫生消毒是预防和控制传染病的一项重要措施。在人工圈养条件下，由于活动量小，易使藏獒的抗病力受到很大的影响。加之空气污染，容易造成疾病蔓延。因此，当藏獒作为最受欢迎的犬品种进入内地后，必须对其严格执行卫生防疫和消毒规程，重视对各种器具的消毒。藏獒的食具（食槽或食盘）应每犬一盘，固定使用，食盘每次使用后应立即清洗。不要随意更换犬只原来使用的食盘,否则会影响其食欲。食盘应定期消毒,常用 0.1％新洁尔灭溶液浸泡 30 分钟,亦可用高锰酸钾溶液或来苏儿溶液等清洗,然后用清水冲洗即可。食具每周消毒 1 次,圈舍、场地 10 日消毒 1 次。犬舍门前应设消毒池,并定期添加和更换消毒液。

### (三)搞好犬体卫生

藏獒有很强的自身洁体能力,通过沙浴、日光浴,或在土地上打滚、抖动等形式,可将体表的灰尘、皮屑、脱毛等除去,保持皮肤和被毛的干净与光亮。在春天换毛季节,藏獒开始脱换底层绒毛,此时给犬刷拭,不但可以清洁犬体,增强犬体健康,还有促进血液循环的作用,有助于藏獒尽快脱换去冬毛,使藏獒看上去更加精神抖擞、清爽,更增强了藏獒与主人的亲近。刷拭的方法是由头向后,从上向下依次进行,可用毛刷或钢丝刷。从头顶开始对颈部、肩部、背腰、体侧、后躯、四肢及尾依次刷拭。可先顺毛刷,再逆毛刷,顺毛重刷,逆毛轻刷。动作不要过猛,力度不要过大,要使犬感到舒服,以犬自动与人配合为宜。刷过一侧再刷另一侧,不要漏刷。如果犬体脱毛太多,或污物与毛黏结成片,可先用浸过消毒药水的湿毛巾将犬体遍身进行擦拭,相当于先给藏獒药浴再刷拭,效果更好。在藏獒换毛季节每天刷拭,非换毛季应每周刷拭 1 次。2月龄以上幼犬,被毛随时都有更换和脱落,为促进幼犬食欲和生长,应当每天刷拭 1 次。刷拭中发现犬有破皮、皮肤病或皮肤寄生虫等,应及时治疗。破皮或皮肤病可先用 5％碘酊消毒,再针对病情治疗。

### (四)增强运动

藏獒是善于奔走的动物,在广阔的草原上,为了保护牛羊,看护草场和自己觅食,每天都要奔走许多路程。远距离奔走使藏獒胸廓得到良好发育,胸宽深,同时四肢粗壮,关节强大,具备大量活动的结构基础。为了保证藏獒原有的体型结构、保持机体的健康与协调,无论在什么样的环境和条件下饲养藏獒都应尽可能地保证其每天适当的运动,以保持藏獒体质的结实性,促进新陈代谢,增加食欲,保持健康。可以采取牵引跑步,或在一定的场院中散放自由活动等不同形式,每次活动 0.5～1 小时,早、晚各 1 次。对妊娠母犬应以散放自由活动为主。种公犬在配种前期和配种期则必须牵引活动,加大强制性。

### (五)定期驱虫

幼犬 20 日龄左右进行首次驱虫,6 月龄以下的幼犬最好每月驱虫 1 次。育成犬每季度驱虫 1 次。种母犬配种前驱虫 1 次。哺乳母犬和仔犬驱虫可以同步进行。每次驱虫前最好进行粪检,根据粪检结果,选择合适的驱虫药品。常用的广谱驱虫药有盐酸左旋咪唑,按每千克体重 10 毫克口服,用于驱除犬蛔虫、钩虫、丝虫等;也可选用丙硫苯咪唑,按每千克体重 25 毫克口服,用于驱除绦虫。

### (六)预防接种

预防接种是增强犬特异性免疫力,预防传染病发生的重要措施,必须有计划地进行。预防接种通常使用疫苗、菌类、类毒素等。目前,用于病毒性传染病的疫苗有灭活疫苗和弱毒疫苗两大类。用于预防细菌性传染病的免疫原有活菌苗、灭活菌苗和类毒素等。免疫接种通常采用皮下注射、肌内注射等方法。幼犬出生 6 周后可注射五联苗,用于预防狂犬病、犬瘟热、犬细小病毒病、犬传染性肝炎和犬副流感。

# 第四节　藏獒的四季管理

藏獒是原始的地方品种,对产地生境条件有极强的适应,表现在摄食、发情、繁殖、哺乳、护仔等各方面与环境变化高度的协调与统一,这样保证和促进了藏獒的健康,也促进了藏獒能良好的生长发育,正常的发情配种与妊娠,或尽职尽责地完成犬的任务——守卫草场、牛羊和看护家园。在原产地,地形地貌的复杂和气候的多样性,使藏獒几乎每天都有春夏秋冬的遭遇,一切都依赖藏獒本身去面对和适应。藏獒的这种适应性和应付恶劣环境的能力,造就了其坚韧、刚毅的性格和秉性,奠定了藏獒令世界倾倒的品质与性能。但在离开了养育藏獒的摇篮——青藏高原后,在新的环境条件下,人类的干预和管理方式等都对藏獒产生了相当的选择压力,藏獒必须通过各种行为反应以适应新的环境,人类也必须仔细研究藏獒所可能出现的反应而尽可能地调整配合。至此,加强不同季节或阶段藏獒的饲养管理就是顺理成章的了。

## 一、春季管理

春季是犬病多发季节,时逢天气转暖,藏獒机体各种组织器官在结构与功能上进入了复苏和生长阶段,对藏獒的饲养管理应以疫病防治为主,保证犬体健康。因此,开春之后,所有藏獒犬只都应当按程序进行免疫接种,对严重危害犬只健康乃至生命的犬瘟热、犬细小病毒症、狂犬病、犬副伤寒、犬冠状病毒性肠炎、犬副流感等,必须严格防疫。"防重于治"始终是春季藏獒养殖的重要内容。春季气候变化大,藏獒又正逢换毛,应加强对犬只的观察和护理。对产后的母犬、老龄犬更应加强营养配比和食料搭配,防止犬出现饮食不良、外感风寒而发生疾病。春季对新生幼犬的管理极为关键,对2～4月龄的育成幼犬,应当加强疫病防治和科学饲养。

一方面2月龄后,幼犬由母体获得的抗体已逐渐消耗殆尽,而幼犬本身的抗病免疫系统还没有完全健全,幼犬十分容易患病。群众常说"2月龄狗娃换肚子",意思就是指2月龄后的幼犬正值免疫抗病能力的低谷时期,极易发病,也极易受到春季所出现的多种传染病的侵袭,所以如果防病措施不当或不力时,幼犬死亡率是极高的。另一方面,2月龄以后的幼年藏獒已表现出极强的生命力,生长发育逐渐进入高峰期。据对河曲藏獒幼犬生长发育的研究,2～4月龄断奶幼犬最大日增重可以达到288克。强烈的生长发育速度要求必须为幼犬提供营养丰富的全价食料,以满足幼犬的营养需要。

## 二、夏季管理

在我国中原和南方,现在都有藏獒饲养。在这些地区,夏季气候炎热、潮湿,对藏獒的生长多有不利,应以防止暑热对藏獒的影响为主,通过限食等措施以控制公、母犬的体况,防止过度肥胖。夏季蚊蝇滋生,食物容易腐败变质,饲喂藏獒时一定要坚持"四定"原则,即定时、定量、定质、定温。坚持每天上午8:00～9:00,下午5:00～6:00喂食。此时天气较凉爽,犬只食欲较好。要严格把握每只藏獒的食量,坚持少给勤添,每次喂给的食料在3～5分钟吃完,犬吃到八成饱即可。食料一定要清洁,卫生,品质好,营养全面。不要太热,不给剩食。单犬独喂,食盘不要混用或共用。夏季藏獒的疾病多为消化道疾病,因饲养管理不当,犬吃了腐败、变质的食物所致。如发现藏獒精神不振,食欲不佳,甚至出现呕吐,腹泻等症状,应立即诊治。与成年藏獒不同,夏日大多数幼犬在5月龄左右,正处于生长发育最强烈的阶段。对幼犬的饲养管理除加强营养外,还应坚持"少量多餐"的原则。可每日饲喂3次,每次饲喂量以犬在5～10分钟吃完为好。幼犬的食料应保证充足的钙和磷的供给,以满足骨骼快速生长的营养需要。幼犬生长发育快,俗话说"不知饥饱",如果任其自由采食,容易出现因暴食引起的消化道疾病,所以饲喂幼年藏獒应严格执行"四定"原则。幼犬体内的调节功能尚未发育完善,对疾病的抵抗力也较低,发现问题应及时就诊。幼犬在生长发育过程中功能旺盛,时时发生争斗、咬架、争宠等现象,所以对幼犬的管理应格外加强,防止不测发生。幼犬又正处于性格养成的最初阶段,调教也是夏日工作的一项重要内容。藏族牧民为了使藏獒的性格得到一定控制,以免日后难以驾驭,通常在 2 月龄以后即开始拴系,使幼犬懂得对主人服从。

# 三、秋季管理

秋季气候开始转冷,日照也逐渐变短,气温对藏獒非常适宜,所以犬只食欲好、食量也大,同时性功能也开始活动。此时藏獒的日常管理工作重点主要包括两方面内容。

**1. 及时进行秋季防疫工作** 对场内所有犬只普遍进行一次卫生检查,并记录检查结果和犬只的健康情况。对患病犬及时诊治,重症病犬酌情处理或隔离。对场区进行彻底消毒,确定场内无病犬后,才实施免疫,注射犬五联弱毒疫苗或犬六联弱毒疫苗。防疫结束后,对全场藏獒用左旋咪唑或丙硫咪唑进行驱虫。

**2. 及时改善藏獒的饲料营养标准** 繁殖适龄公、母犬应加强营养,同时加强运动,调整犬只体况,为配种做好准备。注意给公、母犬补充维生素 E、维生素 A 和复合维生素 B,还可增加新鲜蔬菜,这样既可以让犬吃饱,又不至于过肥而影响繁殖。为保证老龄或大龄母犬的繁殖能力,应在母犬发情前 1 个月或更早就给母犬投服刺激卵泡发育的药物,如溴隐亭等,可促进卵巢活动和卵泡发育,有利于提高大龄犬的排卵量,调动母犬的生殖功能,但必须以加强饲养管理、调整母犬的体况为基础。为不影响公犬的精液品质和母犬的排卵量,在给繁殖公、母犬驱虫时不要用阿维菌素类药物。9月份以后,体况健康、膘情适宜的经产母犬已经开始发情。9～11月份,几乎所有的藏獒都进入了发情期。此时的工作重点是仔细观察、了解每只母犬的发情表现和进展,准确掌握配种的最佳时机,确定与配公、母犬配种计划,及时配种,为翌年生产或藏獒的选育工作奠定基础。

## 四、冬季管理

冬季藏獒已换上周毛丰厚、绒毛密软的"冬装",即使是严寒对藏獒也不会有太大的威胁。低气温环境下藏獒食欲旺盛,食量大增。冬季藏獒的饲养在保证足够的食量的同时,还应重视水的补充。食料调制好后,待食温适宜尚未完全冷时饲喂,即最好喂热食,藏獒吃了不感到寒冷,不会引起腹痛,对维护犬的健康有益。初冬时节,正值藏獒母犬妊娠期间,饲养管理的重点在于保证母犬安全妊娠和生产、新生仔犬的护理、新生仔犬的补饲和管理等。冬季是藏獒养殖生产最繁忙的季节,为了使生产能够有条不紊,事先应当制定生产计划,包括生产所涉及的饲养、接产、消毒、补饲等内容。

随着天气越来越冷,许多在9～10月份妊娠的母犬开始分娩。此时要做好接产、助产和产后母犬的护理等工作,让母犬尽快恢复体力,正常哺乳,保证新生仔犬的良好生长。特别是在分娩后的最初几天中,要随时观察和检查母犬有无产后感染,仔犬是否正常,全力以赴保证新生仔犬的成活,发现问题及时处理。对于初产母犬,要检查产后是否有奶,体温是否正常。确定一切正常后,护理的重点转移到对新生仔犬的看护上。据统计,初产母犬的仔犬在产后3天内的死亡率可达到仔犬总死亡率的70%～100%。所以,在母犬产后3天内,看护人员几乎不能离开,要轮流值班。看护人员的主要任务是:确认每只仔犬都吃到初乳,且没有被母犬压在腹下或背后,在母犬起身后再次卧下时尤其要注意。3天后,仔

犬开始有了爬行的能力和力气，母犬也逐渐会带仔了，仔犬的安全
性便大大提高了。

# 第五节　发生疫病时期的管理

加强卫生消毒制度是防止疫病暴发、流行的关键。选用广谱
（杀病毒、细菌、真菌等）消毒剂，对犬舍、食具、环境等每周消毒 2
次。有疫情存在时，适当增加消毒次数。

## 一、隔　离

如藏獒饲养场发生传染病或处于疫情期，应立即隔离病犬，严
禁病犬与健康犬接触，并密切注意可疑感染犬的情况，一旦出现症
状，立即隔离。凡被病犬污染过的犬舍、场所、用具等必须严格消
毒后方可让健康犬接触。饲养健康犬与病犬的人员应分开，犬病
防治人员如需接触病犬，应更换工作衣、鞋等，并先行严格消毒。

## 二、消　毒

消毒是预防和控制传染病的一项重要措施。在未发生传染病
时，应结合平时的饲养管理对可能受病原体污染的犬舍、场所、用
具等进行消毒，一般可以每周以消毒药液或火焰喷灯全面消毒 1
次。母犬分娩前、仔犬转舍前都应对犬舍先行彻底消毒。病犬舍、
产犬舍和隔离犬舍门前应设消毒池，并经常添加和更换消毒液。
发生传染病时，应每天坚持不定期地对传染病所污染的环境、物品
及病犬排泄物消毒，并对同群其他未发病犬的犬舍实行紧急消毒。
消毒药品通常采用 10％漂白粉、1％～2％苛性钠、2％～4％甲醛
或 5％～10％来苏儿溶液等。

# 三、加强卫生管理

## （一）搞好环境卫生

应经常清扫环境，保持清洁，做好灭蝇、灭鼠、灭蚊工作。培养藏獒定点排便的习惯，并将犬粪集中在化粪池内进行生物发酵处理。将环境中的沟坑、洼地填平，疏通污水沟、下水道，根除蚊蝇滋生地。

## （二）搞好犬体、犬舍卫生

应经常给犬梳刷，去除污物，理顺被毛，每周至少 2 次。定时给犬洗澡，炎热季节可以每天清洗，以保持犬体清洁。每天至少清扫 1 次犬舍，及时清除犬舍内的粪尿、剩食、杂物等。要保证犬舍冬暖夏凉，通风干燥，空气新鲜，幼犬舍定期换垫草垫被。

## （三）搞好饲料卫生

禁止从疫区采购饲料，禁止使用腐败、发霉、变质饲料。饲料加工前，应充分清洗干净，清除杂质。要提倡熟食或饲喂颗粒饲料，保证全价营养。谷物饲料应充分蒸煮熟透，以利于消化。喂食要定时、定温、定量、定点。犬的食具，应保持清洁干净，定期消毒。给予足够的清洁饮水。每天将剩余废水清除，换以新鲜饮水，禁止使用污水、死水，以防病从口入。

# 第六章　藏獒种公犬的饲养管理

　　加强对藏獒种公犬的培育和饲养,目的是能按照藏獒生长发育的特点和规律,充分发挥藏獒公犬的遗传品质和性能,不断改善饲养管理条件,人为地创造或培育出藏獒理想型个体,进而提高和推进藏獒的品种改良和资源保护。

## 第一节　藏獒种公犬的培育

### 一、对藏獒种公犬的全面评价

　　一般种公犬被认为是藏獒品种的标志。在藏獒的原产地,藏族牧民历来高度重视对种公犬的选择和培育,也总结了一整套对优良公犬选择、鉴定和培育的要求与方法。因为在牧民的心目中,藏獒不仅只是看家护院和放牧牛羊的好帮手,更象征着主人的身份与地位,是家庭兴旺、生产繁荣的反映。藏族牧民每当在有人夸赞其家的狗高大、凶猛,夸赞其家的藏獒是条好藏獒时,脸上都会充满了自豪。千百年来,生活在青藏高原的藏族牧民按照高原人的品质与性格要求选育着藏獒,使藏獒以体型高大、雄壮威猛、勇敢搏击倾倒了世界,成为世界最神往的犬品种。所以,当谈及对藏獒种公犬的饲养与培育时,无论采取何种技术手段或措施,绝大多数人,仍然是以追求实现藏獒传统的体型外貌与气质品位为目标的。藏獒是一个经历了 3 000 多年培育历史的犬品种,其品种性能充分说明在藏獒的各种组织器官之间,组织器官与整个机体之间乃至藏獒有机体与外界环境之间都已形成了高度的协调和统一。因此,在对藏獒的饲养和培育中,如果单纯去追求外形而忽略对犬的适应性及体质类型的选育要求,则极有可能使对藏獒的选育和培育走上歧途,最终由于犬只个体体质纤弱、适应性差、健康不良而影响到藏獒的生长发育,也影响到藏獒体型外貌的表现。进一步探究,犬只个体发育不良,不能达到应有的生长量,错失生长发育阶段,会形成所谓"幼稚型"体型,表现头小、颈细、背凹、肢弱,则距藏獒的理想型要求已差之远矣。

事实上,藏族牧民在对藏獒公犬的选择中也存在一定的片面性。牧民群众选藏獒偏重于犬的气质秉性,首先狗要"凶猛",对毛色、毛型、嘴型和尾型等在"藏獒选育标准"中确认的藏獒品种特征却并不在意;而且一部分藏民群众还主观地认为"后腿有狼趾的狗凶"、"四爪白色的狗跑得快"等。在开展对种公犬的选择、饲养与培育时,应该从犬的适应性、体质类型、气质品位及体型外貌等方面的理想型要求给以全面地了解并做出公正的评定。只重视体型外貌而忽视体质的结实性是不对的,同样只看重气质秉性而不注意外形和体质也是片面的。

## 二、对藏獒种公犬适应性的培育要求

藏獒是在青藏高原特殊的社会生态与自然生态条件下育成的犬品种,除了藏族牧民对藏獒独特的评价、选育要求外,青藏高原自然条件的陶冶在藏獒的品种特征与品种性能的表现上留下了深刻的印痕。其中,尤以藏獒对高原环境的适应性为典型。宏观上,通常对适应性的要求可以从3方面加以描述:其一,藏獒在其生活环境中能够保持健康、正常地生存和生长发育;其二,能保持体型高大、性格顽强凶猛等藏獒固有的品种特征和品种性能;其三,能按时发情、配种并发挥其繁殖能力。许多历史和现实的资料与报道都说明,在青藏高原复杂的地形地貌和垂直分布的气候带中,多有出类拔萃的藏獒犬只孕育产生。青藏高原对藏獒的陶冶和培育,使藏獒无愧"东方神犬"的殊荣,以其广泛的适应性获得了世界高度的赞誉和好评。因此,无论出于怎样的目的或在什么地区,为了饲养和培育一条优良的藏獒,都首先应当以保持和发展藏獒的适应性为核心,结合考虑体型外貌、气质品位。

为了观察和了解一只藏獒的适应性,最直接和简单的方法就是记录分析该藏獒的生长发育和繁殖能力的表现。如果一只藏獒在某一特定的条件下,能够保持较快的生长速度和较大的生长强度,就不仅说明该犬是健康的,能够良好地生存,更说明该藏獒机体的各种组织器官之间已形成了有机的协调与配合,能够在该环境下充分发挥各器官的功能,使犬体与环境变化保持高度的一致和统一;维持了藏獒正常的新陈代谢,吐故纳新,推进着生命进程。进而言之,如果藏獒不仅在某一环境中能正常地生长发育,而且能够按时达到性成熟,并启动性功能,正常配种,就说明该藏獒在其环境中通过中枢神经系统和内分泌系统的有机协调,保持了繁殖系统各组织与器官正常的生理功能,至此足以证明藏獒适应了生活环境,实现了在该环境下各种组织器官之间、整个机体与环境之间的协调和统一。

为了科学地观察和了解藏獒的适应性,在记录有关数据、现象和反应时,必须保持各种有关环境条件的相对稳定和一致。诸如在测定生长发育资料时,各犬只应当处于相同的年龄,必须处于相同的饲养管理条件,包括相同的营养水平、卫生条件、场地活动条件等。其次特别应当记录各种异常情况。对发生疫病、生长缓慢、犬只死亡等问题也要如实记录,不可舍弃,更不能篡改。如果是观察记录和评定藏獒公犬的繁殖性能,应在对公犬生殖器官的发育做全面检查的同时,对被鉴定公犬的与配母犬的繁殖情况如实逐只记录。包括母犬的发情时间、配种时间、配种方式与条件、是否空怀、有无流产和难产、有无死胎以及窝产仔数、初生个体重和出生窝重等资料均应详细记录说明,以便能进行各公犬配种能力和配种效果的全面比较。

藏獒的生长发育是动态的、变化的,为了通过对其资料的分析,科学地说明藏獒在某一环境中的表现或适应性,还应对所有收集的生长发育资料进行规定的处理与分析。生产中最常见的是以原始记录资料为基础,计算每只藏獒的累积生长、绝对生长和相对生长。

为了发展和培育藏獒的适应性,在日常的饲养管理中,应当以提高藏獒的健康性为核心,努力促进藏獒的生长发育,促进犬体各种组织器官结构和功能的完善、协调与统一。要加强藏獒的适应性锻炼,加强活动,增强体能,对犬的饲养坚持规定科学严格的饲养管理制度,不加放纵,也不加娇纵,使藏獒从小养成良好的起居、饮食、活动乃至排粪便的习惯,保证犬的健康,增进犬的适应性。

# 三、对藏獒种公犬体质类型和气质品位的培育要求

体质即身体的素质,其与藏獒的适应性有密切的关系。但适应性仅是藏獒体质表现的一方面。藏獒的体质是指犬只各种组织器官之间、各部位与整体之间以及整个有机体与外界环境之间保持一定的协调性和统一性的综合表现,体质是可以遗传的,但体质的形成又受到藏獒当代环境条件的影响。所以,体质是藏獒选择评定的重要内容。

藏獒所生活的环境是十分恶劣的,经常变化的。在变化的环境中,藏獒必须能够对自身各种组织和器官的状态、功能乃至结构及时进行相应的调整,借以保持各组织器官间的协调和犬体内环境的稳定,保持犬体的健康性。换言之,藏獒种公犬只有具备强健的体质,才能适应各种恶劣环境,保持身体健康强壮,才能担负起配种任务并发挥其品种性能。环境气温是对动物影响最主要的气象因子,藏獒在长期的品种进化和选育中形成了对环境气温变化

的适应能力。在季节转换时,优良的藏獒可以及时地完成被毛组成和毛被不同层次着色程度的变化以维持体温的恒定。在寒冷的冬季,藏獒会长出浓密的双层被毛,外周毛长密,可有效阻挡雨雪浸及犬体,内层绒毛厚软可严格防止体热散失。在整个冬季藏獒的毛背着色较深,外周毛纤维上部色深,利于吸收阳光红外线,增加或提高体温,内层绒毛色浅,利于防止体温流失。但春天来到时,藏獒又能适应气温的变化,及时褪去冬毛,长出夏毛。夏毛色较浅,较稀疏,绒毛量很少,利于反射夏日的阳光和散发体热。着生或褪换被毛的过程说明藏獒有极强的适应环境气温变化的能力。

体质是一种综合表现,因此可以从藏獒体型外貌、毛被组成、精神状态、气质秉性、摄食能力和抗病力等各方面评价藏獒公犬的体质,评价犬只个体与周边环境保持协调统一的能力,但最直观的方法是依据犬只皮肤的厚薄、骨骼的粗细、皮下结缔组织的多少以及犬只肌肉和筋腱的坚实程度进行评定。按照藏獒生活区域的生态特征和藏獒所担负的工作任务,理想的藏獒的体质应当是"粗糙紧凑型"最好,亦可略有湿润。具备这种体质的藏獒,外观要求额宽头大,骨量充实,骨骼粗壮,胸廓宽深,背腰宽平,四肢粗壮正直,皮厚有弹性,皮下脂肪丰富,耳大肥厚,肌肉筋腱坚实发达,关节强大,背毛厚密。藏獒种公犬在以上要求的基础上,更必须具备"结实型",即体型紧凑,长短适中,不肥不瘦,阴茎刚硬,包皮阴囊收紧,性欲旺盛。

相对应,具备粗糙紧凑型体质的藏獒,应有深沉稳定的气质秉性,性格刚毅而不懦弱,凶猛而不暴烈,敏捷而不轻浮,沉稳而不迟钝,高傲而不孤僻,熊风虎威尽在其表。

俗话说,目为心境。优良的藏獒目光坚定,神情专注,没有一丝迟疑和犹豫,胆怯和狐疑。对主人会百般温驯,对生人会高度警惕,威严、倔犟、高傲,令人望而生畏。

藏獒气质秉性的形成,有历史的、人文的和生态的多种因素的影响,更具有遗传性。对藏獒气质秉性的鉴定、选择和培育应综合分析。一方面要注意血统的作用,多有资料说明动物的性格是可以遗传的,藏獒的气质秉性全面地体现着它的性格和性能,应该联系其祖先的气质表现作为参考和依据全面分析;另一方面,也应注意到后天环境对藏獒气质秉性的形成有重要的意义。藏獒绝顶聪明,在其成长的过程中,通过自身的观察、学习与经历会逐渐增长体能,增强胆识,也了解了自我,从而有了勇气、自信和性格。所以,在家庭养犬的情况下,对藏獒应当爱而不宠,要任自家的藏獒幼犬去实践、探究,不要过多干涉,更不能按主人的臆想让藏獒该干什么,不该干什么。这样会使藏獒无所适从,完全失去自我,丧失藏獒应有的性格。当然特别是对 4～6 月龄的藏獒育成犬,采取必要的拴系,控制其性格秉性的过度发展也是必需的。否则,藏獒性格中的高傲和倔强很可能发展成孤傲不驯而难以控制。

## 第二节　藏獒种公犬的营养需要

为了获得或培育一条优良的种公犬,必须根据种公犬生长发育规律及工作特点,充分满足其在不同生理与工作状态下对食料营养物质的需要,进行科学搭配与调制,以保证公犬充分发挥其配种能力。藏獒是季节性发情的动物,种公犬的饲养应分休产期与配种期两个阶段。

## 一、休　产　期

一般休产期较长,营养需要较低,每千克配合饲料中应含消化能 12 兆焦,粗蛋白质 13％～14％。

## 二、配 种 期

应在配种前 10～15 天逐渐将饲料营养浓度提高到配种期的水平（消化能 14 兆焦、粗蛋白质 16％～18％），饲料给量则应视其体重大小与配种任务而定。处于配种期的种公犬，产生与排出的精液较多，体力消耗大，对饲料能量和蛋白质的需要，特别是对动物性蛋白质饲料的需要高于其他犬。配种期种公犬的能量需要约是其维持需要的 1.2 倍，每千克体重应获得 5.7 克蛋白质，饲粮干物质中钙、磷含量分别为 1.1％和 0.9％；按每千克体重每天供给锰 0.11 毫克、维生素 A 100 单位、维生素 E 50 单位。

为了使种公犬性欲旺盛、精液品质良好，除供给所需数量的蛋白质外，还需改善饲料蛋白质的品质。在配种期，喂给生鸡蛋、动物肝脏等动物性蛋白质饲料，能明显提高种公犬射精量、精子密度及活力，对提高母犬受胎率有重要作用。

## 第三节　藏獒种公犬的饲养管理

培育出一条品质、性能皆优的藏獒种公犬十分不易。生产中加强对种公犬的饲养管理，创造理想型藏獒个体，对改良提高整个犬群的种质性能会产生重要的影响。对藏獒种公犬的饲养管理应注意以下方面。

## 一、科学配合食料

藏獒公犬比母犬有较大的生长优势，特别是在 8 月龄以后，生长势更大。因此，对藏獒公犬，特别是种公犬必须科学配比饲料以满足犬只生长或配种对营养物质的需要。用于藏獒种公犬的饲料首先必须满足犬只在生长、配种中对蛋白质、能量、矿物质和维生素的需要。无论其中缺少了哪一种营养物质，都会严重影响公犬的生长或配种能力。特别是蛋白质和矿物质不足会影响到公犬精液的品质、精子的活力、精子的密度等一系列有关藏獒的繁殖能力表现。为了保证种公犬在配种季节体格健壮，性欲旺盛，配种能力强，精液品质好，精子密度大，活力强，平时的能量需要应在维持需要的基础上增加 20%，蛋白质和氨基酸的需要量与妊娠母犬相同。如果在配种季节种公犬的饲料蛋白质不足，会引起公犬射精量、总精子数显著下降，因此在配种季节对种公犬的蛋白质水平应在维持的基础上增加 50%。而矿物质的补充，以饲料干物质计算，钙应达到 1.1%、磷 0.9%。另外，由于锰对藏獒繁殖性能的影响很大，饲料中缺锰会引起公犬睾丸生殖上皮的退化，所以在种公犬的饲料中，每天的添加量应达到每千克体重 0.11 毫克，其他矿物质的需要量按公犬维持状态时的需要量添加即可。维生素 A 与种公犬的性成熟和配种能力有密切的关系，每天在每千克公犬的饲料中应当补加至 110 单位的水平。相应，与生殖上皮发育密切相关的维生素 E 的供给量应达到每千克干饲料含有 50 单位。建议在繁殖季节来临之前，即应提高藏獒犬的营养水平，可选用牛羊鲜肉、鲜骨、鸡蛋、新鲜蔬菜、玉米粉等进行科学配比。为了能及时调动藏獒公犬的性欲，准备参加配种，应每日给种公犬按剂量投喂维生素 A、维生素 D、维生素 E 是十分重要的。

## 二、饲喂"四定"原则

为了保证种公犬的饮食健康，必须坚持正确的饲喂制度。应当做到定时、定量、定质和定点定器具，亦保持种公犬有良好的食欲，不应有剩食。

### （一）定　时

饲喂要定时，一般多在配种期每天喂 3 次，即于早晨 8 时，中午12时和下午6时饲喂,定时饲喂可使种公犬养成规律的摄食习惯,有利于保持犬的食欲及消化道的健康,并对食料有良好的消化率与利用率。

### (二)定 量

为使种公犬养成定时摄食的良好习惯,应坚持实施定量饲喂。按饲养标准确定每只种公犬的日饲喂量后,不宜随意改变,以便于公犬对食料逐渐调整并适应。开始时,犬对食料的气味和组成不适应,可能会有剩食;可限制一定的采食时间,到时间就撤去食盘,不使犬吃剩食和残食。不久,犬即可形成按时、按量摄食的习惯,到饲喂时间即产生强烈的食欲,采食积极,增强消化液分泌,营养物质的消化率高。

定量饲喂不仅能保证公犬不同生长阶段和生理状态下的营养需求,且有利于公犬体型、体况的培育及提高配种能力。

### (三)定 质

为种公犬准备的食料必须保证相应的品质,不仅能满足公犬在不同生理状态下的营养需求,食料的构成也应符合公犬的消化生理和生物学特点。必须将所饲喂的碳水化合物类食料熟制,以防止引起犬腹泻。切记犬不能消化饲粮中的粗纤维,不宜在公犬食料中添加粗纤维含量过高的饲料原料,如一般的粗饲料和精饲料中的麦麸、稻糠等。应尽可能多用动物性蛋白质和动物性脂肪饲料;有条件时,每天应给配种公犬补加鸡蛋4枚;必须杜绝用发霉、变质的饲料饲喂种公犬。犬不喜食酸、辣的食物,对过热的食物也非常敏感,饲喂中要注意食温,食料过冷、过热都不好。

### (四)定点定器具

犬的嗅觉和其他感觉器官都较灵敏,对自己的食盘、卧息地点的气味和环境十分熟悉；一旦改变，即坐卧不宁，甚至丧失食欲，严重影响公犬的睡眠、卧息、摄食和营养，进而影响其健康。故在种公犬饲养中，不要随意更换犬圈、饲养员、食料，甚至食盘。应为每只公犬固定食盘、饮水槽等器具，不使公犬因生活环境改变而产生应激反应，保持其脾性稳定、情绪安定，正常摄食和栖息。

## 三、保证足量的运动

即使在草原上自然交配的藏獒公犬，在配种季节中平均每天也至多可完成交配 1～2 次。在我国内地的饲养条件下，种公犬日常可自由活动的范围或区域是十分有限的，公犬活动不足，配种能力会大幅下降。配种过程中表现出性欲不强，爬跨无力，或多次爬跨失败。显微镜检查，亦出现公犬精液品质差等问题而最终导致配种失败，错失了配种季节。因此，无论是平时还是在配种期都应当保证藏獒种公犬每天有足够的运动量以保证公犬的配种能力。如果有条件，最好采用自由活动的形式，任由公犬在一定的场院或区域内随意游走，不仅可以提高公犬的新陈代谢水平，促进性功能，公犬在活动中还可以嗅闻到发情母犬的气息，有利于促进公犬的性欲。在缺乏自由活动场地时，可采取由人牵引活动的方式，分早、晚各 1 次在户外活动，每次不少于 1 小时。

## 四、定期刷拭

刷拭不仅可以使犬体清洁，清除被毛和皮肤上的污物、皮屑和体表寄生虫，保持犬体健康，更有利于促进藏獒皮肤血液循环，促进食欲和增强藏獒性功能的作用。可选用钢丝刷，按照从前向后、由上向下、先顺毛后逆毛的顺序操作。刷拭动作要轻，在接触眼睛、肷窝、耳朵时要格外小心。特别是第一次刷拭，如果操作不慎，养成恶癖，以后就很难操作。定期刷拭，可保持藏獒良好的精神状态。

## 五、建立科学规范的作息制度

为藏獒建立作息制度似乎很难,藏獒在原产地只有一条制度,即白天拴系,夜间放开。这条制度养成了藏獒公犬昼伏夜出、勇敢搏击,标记、护食、埋食等一系列行为现象。在我国内地的饲养条件下,对藏獒公犬建立科学的饲养管理和作息制度,对藏獒适应环境变化,调整犬体的生理状况有积极的意义。该制度应当包括科学配合安排藏獒公犬的食料、饮水、活动、刷拭和配种的一系列规定,形成制度化,便于藏獒公犬尽快通过自身各种组织、器官和整个机体内部状态的调整,与环境的变化相一致,养成能适应新环境的生活习惯,保持犬体的健康,保证较高的性欲和配种能力。

## 六、建立卡片

为了全面掌握藏獒种公犬的配种情况,防止血统混乱,掌握配种进程,调整配种计划,应对每只种公犬的配种结果进行详细登记,包括与配母犬的名字(或犬号)、交配延续时间,交配次数,母犬的受胎日期等,为此应建立藏獒种公犬卡片。该卡片记录登记内容主要包括公犬的名字(或犬号)、公犬个体出生时间、体尺、体重、毛色、初配年龄、初配体重及与配母犬的资料。该卡片部分资料是逐步完善的,如必须在公犬的与配母犬分娩后才可能登记到各公犬后代的出生活仔犬数、仔犬初生重、初生窝重、仔犬的毛色组成以及公犬后代生长发育的资料,便于将来能全面地对各公犬做出正确的种用价值评定。

# 第七章　藏獒母犬的饲养管理

饲养基础母犬的目的是为了保持犬群再生能力,繁殖新生仔犬,保证犬群的繁育或再生产的正常开展。因此,基础母犬的科学饲养和培育成为藏獒繁育的核心,也是一个以藏獒饲养为主的养犬场工作的核心。在有一定规模的藏獒养殖场,无论怎样加强内部的环境控制和饲养管理,但如果忽视了对基础母犬严格选育和管理,其他工作将事倍功半。可以将藏獒基础母犬在全年的饲养过程按其生理特征分为不同阶段。各阶段藏獒母犬有不同的生理状况和表现,必须结合这些特点,采取不同的饲养管理措施,以保证藏獒母犬的健康与体况,顺利安全地完成其繁殖过程。

## 第一节　藏獒母犬休情期的饲养管理

### 一、藏獒母犬的休情期

藏獒母犬的休情期系指幼犬断奶后至母犬再次发情阶段,从时间上推算,正处于每年3月上旬至9月中旬。在该段时间中,藏獒母犬绝大多数已完成哺乳任务,所哺幼犬已基本断奶,母犬开始逐渐调整或恢复体况,性器官基本处于休眠状态,性功能也基本停止,称为休情母犬。藏獒母犬是在青藏高原独特的生态环境中,经自然条件陶冶和人工选择所形成的原始犬品种,在种群进化中已形成了对自然环境和自然生态条件的高度适应,形成了该犬生长发育、发情、配种乃至繁殖过程等生理特征与自然环境变化高度一致。所以,一般只有每年9~12月份配种,每年12月份至翌年1

月份产仔,幼犬至下一年度秋季可以有较好发育,体质强壮,足以抵抗产地高海拔条件下过早来临的冬寒侵袭。如果母犬在一年的3月份以后仍然处于发情状态,即使仍然能完成此后阶段的繁殖过程,但所产仔犬至冬季来临时,个体尚未发育到足够的强壮,不足以独立地抵御严寒的侵袭或搏击强敌,因此大多很难存活。藏獒在其种群进化中所形成的这种"繁殖适应性",是经历千百年的自然条件的陶冶和藏族牧民的严格选择形成的。生态学家和生物学家称谓藏獒的"繁殖策略",既形象又准确地概括说明了藏獒的繁殖特点和种质特性。进而言之,目前普遍认为品质纯正的藏獒母犬1年只发情1次,时间集中在9月下旬至11月中旬。在藏獒的原产地,母犬的发情时间还可以进一步提前到8月下旬。观察记录到藏獒母犬的发情时间因海拔的升高而提前,因海拔的降低而推迟。如果非体况或疾病的影响,母犬发情出现1年2次,则可以认为该犬在血统上受到了蒙古犬、哈萨克犬等品种的较大影响,品质已不纯正。

## 二、加强休情期藏獒母犬饲养管理的必要性

对每年3月份后处于休情期的藏獒母犬,亦应当加强饲养管理。大多数藏獒饲养者为了追求经济效益和眼前利益,对妊娠母犬及哺乳母犬加强饲养,注意犬的营养,以求实现新生仔犬的全活、全壮。当幼犬断奶后,主观上认为一年的生产目标已实现,将饲养管理工作的重点放在对幼犬的培育中,而忽略了休情期藏獒母犬的饲养管理,这是不科学的。

从科学养犬的角度讲,任何时候都应当高度重视对藏獒母犬不同阶段的饲养管理。在幼犬断奶后,母犬生理上进入了休情期,卵巢不会再有卵泡发育,但母犬仍然继续着其母性的哺喂和调训仔犬的任务。此时,只要有机会母子相见,除神情表现极度的兴奋欢畅、互相嗅闻、舔吮、追逐嬉戏外,母犬还会本能地将胃中处于半

消化状态的食物反吐出来喂给仔犬,担负着哺育仔犬的任务。当然这种由母犬反吐食物喂仔犬的情况,生产中不可多取,否则对母犬恢复体况并不利。断奶后的母犬还担负着对其仔犬调训的任务,这包括母犬携带幼犬捕猎野生动物、与凶猛野兽搏斗、护卫主人一家安全,以及对幼犬进行进攻性和防御性训练,耗费了母犬许多体力和精力。为此,应继续加强对藏獒母犬的饲养管理,使之继续发挥在藏獒幼犬培育中人类所不可替代的作用。

## 三、休情期藏獒母犬的饲养管理

加强休情期母犬饲养管理的主要目标是促进母犬尽快恢复体况,包括母犬体内蛋白质、脂肪、矿物质乃至各种抗体的储积水平,使之在整体上尽快恢复或达到配种前应有的健康体况,能在下一个繁殖季节到来之前达到相应的体重、膘情,能按时发情、排卵,受胎率高。生产中对那些母性好,在紧张强烈的哺乳过程中体内储备营养损失较多、体况较差或体质较弱的藏獒母犬,要重点给以精心的护理和饲养。

### (一)初断奶母犬的饲养管理

应尽量少给油腻、坚硬的食物,诸如动植物油、畜骨等,而应喂给易消化吸收、有较高营养含量的食物,如先喂以柔软、稀质、易消化的牛奶、豆浆、生鸡蛋、青菜(煮)和少许食盐。食物应当品质新鲜、食温适宜、不冷不烫,少给勤添,日喂 3～4 次。为防止母犬体弱生病,可在断奶后的最初 1 周内,给母犬肌内注射青霉素,每次 80 万单位,每天 2 次,1 周后待母犬体况有所恢复时,将饲喂次数保持在每天 3 次,以后逐渐添加面食或米饭等碳水化合物含量较高的食物,以增强母犬体力和消化能力。只要精心护理,断奶后体质过分虚弱的母犬大都能在 10～15 天时间中得到较快恢复。此时的藏獒母犬精神状态首先发生较大变化,听到被隔离的幼犬叫声会很敏感,不时通过栅栏缝隙张看。如若母子相见,确有久别重逢之感,那种亲热欢快的表现绝不亚于人类在同种情况下的心神交会。

### (二)限制饲喂

断奶后经调整并逐渐恢复的藏獒母犬约在3月底4月初时体况开始好转,4月中旬逐渐恢复到中等膘情。外观上母犬肷部充实,肷窝丰满,被毛开始更换。母犬的食欲开始增强,食量逐渐增加,可将饲喂次数减少到2次,但日粮总量以干物质计,每天应达到0.4~0.5千克,可视母犬体重和食量不同而适当调整。此时只要藏獒母犬体况能保持在中等水平、体重不低于40千克,就不应再继续增加食料量,尽管个别藏獒母犬食量较大,饲喂后片刻即已吃完,表现出食欲未尽,也应尽量控制。但应注意对食料科学配比,改善日粮的结构和品质,保证犬只的营养需要和对食物的充分消化与吸收。其意义在于可以使藏獒母犬消化系统得到恰当的调整和适应,无论是消化管的蠕动、消化液的分泌、粪便的排出都能形成规律性,从而使藏獒母犬整体各种组织器官间形成较好的协调与统一,工作与休整互相转换,损耗与恢复互相平衡,健康逐渐增强,体况日益增进。其次,由于已到4~5月份,天气日益转暖,我国内地已显暑热,藏獒懒动,终日睡卧,多食易出现消化不良,反而影响健康。如果出现剩食,更易腐败酸化,弃之浪费,食之影响犬的健康。所以,对处于休情期的藏獒母犬从4月下旬开始,就应进行限食,犬只具有中等体况即可。注意不能使母犬过胖过肥,否则对以后母犬发情和配种极为不利。

## 四、休情期母犬的繁殖准备

对藏獒母犬培育较重要的时间是立秋以后,即8~9月份。据观察记录,生活在青藏高原的藏獒母犬多于9月中旬开始发情。

具体的发情时间受到犬只年龄、体况、海拔和气温的影响。海拔在
3 500 米以上,2～3 岁的母犬,只要体况丰满,体质强健,一般多于
8 月底 9 月初即可进入发情阶段。甘肃省甘南藏族自治州玛曲县
是河曲藏獒的核心产区,该地平均海拔 3 700 米,藏獒母犬多集中
在 8 月底至 9 月初发情。发情时间比相隔 80 千米的玛曲县城同
龄藏獒母犬提前 10～15 天。因此,随地区海拔的升高,对处于休
情期的藏獒母犬要在 8 月份以后逐渐加强营养和培育,十分必要。
且海拔越高,当地气温向冷季发展的时间也越早,更应及早开始对
休情母犬加强饲养管理,促使母犬及早进入发情体况,按时发情配
种。进而言之,无论是生长在高海拔的青藏高原或是我国中原乃
至东南沿海地区的休情期母犬,在当地气温由暑季酷热中逐渐下
降至 10℃～18℃时,藏獒母犬只要体况与膘情适宜,其卵巢开始
有卵泡发育,母犬也已开始进入发情状态。为了保证母犬能正常
发情,必须在当地立秋以后十分重视加强对藏獒母犬的饲养管理,
其内容包括以下几个方面。

**(一)改善食料的结构与品质**

为了减轻休情母犬的负担,在暑期(8 月份以前)要对藏獒母
犬适当限食,保持相对较低营养水平饲养,以控制母犬的体况过于
肥胖。立秋以后,应提高藏獒母犬食料的营养水平和结构,此时应
增加能量饲料的含量,例如玉米、大米或其他禾本科作物子实加工
产品,还应相应提高犬只食料中蛋白质、矿物质、维生素等其他营
养物质的含量,以使母犬能较多较快地补充各种营养的储备,以便
在发情季节到来时能及时发情配种。一般在 8 月份以后,应在饲
料中添加畜(禽)肉、蔬菜、矿物质(包括微量元素)、维生素(包括维
生素 A、维生素 D、维生素 C 等)。下面提供几个曾用于藏獒休情
期母犬的日粮配方,仅供参考。

配方一:玉米面 500 克、牛羊内脏 200 克、鲜骨 100 克、蔬菜

100 克、食盐 4 克、鱼肝油丸(维生素 A、D 胶丸)4 粒、复合维生素 6 片。

配方二:大米 450 克、家畜内脏 300 克、鲜骨 100 克、鸡蛋 2 枚、食盐 4 克、鱼肝油丸(维生素 A、D 胶丸)4 粒、青菜 100 克、复合维生素 6 片。

配方三:黑面 400 克、胡麻饼 100 克、家畜内脏 200 克、鸡蛋 2 枚、鲜骨 100 克、食盐 4 克、鱼肝油丸(维生素 A、D 胶丸)4 粒、复合维生素 6 片。

配方四:玉米 70%、畜肉 20%、鲜骨 10%、鸡蛋 2 枚、蔬菜 100 克、食盐 4 克、鱼肝油丸(维生素 A、D 胶丸)4 粒、复合维生素 6 片。

由于生理上的变化及气温刺激,休情期藏獒母犬开始进入发情前的营养储备阶段时,多表现出食欲旺盛,性情凶猛、急躁。在饲养管理中始终应当注意犬只行为习性的变化,注意随时给母犬添加清洁饮水,并注意安全。目的是尽快促进母犬能进入配种体况,使母犬达到肥胖适宜,背腰平展,腹部饱满、肷窝充实、体毛光亮柔顺、精神饱满欢畅。

### (二)锻炼体质

在对休情期藏獒母犬注意食料营养配比和加强培育的同时,还应注意加强对藏獒母犬的体质锻炼、疫苗防治,以保证母犬的健康和体质,使母犬能按时进入发情状态。为此,每天至少应保证藏獒母犬有 4 小时的户外活动时间。可以任母犬在户外自由活动,也可在每天上午 8～10 时和下午 4～6 时由专职人员牵引游走,期间同时可配合一定的小跑使犬体得到全面活动,增加肺活量、强壮筋腱肌肉,促进周身血液循环,增进体能、体质和健康。母犬在户外活动亦有利于接触和嗅闻到外周的各种气息,特别是外界犬只排出的尿液、粪便、掉落的毛屑都有强烈的气息。这种气味对尚处于休情期的母犬都有可能形成诸如"外激素"的刺激作用,即会引起强烈的兴趣,刺激母犬卵集的发育并及时进入发情期或发情状态。

### (三)防疫卫生

为了保证母犬的健康及在季节转换时能正常发挥和调动母犬生殖系统的功能,应及时为休情母犬注射疫苗,开展秋季防疫。在生产中,有些人只希望所饲养的犬只能尽早发情配种,却往往忽视对犬只的疫病防治,甚至有些母犬尚未发情已发病,也有的母犬却在配种或妊娠中间发病,给生产造成了损失。所以,一般应在8月中旬开始对母犬用"犬五联"、"犬六联"等疫苗,按程序开展预防接种,切忌中途停止。预防免疫是按程序开展的,如母犬在每年春季都进行免疫接种,则秋季免疫只需间隔15天进行2次免疫注射即可。生产中最常见到忽略秋季免疫的情况,应引起重视。

秋季气温高燥,天气多变,蚊蝇滋生,应高度重视藏獒母犬的卫生防护,主要包括藏獒场的卫生清理,食盘用具的及时清洗消毒等。

### (四)注意补盐给水

由于加强了饲养管理和加大了运动量,母犬体液消耗较多。因此,应注意补盐给水。其一,在饲料中应补足食盐和维生素,防止母犬生理状况失调,发生中暑或其他不测。其二,应注意随时喂给清洁饮水。尤其在炎热的气温条件下,犬依靠呼吸散发体热,呼吸频率的加快使母犬体内水分损失很大,不及时给水将会影响母犬的体热散发,使犬只口渴难受,烦躁不安,影响体重的增加和体况的改善。同时,过度缺水造成藏獒体液过分损失将影响到藏獒母犬体温调节受阻,如体内蓄积了许多热量,而散发受阻将会导致母犬发生"热射病",表现呼吸急促,呼吸频率达到每分钟200次以上,体温升高,眼膜充血,生命受到威胁。此时,应立即降温、补盐给水。因此,在气候炎热地区,尤其在炎热的夏季,为藏獒创造阴凉通风的小气候环境十分重要。

# 第二节 藏獒母犬妊娠期的饲养管理

## 一、藏獒胚胎发育阶段的划分

一般将配种至分娩期间的藏獒母犬称为妊娠母犬,即交配后受胎妊娠的母犬。藏獒母犬的妊娠期为 62~63 天,在此期间胚胎经过不同的发育阶段。

一般在藏獒母犬交配后的第一、第二周内,受精卵逐渐由输卵管向子宫移行,并逐渐加强了与母体的联系。从营养来源上分析,受精卵形成的第 1~6 天主要依靠自身的营养发育,约 7 天受精卵进入子宫后则通过渗透的方式由母体子宫腺体的分泌物——子宫乳中获取营养。藏獒母犬在配种后 14~17 天,胚胎已附植在子宫里,即胚胎与母体间建立了胎盘联系,从而可以从母体血液中吸收营养,并把代谢废物排入母体血液。按照形态,藏獒的胎盘属于带状,环绕在卵圆形的尿膜绒毛膜中部,母体子宫内膜上也形成了相应的带状母体胎盘。而配种 21 天后,在胎儿胎盘内开始充满了液体,在子宫外面可以看到明显的卵圆形胚胎鼓起。

每一卵圆形胚胎鼓起的直径为 15~18 毫米。至第 28 天,胚胎鼓起变成球形,直径达到 30 毫米。到第 35 天,胎膜和子宫进一步扩大,各胚胎鼓起之间的分布现象变得不明显。同时,由于胎儿不断发育、长大,其重力向下牵拽使子宫占据从骨盆前缘到肝脏的全部空间,并向背部和体躯后部发展。从藏獒母犬配种后胚胎发育的过程和形态变化分析,对配种后前 2~3 周的母犬,由于胎儿较小,每日喂给母犬食料的营养水平和数量都无须调整,保持平日的水平即已足够,但应特别注意按时饲喂,特别是多数受胎母犬在此阶段都有妊娠反应,出现呕吐、食欲下降等现象,所以应注意调配适口性较好的食料,保证母犬体况不会发生较大变化。

藏獒母犬的妊娠期为 62~63 天,初配母犬可能提前 1 天,老龄母犬可能推后 1 天,而 2~5 岁的繁殖母犬都非常准确地保持在63 天。另外,藏獒母犬的年龄及所怀胎儿的数目,对其妊娠期限也有一定的影响,产仔数越多,妊娠期可能提前,产仔数少,妊娠期可能延长,但随着妊娠期的延长,活产仔数(也有人称为产活仔数)和仔犬的成活率都呈下降的趋势。因此,可将母犬的妊娠期划分为 3 个阶段。在藏獒母犬妊娠期的第 1~14 天称为妊娠前期,第15~45 天称为妊娠中期,第 46~63 天称为妊娠后期。妊娠期划分对人工饲养方式有一定的指导性,而在原产地,到了母犬发情配种季节,藏民群众都将白天拴系的犬只在傍晚时撒开,任其自由寻找配偶和交配。公犬在嗅闻到母犬排尿中的气味而寻觅追踪母犬,并进行交配,这种近乎自然随机化的交配方式对防止近交和藏獒种群的退化,有一定的积极意义。但由于自行寻找配偶,所以很难确定所产仔犬的血统,更无法得知交配的具体时间,对母犬妊娠期限很难做出较准确的判断。另外,诸如母犬的交配可能持续数日,有时在强壮公犬的胁迫下,可能母犬尚未排卵,就已发生了交配,或者刚排出的卵子尚需经过 2~5 天后才能与精子结合,这一系列的可能性,使得妊娠阶段的划分没有实际意义。

## 二、妊娠母犬的营养需要与饲养标准

在配种后的 1~2 周,加强对受孕母犬的管理十分重要。此时尽管已配种,但母犬卵巢上可能仍有卵泡发育,母犬仍继续表现出求偶欲交配的一系列性行为,在母犬的尿液中也仍然有较高浓度的雌激素水平,能吸引公犬嗅闻并引起公犬的性激动。妊娠母犬也仍然表现出脾性急躁和起卧不安,时时寻机外出,不思饮食,频繁饮水等一系列母犬继续发情的行为表现。为寻机外出,母犬可能跳过较高的围墙,钻过较小的墙洞或篱笆间隙,这样有可能发生再次交配,也可能因为过度活动、挤压而发生早期流产。同时,刚形成的胚胎与母体还未形成稳定的联系,母犬子宫括约肌的强烈收缩,母体腹部受到的较大挤压都会使妊娠中止,或发生早期隐性流产。因此,对完成交配时间不长的藏獒母犬必须细心观察护理,保持环境安静,避免嘈杂惊扰母犬。妊娠母犬应当单栏圈养,保持圈舍内通风、清洁和干爽。

藏獒母犬在妊娠1个月后,只要细心观察可见其体型已开始发生变化。外观上母犬的前胸部首先粗壮了,后腹部开始下垂,乳房四周的犬毛开始逐渐脱落,说明胚胎开始迅速发育,相应母犬的食欲和食量开始逐日增加。在牧区,此时恰逢牧民冬宰,大批量宰杀牛羊所产生的废弃物任由藏獒母犬自行摄食,充分满足了母犬及其胚胎的营养需要。母犬因之体况与体重有了明显的变化,乃至到妊娠后期其体重与妊娠初期相比,几乎增加了30%~50%。但在我国内地,一般的藏獒饲养场、饲养户,完全给母犬喂以动物性食品不现实,也不必要,还是应当讲究科学喂养。主要是可通过定期称重以确定母犬对食料的需要量。以配种时的初始体重为基础,如果每天体重的相对增长量能达到原有体重的1.0%~1.5%,就说明无论是食料的营养水平和食物量已基本达到要求,超过1.5%或低于1.0%对妊娠母犬都会产生不良影响。严格地说,藏獒妊娠母犬的营养需要包括维持需要和生产需要两部分,前者是指母犬为了维持正常的体温、呼吸、血液循环、各种组织器官的正常生命活动以及保持起卧、行走等所必需活动的营养,后者是指母犬为了保证胚胎的发育以及产后泌乳所需要的营养,这两部分共同构成了藏獒母犬每天对饲料营养物质的需要。

藏獒母犬的维持营养需要,见表7-1。

第七章　藏獒母犬的饲养管理

### 表 7-1　藏獒母犬的维持营养需要

| 营养物质 | 需要量 |
|---|---|
| 能　量 | 每千克体重 300 千焦消化能,每千克体重 4.8 克蛋白质,或维持能量的 2.5% |
| 矿物质 | 钙 242 毫克,磷 198 毫克,氯化钠 242 毫克,钾 13 毫克,镁 8.8 毫克,铁 1.32 毫克,铜 0.16 毫克,锰 0.11 毫克,锌 1.1 毫克,碘 0.034 毫克,硒 2.42 毫克 |
| 维生素 | 维生素 A 110 单位,维生素 D 11 单位,维生素 E 1.1 单位,硫胺素 22 微克,核黄素 48 微克,泛酸 220 微克,烟酸 250 微克,维生素 $B_6$ 22 微克,叶酸 4.0 微克,生物素 2.2 微克,维生素 $B_{12}$ 0.5 微克,胆碱 26 毫克 |

表 7-2 列出了藏獒母犬妊娠期的营养需要,该表以妊娠期开始的营养水平为 100%,以后随着妊娠期的递进,逐步增加饲喂量。

### 表 7-2　藏獒母犬妊娠期的营养标准

| 日粮营养成分(妊娠开始) | 妊娠周数 | 饲喂量 |
|---|---|---|
| 粗蛋白质 20%～40% | 1～3 周 | 100% |
| 碳水化合物 40%～50% | 4～6 周 | 120%～140% |
| 脂肪 10%～15% | 7～9 周 | 140%～160% |
| 钙 1.4% | | |
| 磷 0.9% | | |
| 维生素 A 5000～10000 单位 | | |
| 维生素 D 500～1000 单位 | | |
| 维生素 E 50 单位 | | |

用美国大中型犬的饲养标准与藏獒母犬的营养标准(表 7-3)

相对应,其中尤以藏獒的蛋白质营养水平较高,与藏獒在品种形成中具有的杂食性又偏动物食性有关。

表 7-3　藏獒每千克饲料主要营养物质的含量

| 营养物质 | 含量(%) | 营养物质 | 含量(%) | 备　注 |
|---|---|---|---|---|
| 蛋白质 | 17～25 | 钙 | 1.5～1.8 | 微量元素包括铜、铁、锌、锰、硒,同时按比例添加维生素 A、维生素 D、维生素 E 等 |
| 脂　肪 | 3～7 | 磷 | 1.0～1.2 | |
| 碳水化合物 | 44～49 | 盐 | 1 | |
| 粗纤维 | 3～5 | 微量元素 | 0.4～0.5 | |

以上饲养标准可结合藏獒母犬的具体情况,如活动情况、环境温度、被毛发育条件以及实际体况等进行适当的调整。一般而言,在妊娠期的不同阶段,日饲喂量提高 15％～20％,就能使营养供给与母犬及胎儿的营养需要基本保持一致。其核心还是必须保证日粮的营养水平或品质与结构。就日粮的营养水平而言,如食粮中蛋白质不足,则可能引起母体血液中 GnRH 水平下降,特别是蛋白质中的赖氨酸缺乏,仔犬出生时死亡率就会升高。一般而言,在实际生产中,各种动物的肝脏是优良的蛋白源,每次给妊娠藏獒母犬喂 200～400 克动物肝脏,每周喂 3 次,非常有利于胎盘的发育。

藏獒妊娠母犬的日粮中补饲矿物质(包括微量元素)也是非常重要的,钙和磷都应当保持在日粮干物质的 2％左右,钙磷比例为 1.5～2：1。钙、磷不足会严重影响胚胎发育,形成胚胎早期死亡(隐性流产),或者为了维持胚胎的发育,母犬会本能地动用自身骨骼和组织中所储备的钙、磷,为时过久,造成母犬钙、磷不足,体质衰弱,食欲下降,消化、抗病力降低,或者分娩后,不仅幼仔发育不良,母犬亦大多出现产后虚弱、产后无奶,极难保证新生仔犬的存活。

# 三、藏獒母犬妊娠期的饲养管理

妊娠期间的藏獒母犬是处于一个比较特殊的生理阶段。此时,随着胚胎的日渐发育,母犬的负担亦日益增加,对食料、环境的要求亦越来越高。加强对妊娠期藏獒母犬的日常科学管理和培育,对保证妊娠母犬的安全分娩有十分重要的意义。特别是大部分母犬此时都相对比较虚弱,体况差,管理不当极易出现不测。

## (一)配给营养科学、全价的饲料

在饲养上,首先应当配给妊娠母犬全价的饲料。除应当按妊娠的发展而供给或逐渐增加食料量外,还应当给妊娠期的藏獒母犬补充一些易消化,富含蛋白质、维生素和矿物质(特别是钙和磷)丰富的食物,如肉类、动物内脏、鸡蛋、奶类和新鲜蔬菜,充分满足母犬及其胚胎的营养需要。藏獒妊娠母犬的营养需求量远远高于休产期的需求量,因其既要维持自身需要,又要维持胎儿的生长发育,还要为产后泌乳储备营养。对初次妊娠的母犬,由于胎儿和自身生长发育的需要,营养水平应略高于经产母犬;对于体况较差的经产母犬,营养水平应抓两头而顾中间,即前期应当提高营养水平,促使母犬尽快恢复体况;妊娠后期应供给母犬高水平的营养食料,以保证胎儿快速生长发育的营养要求。通常进入妊娠中期时,母犬对饲料营养的需求也应相应逐渐增加,提高的幅度应视母犬的体况和胎儿数量而定,一般应在原有基础上增加1/3,至妊娠后期营养水平应增加近1倍。

## (二)加强免疫

为了保证藏獒母犬的健康并防患于未然,除在母犬发情前后(每年9～10月份)进行正常的免疫预防,注射诸如"犬五联"、"犬六联"等疫苗外,还应尽可能在母犬妊娠期的最后阶段,即临近分娩 20 天时,补加注射 1 次疫苗,这样即使母犬分娩和体质虚弱,也足以免除犬瘟热、犬细小病毒性肠炎等烈性传染病所可能对母犬的侵袭。同时,更有助于在哺乳阶段使新生幼犬通过母乳而获得较充足的母源性抗体,以至在新生仔犬断奶时(恰逢春天疫病发生阶段)仍有较强的抗病能力,能有效抵抗春天所流行的犬传染病对幼犬的侵害。实践也证明,这种能在母犬乳汁中获得较高水平抗体的幼犬,断奶后都能有较强的体质并得到良好的生长发育,显著降低了断奶幼犬的发病率和病死率。

### (三)饮水清洁卫生、足量

无论什么时候都很重要,但对妊娠阶段的藏獒母犬而言,如果饮水不清洁,造成消化道疾病,出现胃肠道炎症或痉挛,犬会因呕吐、努责等原因而引起流产。同样,给母犬饲以冰冷的食料和冰水,刺激母犬胃肠道,亦易引起胃肠道过敏,相应产生痉挛而发生流产。所以,在冬天寒冷季节,饲喂妊娠的藏獒母犬必须注意食温、水温。一般应喂饲的食物或饮水应保持在 18℃～25℃为宜。

### (四)给予适宜运动

每天保证母犬有 2～3 小时的户外活动,多晒太阳,不仅可以增强母犬的食欲,提高消化能力,提高母犬的营养水平和体况,更可以促进胎儿的发育,可以协调母犬各种组织器官的功能,促进各种组织器官在功能上的联系与配合。进而当母犬完成妊娠阶段而开始分娩时,能使整个机体在激素或体液的协调下,能有条不紊、顺利有序地进行分娩,安全地完成整个分娩过程,有效防止难产等不测事件。只是应当注意藏獒母犬在妊娠阶段性情比较孤傲,并单独活动,切忌将两条母犬同时放至户外。否则,极易发生咬斗造成不测。其次,妊娠母犬的户外活动应保持适当的程度,时间不宜太长,活动不宜过于剧烈。不应快跑,甚至蹦跳、过坎、越沟,以免发生流产。藏獒妊娠母犬在妊娠 50 天以后,已明显行动不便,此时母犬行动缓慢,好静不好动。不应再以牵引等形式强迫活动,应随其自然,任其自由游走,多晒太阳,并应注意安排清洁、宽敞的栅圈作为产圈。

### (五)注意卫生并加强消毒

产圈应光照充足,背风向阳、安静、干燥,应坚持每天消毒。产窝内垫以干净、柔软的干草,让母犬及早入窝中休息或睡眠,避免母犬卧在冰冷坚硬的地面。为保证母犬产后的健康,在母犬妊娠后期,应十分注意犬体卫生,坚持每天梳刷犬体,梳去脱毛和犬身上粘连的污物,更有利于促进皮肤血液循环,增进犬体健康。在母犬临近分娩的前几天,应尽可能用消毒液或肥皂水为母犬擦洗腹部和外阴部,洗后用清水洗净擦干。这样不仅可以避免产后感染并减少初生仔犬受到寄生虫卵感染,更利于改善母犬乳房的血液循环,防止乳房炎症,使新生仔犬一出生就能吃到充足的母乳,保证其生命健康和安全。

## 第三节　藏獒母犬哺乳期的饲养管理

### 一、藏獒母犬哺乳期的生理特点

哺乳期为分娩后、藏獒母犬哺乳仔犬的时期,藏獒的哺乳期一般为 1.5 个月。从母犬安全分娩开始,说明母犬的妊娠已结束,进入哺乳期。此时藏獒母犬机体面临两方面的压力和任务,一是母犬刚结束了分娩的剧烈刺激,体液大量损耗,体力大量损失,使藏獒母犬体质极端虚弱无力,极易受到各种不良因素的影响而发生不测,应密切关注藏獒母犬产后的表现和反应,发现问题及时采取措施进行处理。二是与分娩结束几乎同步,藏獒母犬随即开始了对新生仔犬的哺乳和护理。在原始而强烈的母性驱使下，全身心地投入到对新生犬的哺育中。仔犬稍发出几声不适的吠叫，都使藏獒母犬感到压力和焦急，都会引起母犬的不安。母犬夜以继日的护理又往往使之极度疲劳。可见，对进入哺乳阶段的藏獒母犬，加强饲养管理，关乎藏獒的母子平安和仔犬的生长发育及新生条件的创造和培育。

## 二、加强藏獒母犬哺乳期饲养管理的意义

加强藏獒母犬哺乳期的饲养管理在理论和实际中都具有较重要的意义，在技术上也有相当的难度。尽管在藏獒的原产地，藏族牧民对藏獒母犬从分娩开始很少关心。但事实上，在分娩之前，主人早已为临产的母犬准备了安全严密的产窝，使分娩前后的藏獒母犬绝不会受到寒风侵袭。特别是在高原强烈的辐射条件下，母犬也不会因产后虚弱而受到疫病的侵染，保证分娩安全。从藏獒本身而言，母犬能自然地调整、保持自身的膘情与体况，使自身在临近分娩或分娩中保持最理想的体能与体况，从而独立地完成分娩过程。在藏獒的原产地，具有半野性性格特点的藏獒母犬在分娩时也绝对不允许任何人看视或干扰其生产过程。直待新生仔犬已能自己跑动，母犬才逐渐放任其自由活动。但在我国内地条件下，藏獒母犬无论在体质与体能上都与其原产地有很大不同，母犬不可能依靠自身对环境的适应能力而调整体况与体能，使之达到完备、完善的程度。绝大多数藏獒母犬在经历了紧张的阵痛、努责等一系列分娩过程后，已精疲力竭。所以，加强藏獒哺乳期的饲养管理是必需的。

# 三、藏獒母犬哺乳期的饲养管理

## （一）以促进藏獒哺乳母犬体况恢复为主的饲养管理

分娩使母犬体质、体能变化很大。就前者而言,要高度注意预防母犬发生产后感染,如破伤风、子宫内膜炎、败血症乃至发生感冒、肺炎等。为此,在妊娠母犬临产前,就应做好产窝消毒、清扫等各项准备工作,包括产窝的地面、墙壁、褥草及对母犬身体的清理、清洗消毒等。外环境的清洁卫生对保证藏獒母犬的产后安全极为重要。就母犬体能下降而言,母犬不仅表现的体乏无力,实际上母犬的各种组织器官功能都下降了。抗病能力下降,使产后的藏獒母犬易感染疫病;消化功能下降使母犬食欲几乎废绝,不思饮食。加之母犬在分娩中体液的大量损失,使产后的母犬口干舌燥,脾性烦躁,体温升高,及时给母犬补水、补盐、补充能量,对维持产后母犬的体液平衡,尽快恢复母犬的体力,保持母犬体内的酸碱平衡和维护其正常的生理生化功能都是极为重要的。

刚完成分娩过程的母犬一般应当任其自行休息,尽量少加人为干扰。至少在产后的4～6小时一定要保持周边环境的安静,让母犬安心静卧,自行调养心境,安息脾性。其间,藏獒母犬逐渐从分娩的极度兴奋和紧张中放松下来,使机体的各种组织与器官在逐渐调整恢复其功能,使犬体进入正常的生理状态。此时,母犬开始逐渐将注意力集中到对新生仔犬的护理上,将仔犬放在自己的怀中搂定,让其吮乳,免于风寒侵袭。所以,对产后的藏獒母犬首先应尽可能保持安静,少加干扰。主人所应做的仅仅是堵塞门缝、窗口、窝盖使母犬和幼仔免受贼风侵袭,保证藏獒母子平安。

母犬完成分娩4～6小时后,犬的主人就应开始为母犬喂给清洁的饮水,水温适宜,不可太烫,也不能过凉。同时,在水中加入少许食盐和葡萄糖(或红糖)。母犬产后口干,可适当使之多饮,利于促进体内生理功能的恢复。

饮水后母犬多会随即出窝排粪便,此时主人一方面应抓紧时机给母犬肌内注射青霉素,每只犬每次80万单位,每天2次,连续注射3~5天,以防母犬发生产后感染;另一方面,应及时安排给产窝更换褥草。因为藏獒分娩中造成产窝内褥草浸湿,时节又正是寒冬腊月,对新生仔犬和母犬都极不利,产窝内潮湿寒冷,如果完全依靠母犬靠体温温暖,会使母犬体热损失太多,体况越来越差,严重影响健康和对新生仔犬的护理。这是目前在国内许多地区造成新生仔犬死亡率高的重要原因之一。实践也证明,更换褥草是提高母犬体能十分有效的措施。在更换褥草时,动作要熟练,时间不可过久,以免新生仔犬着凉。

藏獒母犬产后虚弱,食欲尽失,消化力极弱。对藏獒母犬应当精心护理,使之尽快恢复体况和体力,增强体能,开始进行正常的哺乳活动。在藏獒母犬产后的最初1~2天,注意仅喂给母犬适温的牛奶或其他营养丰富的流质食料,并加入少量的食盐即可,并应坚持少量多次的原则。自产后第三天开始,可在牛奶中加入少量的碎肉、蔬菜和玉米面,并给母犬加喂复合维生素B、维生素$B_{12}$、维生素C、维生素A、维生素D和酵母片、健胃消食片等以帮助消化。在整个哺乳期间,要切忌给母犬喂给硬骨、过量的动物脂肪和酸辣有刺激性的食品。产后藏獒母犬的状态恢复需有一定的过程。如果恢复正常,产后1周左右,母犬的体况才开始逐渐好转,母犬的食量也逐渐增大。主人不应操之过急,要坚持对藏獒母犬逐步调理,待母犬的各种组织与器官功能逐渐正常、母犬随着仔犬的发育和泌乳量的增加食量日渐加大时,可以加大饲喂量。表7-4提供了藏獒母犬哺乳期营养标准(实验标准)和适用于藏獒母犬哺乳期营养需要的饲料配方供参考使用。

### 表7-4　藏獒母犬哺乳期营养标准(实验)

| 日粮营养成分(以日粮干物质计) | 哺乳周数 | 饲喂量 |
|---|---|---|
| 粗蛋白质 30%～35% | 哺乳1周 | 90% |
| 碳水化合物 50%～55% | 哺乳2周 | 100% |
| 粗脂肪 4%～7% | 哺乳3周 | 120% |
| 钙 1.4% | 哺乳4～6周 | 130%～160% |
| 磷 0.9% | | |
| 维生素 A 5000～10000 单位 | | |
| 维生素 D 500～1000 单位 | | |
| 维生素 E 50 单位 | | |

甘肃农业大学原藏獒选育中心对藏獒哺乳母犬所采用的饲料配方:

配方一,哺乳第一周:鲜奶1.0～1.5千克,奶粉80克,瘦肉100克,葡萄糖粉60克,蔬菜100克,食盐15克。

配方二,哺乳第2～3周:鲜奶1.5千克,奶粉100克,玉米粉300克,瘦肉250克,蔬菜200克,胡麻饼50克,食盐20克。

配方三,哺乳第4～6周:鲜奶1千克,瘦肉600克,玉米粉400克,蔬菜300克,胡麻饼100克,鸡蛋150克,骨粉50克,食盐20克,维生素AD胶丸5000单位(2粒),复合维生素B 60毫克(6片)。

事实上,藏獒母犬在产后恢复体况的同时,哺乳的负担在逐日增加。特别是产后第一周内,母犬体质较弱,胃肠道功能较差,而新生仔犬吮乳的要求却越来越强,为了满足哺乳的需要,母犬往往贪食而消化不良,对母犬的消化系统造成了十分严重的伤害,表现消化道积食、溃疡乃至消化道坏死的病例都有发生,此时母犬已很难再担负哺乳的任务了。加强对产后藏獒哺乳母犬的饲养管理,应密切结合犬只的体质、体况和产后的恢复情况精心护理,随时调整,使之能尽快从产后的虚弱状况中强壮起来,尽好地担负起哺育仔犬的任务。至此,除重视饲养外,还应在保持犬体与产圈卫生,保持适当运动和锻炼以增强母犬体质,让母犬多晒太阳以及经常为母犬刷拭等多方面采取相应措施。

### (二)以提高藏獒哺乳母犬泌乳能力为主的饲养管理

新生的藏獒仔犬出生重仅 450～550 克,似乎很单薄纤弱,实际上却有极强的生命力。出生后第一周幼犬每天的日增重可以达到 50～80 克,第二周已超过了 100 克。新生仔犬的强烈生长以母乳的丰富营养和充足供给为保障,因此加强对藏獒哺乳母犬的饲养管理对促进新生仔犬的培育、保证新生仔犬良好的生长发育有重要意义。

严格地说,对藏獒哺乳母犬加强饲养管理的工作应当在母犬的妊娠后期即行开始,该阶段母犬的生理负担很重,快速发育的胚胎,需要得到充足的营养保证,才能保持母犬的妊娠体况,也才能保证分娩后母犬不会因过度虚弱而出现产后瘫痪、无乳而严重影响到新生仔犬的哺育。为此,以提高哺乳母犬泌乳能力的饲养管理工作只能加强,不能忽视。

在藏獒产区,牧民群众并不对产后的母犬厚加饲喂,但 1～3 月份正是草原上食物丰富的时节,产后母犬随时可以找到肉食,并任其所食,大量的动物性食物完全可以满足藏獒母犬泌乳中对蛋白质、矿物质和维生素等营养物质的需要,从而也充分满足了仔犬的营养需要。因此,在藏獒的原产地,尽管环境严酷,新生藏獒仔犬却生长健壮。

在我国内地,环境的局限和食物构成的改变,使大部分藏獒母犬产后体质体况的恢复不尽人意,犬只的营养供应也不尽完善,造成藏獒母犬产后泌乳不足,对仔犬的发育和提高新生仔犬成活率极为不利。生产中时常见到藏獒仔犬在生后的前 2 周内,生长发育极快,日增重保持在 50～100 克的水平,个别个体甚至可以达到130 克,说明在母犬产后的前 2 周内,藏獒母犬的泌乳量与幼犬生长发育的营养需要是平衡的。仔犬出生 2 周后,已基本度过了对新生环境的不适阶段,逐渐进入较快的生长阶段,此时采取积极措施,提高藏獒母犬的泌乳量极为必要。其中,最首要的措施是尽一切可能加大母犬的活动量。有条件时可将母犬放置在场院中,随其自由奔走、随地而卧、随意饮水以活动筋骨、舒畅心境、增强体质、提高食欲、促进消化、提高泌乳力。一系列措施的实施,在一定程度上比单纯只注重加强母犬的营养更重要。所以,牧民群众任由产后藏獒母犬自由活动和自由采食是有道理的。此外,定期对藏獒母犬刷拭被毛和乳房,保持犬体清洁卫生,并逐步提高藏獒母犬的日粮水平,对母犬保持健康的生理状态和发挥最佳泌乳能力都极有好处。

# 第八章　藏獒幼犬的饲养管理和培育

## 第一节　藏獒哺乳幼犬的培育

### 一、藏獒新生仔犬的生理特点

藏獒新生仔犬又称哺乳幼犬,是指由出生至断奶(45日龄)期间的幼犬。藏獒仔犬出生,代表着处于母体严密保护中的胚胎期的结束和独立面对变化莫测的生后环境的开始。仔犬的各种组织与器官在结构和功能上发生了很大变化,正处于深刻地调整或启动状态中,对仔犬的生命力形成严峻的考验。仔犬出生前依靠母体通过脐带提供营养,出生后则依靠自身消化系统摄取外界营养,以保证犬体迅速生长的营养需要;出生前,仔犬依靠母体由血液提供氧气,出生后,随着仔犬的第一声吠叫,肺泡开张了,仔犬开始了自身的气体代谢,吸进氧气而呼出二氧化碳;出生前,由肝脏和脾脏储存并营造血液,出生后,仔犬转由骨髓造血,亦同时开始启动自身的体温调节系统以维持体温的正常与恒定。仔犬在一年中最寒冷、最严酷的季节出生,却同时进行着最剧烈、最重大的组织器官结构与功能的调整。这些条件和状况都对新生藏獒仔犬的生命形成了严峻的考验。了解新生藏獒仔犬的生物学和生理学特点,采取相应措施加强对新生犬的护理,是提高新生犬成活率的基础和保证。

## 二、藏獒的分娩条件

正是青藏高原的茫茫草原和崇山峻岭乃至风雪严寒和烈日酷暑陶冶、锻炼和考验了藏獒，使藏獒适应于各种极端的恶劣环境；也是藏族牧民精心培育了藏獒，使生活在青藏高原的藏獒能在严酷的自然生态条件下正常繁殖、生产和分娩，保证出生仔犬的健康与成长。

在藏獒产区，牧民多用干牛粪为临产母犬垒一产窝，四周用干牛粪块砌成，以牦牛毡为窝顶。窝外四周培以草坯，十分严密，用以挡风。窝内垫有厚实的软草，十分保暖。分娩时，母犬卧在窝内，依靠自身的体温，足以抵御窝外的风雪，并使新生仔犬免遭严寒侵袭。仔犬娩出后，母犬会即刻撕破胎膜，舔吮幼犬口、鼻，清理呼吸道，并刺激仔犬发出吠叫，开始呼吸。随后母犬迅速地舔干产儿体毛，并将新生仔犬衔放在体侧，任仔犬用鼻吻寻找并含住乳头，开始吃奶。从分娩开始到新生仔犬含住乳头，前后需要 30 分钟左右，其间母犬的活动环环相扣，十分有序而协调。在藏獒品种形成并与藏族同胞相依的近 3 000 多年历史中，藏獒已形成了在干草窝内自行分娩、哺乳的品种性能和繁殖习性。因此，在藏獒原产地以外谈及藏獒哺乳幼犬培育时，首先应当考虑模仿并创造藏獒在原产地的分娩条件，任母犬自行生产（除非因难产而助产）。准备一背风向阳、舒适保暖的产窝，对保证新生仔犬的成活率有重要的意义。该产窝不可过于高大和宽敞，一般保持在长×宽×高为 1.2 米×0.7 米×0.9 米为好，既便于母犬哺乳，又可防止母犬离窝饮食或排粪尿时，幼犬拱爬太分散而发生意外。

## 三、藏獒哺乳幼犬的培育

据统计，藏獒新生仔犬的死亡，主要发生在产后 1 周内，而出生后 3 天内的死亡数又达到哺乳期幼犬死亡总数的 80％。因此，藏獒仔犬哺乳期饲养管理的核心是提高藏獒仔犬的成活率。

### （一）防风保温

据比较，新生藏獒或哺乳幼犬的成活率总是以藏獒原产地显著高于内地。以 3 岁母犬所产仔犬的断奶成活数相比较，生活在甘、青、川三省交界的河曲藏獒，平均可以达到 6.2 只，而饲养在兰州市的藏獒平均为 5.9 只。尽管在藏獒原产地，平均海拔达到 3 500 米，每年在藏獒繁殖季节的最低气温可以达到 -30℃，但新生的仔犬却很少死亡。主要原因是在原产地，刚出生的藏獒仔犬反而可以得到较好的保暖护理。在藏獒产区，牧区群众就地取材，为临产母犬准备了既保暖又防风的产窝，内铺软草，十分舒适，也非常方便于临产母犬自行完成分娩和护理新生仔犬，极少发生新生仔犬被压死或踩死等不测。产窝大小适宜，保暖性能好，仅靠母犬体温，就可以使产窝内温度达到必需的水平，新生仔犬也不会感到寒冷。另外，天气越冷母犬越本能地加强对仔犬的看护，这也是藏獒对产地恶劣环境的适应性反应。据观察与测定，每年 12 月份至翌年 1 月份，母犬产后的第 1～3 天几乎不吃不喝，寸步不离地护理着新生仔犬，将仔犬紧紧护搂在怀中，任由仔犬吮吸乳汁。而紧紧依偎在母犬怀中的仔犬的确十分温暖，绝不会受到风寒侵袭。在此期间母犬会不时地舔吮仔犬的阴茎（或阴门）与肛门，促使仔犬及时排出粪便，加强消化道蠕动，加快消化道排空，提高仔犬食欲和吮乳能力，促进了仔犬的生长和体质强壮，亦增强了仔犬抵抗寒冷的能力。所以，在藏獒原产地，新生藏獒的成活率相当高。特别是经产母犬会精心地、本能地护理仔犬，不使发生任何意外。特别有意义的是，观察到藏獒母犬在哺乳期的第 3～10 天，离开产窝和新生仔犬的时间与窝外的环境气温有直接的关系。母犬似乎掌握在窝外一定的气温条件下，窝内仔犬可耐受寒冷刺激的时间和能力,从而判断在窝外随意活动、自由饮水、摄食或排泄粪便的时间。一般在天气晴朗,气温较高时,母犬多外出自由活动,任由仔犬在窝内沉睡,但如果窝外气温低,天气冷,母犬就很少外出或外出时间很短,即使排粪尿,也十分机警,一旦听到仔犬不安的吠叫,即刻回窝看视或护理。随着仔犬日龄的增加,仔犬迅速强壮起来,很快具备了抵抗严寒的能力,母犬也逐渐减少在窝内护理仔犬的时间,使仔犬尽可能在自然条件的影响和锻炼下,日益强壮。

在藏獒产区,分娩后的藏獒母犬对新生仔犬的护理能力和护理过程,完全是藏獒的本能行为,是在漫长的种群形成中对产区生态条件的适应,也是产区生态条件对藏獒的选择和陶冶,使该犬具备了在世界最严酷的环境条件下繁衍生息的能力。可见研究仿效藏獒母犬在原产地哺育护理新生仔犬的过程,保持和保证产窝防风保温是提高藏獒仔犬成活率的首要措施。

### (二)吃足母乳

无论何时,母乳始终是藏獒新生仔犬成活与生长发育最重要的营养物质,让藏獒新生仔犬吃到吃足母乳将奠定对其开展科学培育的基础。

通常把藏獒母犬分娩后第 1～3 天所分泌的乳汁称为初乳。初乳中蛋白质与维生素的含量比常乳高出许多倍,能保证新生仔犬强烈生长和发育的营养需要。初乳中含有较高含量的镁盐,具有轻泄作用,利于新生藏獒仔犬排出胎粪,清理消化道内壁,进而可以促进仔犬消化道的蠕动和消化液的分泌,提高仔犬的食欲和消化能力,使之产生饥饿感,而大量吃母乳,可增强体质与生活力。最重要的是,在初乳中含有丰富的抗体,一种能增强仔犬抗病能力的免疫球蛋白,含量达到 15%(常乳中仅 0.05%～0.11%),对保证藏獒新生仔犬的健康和安全有非常重要的意义。

藏獒仔犬在出生前是完全处于母体的严密保护之中的,是非常安全的,母体在胚胎外围建立了专门的防卫系统,杜绝任何疫病对仔犬所可能造成的危害,保证胚胎的正常发育。但分娩以后,新生仔犬开始独立面对一种新的生存环境,处于各种可能危害新生藏獒仔犬健康和生命的疫病包围之中。此时的新生藏獒仔犬又十分纤弱,随时都有可能受到疫病侵袭,为了保证新生仔犬的成活和健康,让仔犬及时吃到初乳就非常重要,且越早吃越好。主人可协助母犬在对新生仔犬进行卫生处理或接产处理,擦干犬体后,即刻送到母犬怀中,让仔犬辨识乳头,及早吮吸到初乳。仔犬吃到初乳后,立刻会在消化道形成一层保护膜,防御致病菌侵袭。同时,初乳中的母源性抗体能被新生仔犬直接吸收,增强仔犬的抗病能力和体质。实践中也看到,1～2月龄的藏獒幼犬在母乳的哺育下,发育良好,体格强壮,贪食、好动,但很少得病。特别是从初生至1月龄的哺乳仔犬,在吃到充足的初乳后,十分健康,活泼爱动,食欲旺盛。仔犬出生14天后即能睁眼,25天后即可时常追随母犬跑到窝外,寻求吮乳,为断奶后乃至青年期的生长和发育奠定了良好的基础。

藏獒母犬分娩后的泌乳高峰期出现在产后第五天,能维持5～7天,在产后的前5天中,母犬每天哺乳可以达到21±3次之多,每次哺乳达到5～6分钟;在母犬产后第6～10天,哺乳次数会下降到19±2次,但每次的哺乳时间延长到7～9分钟。在藏獒母犬分娩后的前10天中,如果只依靠母犬哺乳,仔犬的日增重只能达到30～50克;10天后,母犬的哺乳次数开始明显减少,每次哺乳的时间也已下降到4±2分钟,但仔犬已有较大的发育,对母乳的需求逐日增加,母乳不足已开始影响到藏獒仔犬的生长发育,仔犬的日增重大多徘徊在70克左右。仔犬出生15天后,藏獒母犬白天已较少回窝,每天早、晚2次回窝哺乳,哺毕即会立刻离窝。藏獒仔犬出生15天以后,其机体各种组织器官结构与功能经调整而逐渐适应生后环境的过程已完成,仔犬生长发育也日趋强烈,对母乳的要求日趋紧迫,但母犬的泌乳量已开始下降。因此,一方面应加强对藏獒母犬的饲喂,尽可能促使母犬多哺乳,以满足仔犬的营养要求;另一方面应采取措施,及时培育训练仔犬学习摄食人工食料,弥补因母犬泌乳量下降对仔犬造成的营养不足和对藏獒仔犬生长发育的严重影响。

据测定,合理的藏獒仔犬哺乳期为45天左右,但部分发育强壮的个体在出生后15天左右就开始摄食人工食料。此时仔犬发育迅速,最高日增重会达到130克,至30日龄时可达到260克,45日龄时可达到300克。其间必须采取综合措施在保证哺乳仔犬健康的基础上,尽可能地加强仔犬的食料营养水平,及时为犬补饲。藏獒仔犬在30日龄以后的快速生长是以完善的营养配比和供给为基础,为了保证仔犬生长的良好势头或生长强度,首先应供给充足的母乳。对新生的藏獒仔犬,母乳始终是最有营养、最有价值的食料。母乳不仅含有新生仔犬生长最需要的各种营养成分,而且能使各种营养成分的含量达到最佳的配比,使各种养分的结构最适合于新生仔犬消化与吸收,并被犬体所利用。为了保证处于哺乳期的藏獒仔犬吃到充足的母乳,就必须重视处于妊娠期和哺乳期母犬的饲养管理,包括加强疫病防治、保持犬舍干燥温暖和犬体清洁卫生,以及注重于改善母犬的食料组成,提高营养水平,贯彻科学的饲养管理制度等,都是加强对母犬饲养管理的重要内容。只有母犬身体健康,具备良好的营养体况和膘情,才能预防产后无乳,保证分娩当天就开始泌乳,在整个泌乳期中保持充足的泌乳量,进而保证藏獒仔犬吃到充足的母乳,保持强烈的生长势、生长发育强度和体质健康。

### (三)适时给幼犬补乳或补饲

出生15天后大部分仔犬已睁眼,但视力很差,仍然靠嗅觉寻找母犬乳头或在母犬外出时互相接近,互相依偎取暖防寒。此时的藏獒幼犬虽然单薄、纤弱,但生命力旺盛,生长发育十分强烈,在母乳不足时,必须及时补乳或补饲,使幼犬生长强度不受阻滞。为此,应细心观察并记录幼犬的发育状况,包括母犬哺乳的次数与时间,幼犬的日增重和发育状况。一般幼犬在出生后前 5 天中平均日增重应达到 30～50 克,第 6～10 天最高达到 50～70 克。第 11 天后,如果母犬泌乳量不足,幼犬的日增重反而会逐渐下降,不能达到或实现继续增加的生长量,此时即应及时采取措施,对幼犬科学补乳或补饲。

通常对出生后 15 天左右的藏獒幼犬可使用奶瓶哺乳,哺乳以新鲜牛奶或羊奶为好,奶温必须控制在 18℃～24℃,奶温过高会使幼犬消化道黏膜被烫伤,影响吞咽和吮乳;奶温过低会引起幼犬稀便和腹泻,都将影响幼犬的健康和生长。

开始补乳的第一天和第二天,每只幼犬哺乳量要严格控制在 15～20 毫升,每日 2 次即可,以便幼犬能逐渐适应,避免幼犬出现肠道过敏,消化不良和腹泻。第三天开始补乳量可逐日增加,但每次量每只幼犬不应超过 30 毫升,每天 3～4 次。补乳的原则是少量多次,幼犬的主要食物仍以母乳为主。从补乳开始日起,应坚持每天对幼犬称重,以掌握补乳的效果,在用鲜奶补乳不能达到幼犬平均生长量(70 克/日)时,不应继续加大鲜奶量,可以在鲜奶中添加一定量的奶粉并逐渐加大奶粉量,即增加补乳的干物质含量,在保证幼犬发育营养需要的同时亦避免幼犬在以后的发育阶段中消化道过于庞大,影响犬只的体型和外貌。对达到 20 日龄以上的藏獒幼犬,随着消化道的快速发育,每天的补乳量可以增加到 50～100 毫升,相应亦可以增加奶粉量,见表 8-1。

表 8-1　藏獒 12～45 日龄幼犬补乳量

| 日龄（天） | 12～14 | 15～19 | 20～24 | 25～34 | 35～45 |
|---|---|---|---|---|---|
| 鲜奶量（毫升） | 25 | 30 | 50 | 100 | 120 |
| 奶粉量（克） | | 2 | 4 | 6 | 8 |

　　25 日龄以上的幼犬无须再用奶瓶，可将配好的鲜奶和奶粉放在浅碟中，训练幼犬自己舔吮，只要将一只幼犬嘴巴按到奶汁上，幼犬马上就能自己舔奶，其他幼犬也很快会仿效去舔奶。

　　初次补乳的藏獒幼犬，往往容易出现腹泻、肠鸣等问题，而影响幼犬食欲或健康。除了坚持少量多次的原则并注意奶温应适宜外，在鲜奶中配加少许食盐和炒熟的小麦面粉（有很好的收敛作用）可防止消化不良。

　　藏獒幼犬 30 日龄以后，已完全能自己摄食，母犬的泌乳量也已十分不足，但幼犬的食量却与日俱增，说明在经历了前一阶段在哺乳期的调整和发育后，幼犬各种组织器官的结构与功能都在逐渐完备。仔犬活泼好动，精力旺盛，食欲大增。此时仅仅依靠鲜奶和奶粉是不能满足仔犬快速生长需要的，可以除鲜奶外同时补加碎肉、鸡蛋、面粉和少许青菜。经熟制成糊状时再适当配加一点骨粉、鱼肝油和食盐后饲喂，每天 4～5 次。每次饲喂一定控制幼犬吃到八成饱为宜，幼犬吃食很快，3～5 分钟即可吃完，食盆被舔得干干净净，幼犬食欲未尽，即说明仔犬刚吃合适。控制仔犬的摄食量在幼犬的饲养和培育中具有十分重要的意义，也是保持仔犬健康最关键的措施。仔犬生长快，食量不加控制，常会出现食入量过大，加之春季天气多变，外感风寒，内伤饮食，易引起消化不良，发生稀便、肠炎，乃至引发血痢，是造成发育不良和死亡的重要原因之一。

　　随着仔犬摄食大量人工食料，对母乳的依赖逐渐减少，到 45

日龄左右,母犬已基本停止哺乳、间或以站立姿势哺乳,这样似乎可以迫使仔犬以站立仰头去吮乳,能促使仔犬肌肉和关节坚强起来,仰头更可便于从母犬口中得到母犬反哺出的半消化食物。这种行为现在在狼及野生犬类中尚能观察到。此时,应逐渐减少藏獒仔犬与母犬接触的时间,给幼犬断奶。

### (四)人工哺乳或保姆犬哺乳

母犬产后过度虚弱而无奶;或因母犬产后感染,发生产道炎症,出现高热疾病,食欲废绝,也出现产后无乳;或者母犬一胎所产仔犬过多,超过母犬哺乳能力。藏獒母犬一般只有 4 对乳头,个别有 5 对乳头的,其中只有后面 3 对乳头泌乳量较多,而在母犬侧卧哺乳时,并不是所有乳头都能供仔犬吮乳。为了保证同窝藏獒仔犬能均衡发育,藏獒母犬每窝所能哺育的新生仔犬数一般不应超过 8 只,如超过必须由人工哺乳或采取保姆犬哺乳。

对所有人工哺乳或采取保姆犬哺乳的新生犬,都设法使之能吮到初乳,除非仔犬刚出生时母犬即死亡。据测定,吃过初乳的新生犬,在人工哺乳的条件下成活率几乎可以达到 100%,而出生后未能吃到初乳的新生犬成活可能性很小,除非采取特别的护理方式。而产仔过多,母犬无力哺育的仔犬,在出生的头几天应尽可能让母犬哺乳 3~5 天,使其获得一定量的初乳并从中获得适量的抗体,为以后人工哺乳或代乳奠定较好的基础。

对开始进行人工哺乳的仔犬,首先应注意保温保暖,可将仔犬放在保温隔热性能较好的纸箱、木箱中,内垫细软麦草、棉絮等物(必须先消毒)。使箱内温度开始保持在 24℃~28℃,以后随着仔犬的生长可以逐渐降低。14 日龄以后,仔犬培育箱的温度可以降低到 14℃~20℃。30 日龄时,白天培育箱的温度基本可与环境气温一致,夜间仍须保持在 15℃左右。这种培育方法基本是模仿藏獒母犬哺育仔犬的过程,所以开始时应以仔犬的保温为主,预防新生藏獒仔犬发生受凉感冒。特别是仔犬出生的第1~3天中,每次人工哺乳都要动作轻、时间短。仔犬只要吃到少许人工乳即可,因新生仔犬消化道能对食料有一个逐渐适应的过程,不要强求吃太多。只有在确定仔犬对人工食料无不良反应,粪便正常时才逐渐加大饲喂量。

对初生的藏獒仔犬应模仿母犬在哺乳时的动作和行为,每次哺乳前,先行用消毒棉轻轻按摩和揉擦仔犬的肛门和阴茎(阴门),仔犬会本能地排出粪尿、排空肠腔,增强食欲和摄食能力。该工作要一直持续到仔犬睁眼后能自行排便才行停止。操作时应先干后湿,即先用干棉花擦拭,待仔犬粪便排完后,再用清水将仔犬肛门部擦洗干净,以免粪便污渍刺激引起仔犬肛门或阴茎(门)红肿和发生炎症。

对藏獒新生仔犬实施人工哺乳是一项非常精细的工作,应竭力实现哺乳"四定"原则,即定时、定量、定质、定温,对新生仔犬分阶段采取不同的间隔时间哺乳,并确定适宜的哺乳量。表8-2是甘肃农业大学崔泰保教授实施的藏獒幼犬哺乳方案,供参考。

**表 8-2　藏獒仔犬哺乳方案**

| 仔犬日龄<br>(天) | 日哺乳次数<br>(次)和方法 | 日哺乳量<br>(毫升/只) | 奶　温<br>(℃) | 备　注 |
|---|---|---|---|---|
| 3~5 | 12(用奶瓶) | 100 | 25 | 昼夜哺乳 |
| 6~8 | 10(用奶瓶) | 150 | 23 | 夜间减少2次 |
| 9~11 | 8(用奶瓶) | 180 | 23 | |
| 12~14 | 8(用奶瓶) | 200 | 23 | |
| 15~17 | 7(用奶瓶) | 250 | 23 | |
| 18~20 | 6(放盘中舔食) | 250 | 23 | 加入固体物 |
| 21~24 | 6(放盘中舔食) | 300 | 20 | 加入固体物 |

**续表 8-2**

| 仔犬日龄<br>（天） | 日哺乳次数<br>（次）和方法 | 日哺乳量<br>（毫升/只） | 奶 温<br>（℃） | 备 注 |
|---|---|---|---|---|
| 25～27 | 6（放盘中舔食） | 350 | 20 | 白天 4 次,夜间 2 次 |
| 28～29 | 6（放盘中舔食） | 350 | 20 | 白天 4 次,夜间 2 次 |
| 30～45 | 5（放盘中舔食） | 400 | 20 | 白天 4 次,夜间 1 次 |

对采用人工哺乳的藏獒仔犬,特别强调科学配制人工乳。以下为适用于哺乳仔犬的代乳品营养配比和饲喂量,供参考。

1 茶匙（6 克）营养含量:粗蛋白质 1.0%,粗脂肪 34.5%,粗纤维 3.7%,水分 14%,钙 0.16～0.20 毫克,磷 0.03 毫克,铁 0.53 毫克,镁 0.24 毫克,锰 1 毫克,钾 0.16 毫克,维生素 A 1045 单位,维生素 $D_3$ 60 单位,维生素 E 6 单位,维生素 $B_1$ 2 毫克,维生素 $B_2$ 0.2 毫克,维生素 $B_6$ 1 毫克,维生素 $B_{12}$ 2 毫克,叶酸 0.2 毫克,烟酸 2 毫克,泛酸 2 毫克。

成分:大米、黄豆油、麦芽糖浆、鱼肝油、甘蔗糖浆、甲基化纤维素、水、蛋白胨、苯甲酸钠、硫酸锰、含铁蛋白胨、维生素 $B_1$、维生素 $B_2$、维生素 $B_6$、维生素 $B_{12}$、维生素 A、碘化钾、核黄素-5′-磷酸钠、棕榈酸维生素 A、维生素 $D_3$、叶酸。舍内饲养每犬每千克体重每天 8 克。

采用保姆犬哺育新生仔犬大多数情况是同窝仔犬数量太多,超过了亲生母犬的哺乳能力,迫不得已只好为少量仔犬寻找保姆犬,实行仔犬过哺。由于藏獒母犬主要是根据气味和声音辨认幼犬,因此在采取保姆犬哺乳新生仔犬时,必须采取一定的措施,消除保姆犬的怀疑,防止发生意外。通常保姆犬都是正在哺乳的母犬,可先将保姆犬牵走,把需要过哺的仔犬放入保姆犬窝内,并用窝内的尿液、垫草或原窝内幼犬的唾液、尿液等擦拭需"过哺"的仔犬,使该仔犬身上附有"奶妈"或原窝仔犬的气味,这样保姆犬就会把"过哺"的仔犬当成自己的仔犬而给以哺育。此项工作一定要细致、耐心,刚开始时,饲养人员一定要守在保姆犬身边,安抚保姆犬,在过哺仔犬安全吃奶并与原窝仔犬混窝一段时间后,才可离开。

### (五)适时断奶

新生藏獒幼犬45日龄左右,即应断奶。此时幼犬已完全能够自己摄食,具有一定的抗病能力(经过了2次免疫),也能够进行正常的体温调节并保持体温恒定,能自行摄食,发育正常,保持健康。及时给幼犬断奶就能使幼犬早日适应人工食料,开始独立正常的生长。特别是幼犬45日龄后,如不及时断奶,幼犬会贪恋母乳,不能很好地摄食人工食料,生长受到严重阻碍,对母犬体况恢复也十分不利。事实上,此时母犬根本无力负担藏獒幼犬强烈生长的营养需要,身体每况愈下,反而会影响下一个繁殖期的生产能力。生产中也经常见到不及时断奶的一窝幼犬,贪婪地在圈舍内追逐母犬,母犬几乎无处可避,加之幼犬的牙齿已长齐,十分尖锐,叼住母犬乳头不放,会严重伤害母犬乳头,极易造成母犬的乳房炎症或感染,将来势必影响母犬对下一窝新生犬的哺育。幼犬断奶有3种方法,即自然断奶、一次性断奶和逐渐断奶。

**1. 自然断奶** 即随着母犬泌乳量的减少和幼犬对母乳依赖性的下降,在母犬干乳后幼犬自然断奶。单从幼犬培育的角度,这种方法符合藏獒母犬哺育幼犬的自然规律,也有利于幼犬得到母犬的示教和幼犬性格的发育、性格的养成与培育。对个别准备留场培育的后备断奶犬该法宜采用,在幼犬开始能自行摄食时,应及时科学配制食料,加强对幼犬的补饲和培育。生产中可以观察到,藏獒母犬对幼犬的哺乳过程有躺倒哺乳和站立哺乳两种姿势,前者只见于新生仔犬阶段,此时刚出生的藏獒幼犬十分纤弱,母犬会极尽舒展乳头,便于仔犬得到充足的奶位吮乳;后者多见于哺乳后期,此时随着幼犬日龄增加,母犬每天的哺乳次数会显著减少,母犬回到犬窝内哺乳的机会显著减少,多数情况下母犬是在窝外以站立姿势哺乳。此时饥饿和强烈的食欲迫使幼犬追逐到窝外,亦站立起来,仰头叼住母犬的乳头并吮乳。母犬的这种哺乳姿势利于幼犬学会在哺乳期结束后如何仰头从母犬嘴中获取母亲反哺出的易消化食物或已初步消化的食物。因此,在该时间阶段,除应及时给幼犬配制营养丰富的食料训练幼犬摄食外,母犬的食料也要科学配合,以便于母犬反吐和幼犬摄食。

自然断奶的方法也有利于母犬发挥母性,调教幼犬学会在离开母犬的庇护后具有独立的搏击和躲避能力,具有搏击的勇气。生产中可以见到,藏獒母犬对发育到 2～3 月龄的幼犬会任其相互间嬉戏、厮咬的同时还时常有意去叼咬小犬的脖颈、下腹、尾帚或下肢,而在幼犬被惹恼并攻击母犬时又灵活地躲避,这样反复嬉戏的过程中,使幼犬得到了调教、学习和锻炼,逐渐学会了在以后的生活中如何去搏击和厮咬,也增长了攻击的信心和勇气。

**2. 一次性断奶** 即按照幼犬日龄达到 45 日,果断地将母犬牵走,将母犬与其幼犬分开。这样做,具有断奶时间短,幼犬能及早开始独立地生活或生长的优点。及早切断幼犬对母乳的依恋,就能及早充分调动幼犬消化、防疫、运动等各器官的功能,保证幼犬的良好发育、健康成长。但一次性断奶过于决断,母犬与幼犬突然分开后,母仔间依恋,情绪不安,往往饮食废绝,彻夜吠叫,影响犬只健康。

**3. 逐渐断奶** 一方面加强对幼犬的饲养管理,充分补饲,使之减少对母乳的依赖。此时日饲喂次数可达到 4～5 次,食料营养完善、适口适温,幼犬喜食,自然可以不过于依赖母乳;另一方面应当不时地将母犬牵过,任其在场院内游耍,疏散筋骨。母犬经历了 2 个多月的妊娠以及分娩、哺乳等,难得有机会散游。所以,母犬十分欢畅亦不会再过于看护幼犬。这样经历 4～5 天,母子之间的依赖会逐渐减少,利于最终断奶。这种方法还有进一步的意义,通常幼犬断奶多在春天 2～3 月份,此时春寒料峭,幼犬如果离开母犬的护理,突然断奶,极易外感风寒,内伤饮食,发生疾患。为此若采用分步断奶的形式,让母犬与幼犬有机会相见,或者说幼犬还能吃到少量的母乳,不仅会避免幼犬出现精神沉郁、食欲废退的现象,保持基本的体况和健康,母乳中一定量的抗体更利于提高幼犬的抗病防病能力。尽管母乳中的抗体含量此时已极低,但对幼犬仍有重要的作用和意义。实践中也随时可以看到藏獒母犬对体质纤弱、发育不良的幼犬,总能格外照顾,使之吮吸到较多母乳,使其得到较好发育。了解了藏獒母犬的这一特殊本能行为,饲养人员也可以把同一窝中发育最强壮的幼犬隔出,饲以营养全面、易消化的食料,保持断奶幼犬的正常发育,然后逐渐将中等的、较差的幼犬继续由母犬哺乳,待达到一定体重、体况后再行断奶。随着哺乳幼犬的逐渐减少,母犬的乳汁分泌量也逐渐下降,这样会避免乳房中有剩乳而引起母犬不适或出现乳房炎症。显然最后断奶的幼犬,由于吃到了较多的母乳,将会有充分的发育,使全窝幼犬断奶个体重达到较高的水平,保证幼犬的断奶成活率。

## 第二节　藏獒断奶幼犬的饲养管理

断奶幼犬是指幼犬断奶至 7 月龄左右时期的藏獒幼犬,是藏獒生长发育的重要时期。良好的饲养管理条件可促进幼犬的生长发育,使其增重快、成活率高并有良好的体质。

### 一、断奶幼犬的营养需要

幼犬断奶后完全开始依靠人工食料或自己捕食来满足营养需要,因此人工饲养藏獒幼犬必须高度重视保证幼犬的营养要求,满足其生长发育。以下给出断奶藏獒幼犬的营养需要水平,供参考。

### (一)能量需要

藏獒幼犬在各生长发育阶段对能量有不同的需求水平。据试验测定,5月龄以下的幼犬,每千克体重每日需要消化能600千焦;5~8月龄每千克体重需要消化能530千焦;8月龄至成年每千克体重需要消化能440千焦。

### (二)蛋白质需要

藏獒在生长阶段对蛋白质的最低需要量,实际就是藏獒体内蛋白质的储积量。对处于生长发育阶段的藏獒幼犬而言,饲料蛋白质的质量和水平对保证幼犬的良好发育是至关重要的。藏獒幼犬对饲料蛋白质的需要包括两部分,一部分是维持需要,另一部分是生长发育的需要。生长中的藏獒幼犬每日对蛋白质的需要量每千克体重约为9.6克。

### (三)矿物质需要

藏獒幼犬每日对矿物质的需要量为:钙484毫克、磷396毫克、钾264毫克、氯化钠484毫克、镁17.6毫克、硒4.48毫克、铁2.64毫克、铜0.32毫克、锰0.22毫克、锌2.2毫克、碘0.068毫克。

### (四)维生素需要

藏獒幼犬对各种维生素的需要量为:维生素A 220单位、维生素D 22单位、维生素E 2.2单位、硫胺素44微克、核黄素96微克、泛酸400微克、烟酸500微克、维生素$B_6$ 44微克、叶酸8.0微克、生物素4.4微克、维生素$B_{12}$ 1.0微克、胆碱52毫克。

# 二、断奶幼犬的饲养

仔犬于 45 日龄断奶后,开始独立生活。饲养人员必须精心喂养和照料,并按阶段施行相应的饲养方式,采用不同的饲粮配方。

## (一)按阶段调整饲养方式及配方

刚断奶的仔犬虽已有采食能力,但为适应此时胃肠的消化能力,应将食料加工成流质状态;随年龄增大,逐渐增加流质食料的浓度,最后接近常规。

2~3 月龄仔犬食料中添加脂肪含量较多的饲料,如内脏、油渣及豆饼等,还应补加适量的维生素和钙、磷,如骨粉、鱼粉、鱼肝油等。

4~6 月龄的仔犬食欲旺盛,食量增大,应定时定量饲喂,日喂 3 次,每次喂到八九成饱即可。此间的饲粮应以植物性饲料为主,适当添加动物性饲料。

## (二)搞好饲料与饮水卫生

仔犬的饲料必须新鲜,现配现喂,严禁饲喂发霉变质的饲料。开始喂仔犬的饲料不宜过硬,切忌过早给仔犬喂谷粒、骨头等坚硬的饲料。要供给充足的清洁饮水,特别是夏季要注意水质,不能让仔犬喝污水、剩水。

# 三、断奶幼犬的管理

对藏獒幼犬的日常管理,在幼犬出生时即以开始,诸如对新生仔犬的护理(擦洗、断脐、固定乳头),保温防冻、补乳补饲、适时预防接种等。但为了培育体质强健、发育充分的藏獒,更应十分重视对断奶幼犬的日常管理。

### (一)分群饲养

幼犬生长到一定阶段后,犬舍变得拥挤,必须分群饲养。可按性别、体格大小、采食情况、体质强弱或颜色类型进行搭配,并根据犬舍面积决定犬群的大小。

### (二)犬体清洁卫生

经常擦拭幼犬身体,以保持犬体清洁。擦拭也有利于促进幼犬皮肤血液循环,利于促进幼犬消化器官的活动和身心健康。选择风和日丽的时间,准备一盆消毒温水(最好是 3% 来苏儿或 1% 高锰酸钾溶液),先将圈舍地面泼洒 1 遍,使圈舍内的气味统一,然后将一毛巾在消毒液(水温 25℃左右)中浸泡后,逐只擦拭幼犬,擦拭按照由前向后、由上向下、先顺毛后逆毛的次序进行。擦拭后,即可用干毛巾将幼犬体擦干,放回圈舍。清洗毛巾,再擦拭下一只。操作中动作要轻,可由 2 人配合进行。

### (三)犬舍及食具卫生

应于每日早、晚各清扫犬舍 1 次,其他时间应随时清除粪便,并定期进行冲洗与消毒。要保持舍内干燥、通风,经常更换被幼犬弄脏弄湿的垫草。应训练幼犬在指定地点排粪尿的良好习惯。要经常清洗消毒食盆及饮水器具。

在春季,产圈产窝容易潮湿,对幼犬的健康和安全极为不利。除每日清扫、定期消毒外,还应经常更换产窝内的褥草,可先将幼犬移出,将窝内潮湿的褥草彻底清除掉,将产窝晒干,后铺以新褥草。其一,新褥草要经药物消毒晒干后使用;其二,对已清除湿草和粪便的产窝,要经日光晒干。有条件时,最好先用清水冲去粪便污渍,并进行消毒,干燥后再铺新褥草。在早春时节,由于犬细小病毒、犬瘟热病毒等传染病流行,为了幼犬的健康,在每次清除产窝内污秽的褥草后,可将产窝用火焰喷灯灼烧 1 次,能有效地清除各种病原微生物。

### (四)运动与日光浴

生长发育强烈是幼犬重要的生物学特点,因此除满足幼犬迅速生长的营养需要外,还应注意幼犬快速生长时对钙、磷等矿物质的营养需要。一项有意义的措施是让幼犬充分日光浴,有利于幼犬体内钙的吸收和维生素 $D_3$ 的合成,利于骨骼发育。为此,在天气暖和、日光充足的时间,将藏獒产窝的盖顶或窝门打开,让幼犬多晒太阳,每天可持续 2～3 小时。犬窝经日光照晒,也有利于消毒灭菌,保持干燥,利于保暖与卫生,保证幼犬生活环境的清洁与安全。同时,在日光浴时,让幼犬进行适当运动。

### (五)驱　虫

幼犬在吮乳、嗅闻、舔食、咀嚼各种物品时,会食入大量的寄生虫卵,特别是蛔虫和绦虫卵,一旦食入,幼犬就会受到寄生虫感染,如不及时驱虫,会严重影响幼犬的生长发育。幼犬表现出食欲差、精神不振、被毛粗乱、稀便等症状,不及时驱虫幼犬很有可能因营养不良或体质纤弱,发生继发感染而死亡。为了慎重,在藏獒幼犬粪便中发现虫卵、虫体或虫片时,应及时按寄生虫种类进行对症投药驱虫。

幼犬的驱虫应在早晨空腹进行,按剂量投药后,一般应在 2 小时内禁食。驱虫后犬只粪便应及时清除,可用烧碱处理、烧埋或堆积发酵,以杀灭虫卵。从第一次驱虫后,可每隔 1 个月再进行 1 次驱虫,至幼犬 6 月龄后可每隔 6 个月驱虫 1 次。

### (六)预防接种

幼犬 2 月龄以后,从母乳中所获得的抗体已逐渐消耗殆尽,而幼犬自身的免疫抗病能力尚未完全发育起来。因此,2月龄期间的幼犬非常容易感染各种疫病。特别是春季呈全国流行的犬细小病毒性肠炎、犬瘟热、犬副流感等多种烈性传染病都对幼犬有致命的侵害。因此,结合各地气候、环境和疫病发生流行的特点,及时为幼犬进行免疫接种十分重要。国内目前使用的预防接种疫苗有"抗犬病毒"三联、五联、六联、七联疫苗,种类较多。主要预防犬瘟热、犬细小病毒性肠炎、犬副流感、犬副伤寒、犬传染性肝炎、狂犬病等多种能侵染犬体的烈性传染病。据报道,目前国内疫苗的有效预防率最高仅46%。说明即使按程序严格预防接种,也并不能完全有把握认定犬群中不会再发生传染病,特别是对2月龄的幼犬而言,在严格预防接种、采取综合措施消毒,防病、治病的同时,加强饲养管理,增强犬只健康和体质仍然是提高幼犬成活率的重要措施。

# 第九章　藏獒育成犬的饲养管理

习惯上将断奶至性成熟前的藏獒幼犬称为育成犬。就藏獒而言，由于发育较慢、性成熟较迟，所以育成犬是指 45 日龄（断奶）至 10 月龄的藏獒。藏獒育成犬阶段经历了 8 个月左右的生长期，无论是体型外貌还是气质秉性都经历了发育、发展的过程。因此，抓好藏獒育成犬的饲养管理和培育，对成功地塑造和产生具有理想的形态结构、体型外貌、气质品位、体现优良藏獒熊风虎威的形态与气质秉性极为重要。

## 第一节　藏獒育成犬的生物学特点

经过哺乳期的生长发育，幼犬的各种组织器官适应新生外界环境的调整过程已经完成，不仅能依靠自身的各种组织与器官进行呼吸、消化、循环等各种生理活动，还能自行维持体温的恒定，更能自行完成寻觅、嗅闻、嬉戏和自卫等行为过程。此时，育成犬作为一个相对独立的生命体，依据所继承的遗传模式生长发育，各种组织器官在结构和功能上逐渐完善，开始体现藏獒的体型外貌和种质性能，反映出藏獒的生物学特征。研究和了解藏獒在育成犬阶段组织器官与性能发生发展的特点与规律，创造适宜的条件，作用于藏獒育成犬的生长发育过程，发挥人的主观能动性，对塑造理想的藏獒类型和个体有积极的意义。

### 一、藏獒育成犬生长发育的特点与规律

通过对藏獒初生、断奶、3 月龄、6 月龄、12 月龄和 24 月龄公、

母犬体高、体长、胸围、管围及体重的定期测定与分析（表 9-1）说明，作为世界大型犬的原始祖先，藏獒在育成犬阶段，有较高的生长速度，母犬平均日增重的高峰期发生在断奶至 6 月龄阶段。其中尤以 3～6 月龄最为突出。公、母犬 3～6 月龄时的日增重分别可以达到 220.66 克/天和 193.66 克/天。分析这一特点，在该阶段，犬只消化生理的发育趋于成熟，为摄取食物和保证犬体自身的营养代谢奠定了基础，犬体骨骼和肌肉的快速发育具备了物质基础。藏獒育成犬活动量大、消耗高，采食能力十分旺盛，以强盛的消化、吸收功能为基础，育成犬自然表现出良好的快速发育态势。至 1 岁时，公、母犬体重分别达到 48.80 千克和 44.65 千克。

**表 9-1　藏獒初生至 24 月龄体重和体尺累计生长结果**

| 年　龄 | 数　量 | | 体重（千克） | | 体高（厘米） | | 体长（厘米） | | 胸围（厘米） | | 管围（厘米） | |
|---|---|---|---|---|---|---|---|---|---|---|---|---|
| | 公 | 母 | 公 | 母 | 公 | 母 | 公 | 母 | 公 | 母 | 公 | 母 |
| 初　生 | 37 | 37 | 0.66 | 0.66 | 12.4 | 12.3 | 18.3 | 18.3 | 19.8 | 19.4 | 7.4 | 7.0 |
| 断　奶 | 35 | 35 | 4.24 | 4.05 | 29.9 | 29.0 | 34.1 | 33.9 | 38.6 | 38.4 | 10.1 | 10.0 |
| 3 月龄 | 30 | 30 | 16.04 | 14.37 | 40.7 | 40.8 | 48.2 | 48.1 | 54.3 | 54.1 | 12.0 | 11.1 |
| 6 月龄 | 28 | 28 | 35.9 | 31.8 | 56.7 | 56.1 | 65.8 | 61.8 | 69.8 | 66.1 | 12.4 | 12.1 |
| 12 月龄 | 25 | 25 | 48.8 | 44.6 | 66.5 | 54.4 | 69.5 | 65.6 | 80.6 | 79.9 | 13.4 | 12.9 |
| 18 月龄 | 20 | 20 | 50.0 | 52.1 | 71.5 | 65.1 | 72.7 | 69.3 | 82.5 | 81.4 | 14.0 | 13.9 |
| 24 月龄 | 10 | 15 | 71.2 | 59.7 | 73.2 | 62.2 | 74.7 | 72.1 | 86.5 | 83.4 | 15.5 | 14.1 |

表 9-1 说明，藏獒公犬体重在 3 月龄时（16.04 千克）已极显著地大于母犬（14.37 千克）（P＜0.01），体高在 12 月龄（公犬 66.5 厘米，母犬 54.4 厘米）已有极显著差异性（P＜0.01），胸围则只在 6 月龄时（公犬 69.8 厘米，母犬 66.1 厘米）有显著差异（P＜0.05）。

藏獒初生至 24 月龄体重和体尺绝对生长结果见表 9-2。

**表 9-2　藏獒初生至 24 月龄体重和体尺绝对生长结果**

| 生长阶段 | 性　别 | 体　重（克） | 体　长（厘米） | 体　高（厘米） | 胸　围（厘米） |
|---|---|---|---|---|---|
| 初生至断奶 | 公 | 79.55 | 0.352 | 0.388 | 0.419 |
| | 母 | 76.01 | 0.347 | 0.370 | 0.422 |
| 断奶至 3 月龄 | 公 | 196.66 | 0.315 | 0.239 | 0.384 |
| | 母 | 172.89 | 0.315 | 0.236 | 0.349 |
| 3～6 月龄 | 公 | 220.66 | 0.196 | 0.189 | 0.173 |
| | 母 | 193.66 | 0.153 | 0.170 | 0.133 |
| 6～12 月龄 | 公 | 71.66 | 0.020 | 0.049 | 0.060 |
| | 母 | 71.38 | 0.019 | 0.018 | 0.076 |
| 12～18 月龄 | 公 | 79.16 | 0.018 | 0.027 | 0.011 |
| | 母 | 42.20 | 0.017 | 0.010 | 0.008 |
| 18～24 月龄 | 公 | 45.06 | 0.010 | 0.009 | 0.022 |
| | 母 | 41.00 | 0.009 | 0.006 | 0.012 |

　　从表 9-2 可见,体重的绝对生长(生长速度)在 6 月龄前是持续增长的,6 月龄以后随着日龄的增加,生长速度反而逐渐减少。因此,从培育的角度,应高度重视幼犬在 6 月龄之前的饲养管理,同时此阶段也是其饲料转化率(每千克饲料所能产生的生长量)最高的时期。进而言之,在 6 月龄期间,藏獒育成犬生长发育几乎不受性别因素的影响。不同性别的藏獒体重只是在 3 月龄之后表现出生长发育的差别,但公、母犬各自平均日增重的高峰期发生在断奶至 6 月龄阶段,尤以 3～6 月龄阶段最为突出。可以认为培育优良藏獒最重要的阶段是 3～6 月龄期间,忽视 3～6 月龄阶段的培育,虽然育成犬仍处于生长发育的进程之中,但欲实现预期的培育

目标,人为塑造高大雄壮、威猛强悍的藏獒理想个体已失之交臂了。

表 9-3 列出藏獒骨量生长发育的统计资料。

**表 9-3　藏獒管围指数　（%）**

| 性　别 | 初　生 | 断　奶 | 3 月龄 | 6 月龄 | 12 月龄 | 18 月龄 | 24 月龄 |
|--------|--------|--------|--------|--------|---------|---------|---------|
| 公 | 59.84 | 33.76 | 29.54 | 21.51 | 21.13 | 21.05 | 21.84 |
| 母 | 57.19 | 34.63 | 28.86 | 21.59 | 21.31 | 21.61 | 21.73 |

管围指数是指管围与体高的比值。从表 9-3 可见,藏獒初生犬(新生犬)管围指数最高,公、母犬分别达到 59.84% 和 57.19%,以后随着幼犬的不断发育,各月龄管围指数均逐渐减少,最终稳定在 21% 左右。说明藏獒在初生前骨量的发育较快,亦较充分,但出生后,管状骨长度的生长加快,以体高为特征的藏獒犬的体型表现呈长方形的特征,相应管围与体高的比值下降。因此,启发我们在藏獒出生以后,主要是 3～6 月龄期间体高的生长速度是逐渐下降的;6 月龄到 12 月龄,乃至到成年,即 24 月龄,藏獒的管围指数始终保持在 21% 左右,没有大的变化,因此培育体型高大藏獒最重要的时期,应当是在犬只 6 月龄之前,即藏獒的育成阶段,因此应给予幼犬科学充分的饲养,抓紧藏獒在体高增长正在逐渐下降中有限的生长潜力,使犬只尽可能达到一定的犬体高度。否则,在 6 月龄之后,藏獒高度的增长潜力越来越小,很难再有可能实现预期的培育目标。

表 9-4 表示以成年犬(24 月龄)的体重、体高、体长、胸围为 100%,与藏獒犬初生、断奶、3 月龄、6 月龄、12 月龄的相应体重及体尺相比较,结果表明,各阶段或月龄藏獒犬体重、体高占成年的百分数,母犬始终高于公犬。6 月龄时,母犬体高已达到成年的 90.19%,而公犬仅 77.41%,但公犬在 6 月龄时,体长、胸围和管

围有较强烈的生长过程,该3项体尺发育的结果,使公犬在该3项的表现超过了母犬,因此可以认为藏獒母犬的生长发育要先于公犬,母犬较公犬发育快,成熟早,能较快、较早地达到成年藏獒犬所应具备的体重和体高;而公犬由于成熟晚,发育慢,因此在6月龄以后藏獒公犬才表现出了较大的生长势,使与体型密切联系的体长、胸围和管围的生长超过了母犬,公犬也相应表现出体型高大、胸廓宽深、肢体粗壮的雄性形态特征。

表 9-4　藏獒初生至 18 月龄体重和体尺占成年百分数　（％）

| 年　龄 | 数　量 | | 体　重 | | 体　高 | | 体　长 | | 胸　围 | | 管　围 | |
| --- | --- | --- | --- | --- | --- | --- | --- | --- | --- | --- | --- | --- |
| | 公 | 母 | 公 | 母 | 公 | 母 | 公 | 母 | 公 | 母 | 公 | 母 |
| 初　生 | 37 | 37 | 0.92 | 1.05 | 16.93 | 19.79 | 24.50 | 25.29 | 22.84 | 23.28 | 47.84 | 49.92 |
| 断　奶 | 35 | 35 | 5.95 | 6.78 | 40.79 | 46.56 | 45.62 | 46.79 | 44.63 | 46.07 | 64.99 | 71.13 |
| 3 月龄 | 30 | 30 | 22.54 | 24.05 | 55.53 | 65.56 | 64.58 | 66.64 | 62.73 | 69.91 | 77.43 | 78.72 |
| 6 月龄 | 28 | 28 | 50.45 | 53.23 | 77.41 | 90.19 | 88.15 | 85.75 | 80.71 | 79.29 | 79.94 | 78.07 |
| 12 月龄 | 25 | 25 | 68.58 | 74.74 | 90.87 | 95.41 | 93.06 | 91.02 | 94.12 | 95.74 | 86.52 | 89.21 |
| 18 月龄 | 20 | 20 | 88.61 | 87.64 | 97.60 | 98.23 | 97.33 | 96.04 | 95.37 | 97.00 | 90.45 | 98.86 |

　　根据藏獒生长发育特点和规律,藏獒育成犬最重要的生长发育阶段在 3～6 月龄。此阶段的日增长量可以达到最高值,体高的生长发育也处于十分关键的时期,忽略了 3～6 月龄对藏獒育种犬的科学饲养和培育,就很难有希望培育出体型高大雄壮和熊风虎威形态的藏獒。研究也说明,藏獒公犬的发育慢于母犬,或者说,藏獒公犬有较长的发育过程和生长期,因此为培育优良藏獒提供了比母犬相对较长的时间过程或技术措施作用的过程。对藏獒公犬而言,6 月龄之后还有将近一年半继续生长发育的时间,人们绝不应放弃这一阶段对藏獒公犬持续进行培育的努力。特别是有较好遗传基础的藏獒公犬,相应也就有较长时间进行持续培育的机会。研究说明,藏獒头型、嘴型等最能体现藏獒品种特征的性状,

又恰恰是在 1～2 岁期间发育表现的,所以不应仅仅以藏獒体高等性状发育特点为依据而放弃对犬只的培育。进而言之,藏獒典型的品种特征除体型高大外,亦更体现在头型与嘴型的良好表现上。美国藏獒选育协会也认为,不应过度追求藏獒体型高大,还应注意藏獒在毛色、头型、嘴型方面的突出表现。因此,美国藏獒选育协会也仅仅将藏獒公犬的体高标准定于 66 厘米。结合藏獒的类型特点和工作方向,在兼顾体高培育的同时,还应加强对其头型、嘴型的培育和要求,人为地塑造符合人类要求的藏獒优良犬只。

## 二、藏獒育成犬气质秉性的发育与训练

藏獒是以其无与伦比的气质品位而驰名世界的,被认为是目前唯一不惧怕暴力的犬品种,具有勇往直前、毫无畏惧的品质和性格。在选育标准中也阐明,作为优良的藏獒除体型高大威猛的形态特征外,不惧暴力、勇往直前,对陌生人有强烈的敌意,对主人又百般温驯也是必须具备的性能特征。藏獒的这种气质与秉性,是在该犬的育成犬阶段形成的。因此,加强对藏獒育成犬气质秉性的培养和训练在体现藏獒理想型个体的培育中占有极其重要的地位。

藏獒在 45 日龄以后,已与母犬隔开,此时的藏獒完全依靠自身的探究认识周围的世界。其或者在相互的嬉戏、争斗与斯咬格斗中体验和了解了自身的力量和勇气,或者育成犬在与周围人员、兽类乃至牛、羊牲畜的接触中感受到了自身的胆小和怯弱。总之,在育成犬阶段,藏獒的性格、气质和秉性伴随着生理形态的发育而同步发育。有时健康发育的藏獒育成犬精力充沛,活泼好动,奔腾跳跃,神勇无限,但有时藏獒育成犬体况不良,疫病缠身,肢体乏困,精神萎靡,胆小畏缩,十分纤弱,十分盼望有大犬或主人相依靠。无论藏獒育成犬勇敢还是懦弱,都是在其自身认识周围环境中,所形成的自我保护的正常表现。藏獒幼犬总是在不断地探究

中认识世界、认识自身,从而学会了在不同的环境中所应有的行为表现。这样叙述,似乎是有了过多的"人为化"的内容,而事实上不仅是藏獒,各种动物都有这种行为本能。只是野生动物是从幼年期开始,始终在其父母的保护与带领下,积累、学习到各种应付不测环境的经验与本领,也增长了自身的勇气。相反,作为人类已驯养驯化的各种家畜与家禽,自出生时起,就在人类所提供的良好培育条件和严密保护下生长,已完全失去了在野生环境中独立生存的能力。由于人类的强力驯育,使各种家畜也只保留了秉性中温驯的性格特征。藏獒在性格秉性的形成和发展中不同于野生动物,也不同于人类已驯化的其他各种家畜。藏獒至今野性尚存。一方面进入育成犬阶段后,藏獒幼犬要通过自身的探索而了解周围的一切,并学会应付的本领。特别是,有时这种环境可能十分险恶,且没有外来的保护,只能根据自身的经验与力量独立面对,因此养成了藏獒性格中勇敢、坚定、绝不退缩的勇气和胆略。藏獒作为世界上唯一不惧怕暴力的犬品种有其秉性形成的特殊性。另一方面,藏獒自离开母犬后,在藏族牧民的精心培育下生长发育,牧民性格中不屈不挠、顽强、淳朴、憨厚的秉性和气质使藏獒发育成对主人无限忠诚,温驯与勤奋的守卫犬品种。因此,对藏獒育成犬的培育应十分注意育成犬在性格发育中的这种"两面性"。对断奶后离开母犬的藏獒幼犬,主人应十分注意亲近和看护,充分利用藏獒幼犬此时感到"孤独"和精神沉郁的状况,多加安抚使之视主人为父母,产生依靠、追随主人的本能行为,从而奠定终身相依、生死与共的基础。此时,也正是藏獒幼犬自发学习探究的关键时期,在幼犬天性好奇、好动的性格驱动下,对周围的一切都在观察、学习和探究,只要不发生意外或不产生严重的破坏,应尽可能不要随意呵斥甚至惩罚,否则极易使藏獒幼犬产生错误的记忆,或对主人产生戒备而失去信任,将来也不会对主人无限亲昵与忠诚。在藏獒原产地可以看到牧民总是让藏獒幼犬在毡房周围自行玩耍,在此过程中藏獒幼犬自由出入毡房,随处卧地休息,与孩子们嬉戏玩耍,这些其实都很有意义。藏獒幼犬正是在这一无形的过程中熟悉了主人家每个成员的气味、声音乃至脚步的轻重,知道自家草原的边界、牛羊的特征,藏獒幼犬会自发或本能地将这一切认作是"家"的范围,嗅到这里的气味、听到这里的声音、看到这里熟悉的物品,藏獒幼犬十分安心,没有恐惧,没有怀疑,但如果有新的气味、声音乃至脚步踏入到藏獒幼犬"家"的范围,它立即会自然地、本能地警惕、怀疑乃至守卫。

为了有效控制藏獒性格的发展,对育成犬适当加以训练也是十分有必要的。藏獒幼犬在断奶后,已开始强烈的学习和探究,至4~5月龄,藏獒幼犬已对主人家内外、周围的一切都十分熟悉了,甚至可以从主人眼神和气息中知道主人的喜怒哀乐,此时一些品质优良的藏獒育成犬完全依据自己的判断,根据主人的情绪而产生一些过激的行为。例如,当藏獒幼犬感到主人生气时,它也会生气,对周围的物品或过往行人发脾气,无缘无故地撕咬物品,甚至攻击追逐牛、羊,不服管教。此时主人则可以通过适当的呵斥、一定分量的口气、口令或手势进行必要的阻止与示教,使藏獒的性格发展得到应有的控制。所以,培养一条品质优良的藏獒,绝对不仅仅是饲养的问题。饲养是基础,还必须结合开展必要的训练。

由于目的要求简单,藏族牧民只对育成犬采取一定的训练。例如,对那些比较"撒野"、四处乱跑的幼犬,要及时进行一定的拴系、牵系,使小藏獒建立一定的"控制"意识和"服从"意识,记住活动范围是有限的,一切都应在主人容许的活动范围之内。拴系其实就是一种"控制"形式,它限制了藏獒的自由活动,因此亦含有惩罚的含义,所以拴系中的藏獒育成犬往往精神不振、无精打采,颇似犯了错误的孩童被老师罚站。而一旦解除拴系,藏獒育成犬又马上精神抖擞,自由奔跑,无限欢畅,憨态可爱。

在藏獒原产地以外的区域饲养藏獒也应十分注意调教,控制或培养幼犬的气质秉性,使其能表现出沉稳、专注、勇敢、温驯的性格特点,最终发展成在体型外貌和气质秉性的表现上二者兼备的优良犬只。

对藏獒育成犬最合适的训练时间是4~6月龄。过早,幼犬尚未发育形成较稳定的性格秉性,或者胆小懦弱,或者过于活泼好动,神情不专,都难以驯致。过晚,藏獒育成犬已有了自己的胆略或性格,藏獒又是比较固执的犬品种,因此很难进行调教和训练。常见到一些藏獒爱好者平时对藏獒宠爱有加,舍不得拴系,任藏獒幼犬奔欢撒野,待认识到必须拴系时已很难了。藏獒幼犬不懂主人为什么给它戴上了项圈或钢链,限制它的活动,又跳又叫,轻者挣脱项圈或项链、重者链环缠住犬体,对狂怒的藏獒越缠越紧,极易弄伤犬体。这样只需发生1次,今后就很难再对该藏獒拴系了。在牧区,藏族同胞一般是在藏獒幼犬2~3月龄时开始逐步拴系,即早上9时、下午5时左右准备给藏獒喂食时,将幼犬拴系后给食。开始幼犬也不适应,但进食的欲望能减轻拴系对藏獒所引起的不适。连续2~3天后,幼犬对拴系也就适应了。开始拴系时,每次时间不要超过30分钟,以后再逐渐延长,以后则可以根据需要对藏獒育成犬拴系或释放。其实拴系对藏獒有控制性格发展的作用,同时也能使藏獒养成沉稳、凶猛和进攻的秉性和胆略。不经拴系的藏獒育成犬,随意游走、随处而卧,久而久之,养成事事“无所谓”的性格,成为俗称的“懒狗”,即使外貌、色泽俊美,但缺少了藏獒犬特有的气质,品位太低,也不能说是一条好犬。拴系首先能使藏獒对生人产生怀疑、警惕,从而本能地吠咬,性情逐渐凶猛。所以,藏族牧民说“狗要拴了才咬,越拴越凶”,即是这种道理。

拴系并不能使藏獒完全养成服从的习惯和特性。应当从拴系开始,同时对藏獒育成犬进行服从性的培育。首先应与藏獒育成犬建立亲密的关系,诸如主人时常来到藏獒身边、轻轻抚摩、拍拍头、搔痒等,育成犬会感到非常的满足,有与主人相伴的欲望,这时主人可以轻携拴链,充分利用幼犬希望亲近主人的心态,让藏獒育成犬随行。开始由于藏獒育成犬对主人的步伐与行进速度不熟悉,犬会感到不适,欲行挣扎,此时可以缓拉,而采取诱导与轻度强迫相结合的方式,一步步牵行。当藏獒育成犬能跟着主人走几步后,就及时夸赞或给以少许幼犬最喜爱的食物予以奖励,这样很快就能适应牵引,愿跟随主人前行。

在达到对藏獒随意牵行的状态后,即可继续开展呼唤训练。目的是使服从性较差而生性又较固执的藏獒能时刻听从主人的命令,具备一只优良藏獒所应具有的品质性能。训练时,可将引链放长,伴随牵引,呼名或召唤幼犬来到主人身边。开始幼犬来到主人身边的行为可能并非主人呼唤所至,而是幼犬出于对主人的依恋而本能完成,但只要呼唤后幼犬能来到主人身边就及时奖励,不一定非给食品,轻轻抚摩、夸赞两句,藏獒育成犬就会感到"受宠若惊"。持续几次后,将拴链取掉继续重复训练,每次回来就应及时奖励,藏獒育成犬很快就能听从主人的召唤,达到"服从"训练第一步的要求和水平,以后可相继开展有关"回来"、"拒食"等训练。如能从小就这样要求和训练,一条既凶猛勇敢又有很好服从性的藏獒即可培育成功。

一般不要想象或希望藏獒能进行其他科目的复杂训练,藏獒的种质特征决定了该犬属于"非训练犬",藏獒是天生的守卫犬,但欲使藏獒去进行诸如追踪、衔物、乘车训练等活动,往往是失败的。人们训练藏獒必须首先遵从藏獒的生物学习性,因势利导,循循善诱。藏獒在3000多年的品种形成历史中,只擅长于护卫和追扑,欲让其接受其他工作犬的训练是很难的。

## 三、藏獒育成犬性功能的发育

藏獒是晚熟的犬品种。母犬须达到10~12月龄才可以发情配种,小公犬亦然,一般最早都要达到10~11月龄。但这并不能说明在配种之前没有性功能的发动或性行为表现。一般而言，藏獒在3月龄之前，无论是体重、体尺或形态上公、母犬都没有明显的差别，个体的大小主要决定于幼犬在哺乳阶段的发育，有的幼犬在哺乳阶段由于占到较好的乳头或奶位，能吃到充足的母乳，发育就相对较好，个体粗壮敦实，令人喜爱。这种表现，在专业上称为外环境影响，同一窝的幼犬由同一条母犬哺育，个体间的差别不会太大。个体间的差别，主要是后天环境不同所造成的。或与藏獒幼犬断奶后所得到的饲养管理条件、营养条件有直接的关系。公、母藏獒育成犬的差别自3月龄以后才逐渐表现，不仅体重、体尺有了差别，小公犬明显大于小母犬，而且作为性征的表现，公犬在外形上表现出头大额宽、嘴粗肢壮、爪圆大、性格强悍。相应地，小母犬在头面上却显得清爽或灵秀，骨骼较细，顽皮好动，又显得单薄。藏獒育成公、母犬外形的差别与其性功能的发育有直接的关系。因此，在3月龄以后，原则上就应该将藏獒公、母犬分栏饲养，这样可以避免在摄食时育成公犬以强欺弱、霸食，影响育成母犬的摄食和发育，同时有助于限制育成公犬强悍性格的过度发展，对以后的训练造成困难。但在6月龄以后就经常见到混群饲养的藏獒公、母犬间时时出现互相爬跨的行为现象，引起始料未及的厮咬、扑打，造成伤害。说明藏獒在6月龄以后，性器官已在快速发育。与之相应，在性激素的促动下，藏獒开始表现出强悍不屈的性格特点，互不相让又互相欺压，终成真的厮打。为防不测，可以配合拴系，将公、母犬错开拴养，即相邻公、母犬身体可以接触到，却不能相互厮咬，这样不仅可以使藏獒均匀采食，又可以在异性气味的吸引或促动下，促进犬只性器官和性功能的较快发育。在以藏獒选育为宗旨的饲养场，为了缩短世代间隔、加快选育速度，可以考虑在科学培育的基础上，采用上述方法，让发育到相当程度的藏獒公、母犬通过频繁接触，互相嗅闻尿液而促使母犬早发情、早配种。但在藏獒的一般饲养家庭，对处于8月龄以上的藏獒公、母犬就应该设法隔离或控制;否则,极可能发生偷配或早配现象,影响犬只机体的继续发育。生产中也同时观察到,让尚未成熟的藏獒公、母犬自行接触交配,不利于藏獒的秉性发育。特别是公犬,多出现性情暴躁、不专一、性格不稳定、易怒、好斗的行为表现。

# 四、藏獒育成犬的适应性

藏獒育成犬的适应性是指断奶至性成熟(3～10月龄)期间藏獒适应生活环境、保持良好生长发育和抵抗疫病的能力。在断奶期间幼犬要经历在食料变化和离开母犬等应激条件的考验,造成幼犬精神不安、食欲不振、体重增长缓慢,甚至停止增长、体质衰弱、抗病力差等一系列表现。特别是在哺乳期内开食晚、口叼、嘴尖、吃食少的幼犬,表现更加明显。这一阶段对正处于强烈生长发育的藏獒育成犬而言,是比较严峻的阶段,加之时令正值冬末春初,季节变换,气温不定,阴晴风雪,万物滋生,疫病流行,对刚步入独立生活的幼犬,无一不是对生命力的严峻考验。加强对藏獒育成犬适应性的培养与锻炼,对保证幼犬全活全壮和良好发育有重要意义。

## (一)食 料

断奶后的育成犬,由于母乳少了,甚至断奶了,其中不少表现出极端的不适应。强烈生长的营养需求使藏獒幼犬饥饿不堪,不熟悉的食料气味又使藏獒幼犬难以吞咽,表现不安、烦躁,稍有响动就满圈乱跑,脾性暴烈,时常互相厮咬,以强欺弱,体况下降。仅仅几天时间,断奶的藏獒就可能掉去奶膘,表现被毛粗乱,头大、颈细、腿软等。此时可采取的应对措施有两种,其一是要求幼犬在哺乳阶段就尽早开食。一般是在哺乳后期,随着母犬泌乳量的日益减少和幼犬生长量的日益加大,及时给幼犬补饲,代乳料多使用牛奶、鸡蛋、肉汤、蔬菜乃至熟制的瘦肉和面粉(炒)精心配制,在母犬每次哺乳前或幼犬处于最饥饿状态时饲喂。饲喂量也是随幼犬的生长而日益加大,这样不仅减轻了对母乳的过分依赖,使幼犬尽早对补饲的食料能开始适应,熟悉食料的气味、口感。特别是在确定要断奶时间临近之前,就应基本以补饲食料为主。在该过程中,母犬的哺乳时间和次数应逐日对半减少。但可以有针对性地将同窝幼犬中发育较差,尚不能完全断奶的个体挑出,专由母犬哺育,其他幼犬一律喂给专用的人工食料,使这些幼犬一旦开始断奶,不会因依恋母乳而出现拒食或食量大幅度减少,影响幼犬生长的现象。其二,给隔离了幼犬并停止哺乳的母犬适当多饲,食后1小时,再将母犬放回其幼犬所在的圈栏。此时,母子相见,格外亲热,幼犬本能地用嘴在母犬口边乞食,母犬无乳,却也会本能地将胃中半消化的食物反吐出来,喂给幼犬。幼犬对母犬吐出的食物有极度的兴趣,即刻蜂拥抢食,片刻吃净。这样做,最好是有饲养人员在旁守候,见到母犬要反吐时,即刻将备有幼犬食料的食盆接在母犬口边,将反吐的食物全接在食盘内,尽可能满足幼犬的食量。由于食盆中备有为幼犬额外准备的食料,在混合了母犬反吐的食物后,幼犬争食,绝不会顾及盆中食料的气味与母乳有差异,也绝不会再有剩余。如此而行,只需两三次,幼犬就能熟悉专为其配制的食物,也开始正常摄食。当然,一般而言,采取及早补饲的方法较好,使藏獒育成犬有一个对食物适应、调整的过程,不会发生营养缺乏的不良反应。观察藏族群众养犬,也经常会看到尚未断奶的幼犬争抢母犬的食料。这其实与断奶前给幼犬补饲的效果是完全相同的。这第二种措施是在母犬突然无乳(母犬因疫病、产后感染等原因而应激)、幼犬被突然断绝母乳的情况下被迫行之。当然生产中也不可能完全采取这种方法饲喂幼犬,只是为了调整幼犬对母乳或母犬气味的依恋出现拒食时而采取之,但却十分有效,特别是可以即刻终止幼犬营养供给恶化所可能产生的严重后果。

### （二）生活环境的变化

藏獒育成犬对生活环境的变化也十分敏感。其一，藏獒育成犬熟悉自己赖以出生和生长的环境，无论是产窝、草地或栅圈，周围有自身粪便、尿液或母犬的气味，幼犬感到安全，无忧无虑。其二，藏獒育成犬也只熟悉与其一同出生、成长的同胞姊妹。与同窝幼犬一起长大、一起玩耍，熟悉相互的气味、脾性和力量，确定了相互的优势序列，甚至在何处排便、摄食、卧息都已固定、有规律并适应。所以，对育成犬而言，一般不应随意调整圈栏，如果是为了分群，也不能一次就独栏饲养，而应将同窝的育成犬按性别、体况、强弱先分成小群（2～3只），待必须隔开或拴系时再进一步分离为好。对从外地或外场购入的藏獒育成犬，除进行必要的防疫隔离外，在食料、饲喂制度上还应尽量与原场、原产地一致。特别是应该由带犬返回的人员来专门饲喂购回的幼犬，相对比较安全。藏獒一旦离开了它的家乡或产地，会立即辨识新主人，是谁带它离开，沿途由谁在喂饮，带犬人的气味、声音，乃至走路脚步的轻重都会被幼犬记忆，并认定是其"母亲"或"主人"。所以，对于从外地购回的藏獒育成犬，如能由带犬返回人员直接饲喂、看护，就不会对幼犬产生过大的刺激。幼犬引入后必须备有保暖、舒适的犬舍；用消毒液浸泡的毛巾遍擦犬体（但不要洗浴）。为了安全，可按剂量给育成犬填喂抗生素片，或注射青霉素，防患于未然；给饮凉开水，并加入少许食盐；配以部分原产地饲料并少给勤添。凡此种种措施，说明在育成犬阶段，对藏獒幼犬应格外细心，时时观察幼犬的活动、饮食、粪便、卧姿乃至体温是否正常，鼻镜是否湿润，精神是否欢畅。如有不适，马上采取措施。

### （三）疫病侵袭

据报道，国内近年来藏獒育成犬受疫病侵袭的事例几乎比比皆是,令人痛惜。究其原因,单纯因适应性不良导致幼犬死亡的情况极少,而人为因素居多。藏獒的生态适应范围绝非一般犬品种可比,其可在海拔 3 500～5 000 米的青藏雪域高原正常地发情、配种、繁殖,也能在我国东南沿海繁衍生息,能耐受 35℃～40℃ 环境气温变化。因此,单纯以"不适应"而定论藏獒育成犬的死亡是不准确的。其适应性较差只发生在出生后 2～3 月龄阶段。此时藏獒幼犬从母乳中获取的母源性抗体已消耗殆尽,加之断奶和气候转变的影响,使藏獒幼犬体况较差,如果没有得到良好的医护保健和科学饲养管理,遭到病原侵染在所难免。

### (四)提高藏獒育成犬适应性或生活力的措施

首先,从种质上或遗传上应选取年轻强壮的公、母犬交配,所产幼犬品质性能优良、生活力也较强。为此在选种中应有深刻和全面的考虑,所选母犬年龄一般应在 2～5 岁,处于该年龄阶段的藏獒母犬有繁殖经验、母性强、泌乳力好,能使幼犬在哺乳期得到良好发育,奠定了断奶后独立生活的坚实基础。对公犬一般要求年龄在 2～6 岁,身体发育充分,筋骨强健,性欲旺盛,精液品质好,精子活力强,其后代表现一般都发育格外健壮,更能抵抗不良环境的影响和疫病的侵袭,有较强的生活力。

其次,为提高育成犬的适应性,在对与配公、母犬的选择中除充分考虑犬只年龄外,还应注意与配公、母犬之间一般不应有亲缘关系,特别是在 3 代内不应有亲缘关系。尽管有部分藏民群众认为"有亲戚的狗交配狗娃好",但这实际只是在所选公、母犬都极为优秀的前提下进行一定的亲缘交配。遗传分析认为,这种交配会促进公、母犬双方所携带的优良基因纯合,而使后代表现父、母犬所共有的优良性状与性能。但大多数情况下,在尚未对犬群开展系统选育、群中还存在较多类型与差别时,有亲缘关系的公、母犬交配(即近交)会显著降低后代平均的性状表现,降低后代的适应性或生活力。为此,在可能的情况下,与配的藏獒公、母犬间没有亲缘关系是正确的。特别是,如果交配一方和双方有某种缺陷时,就更不应进行交配,否则会因缺陷所可能的遗传而严重影响后代的适应性与生活力。

另外,加强对育成犬的饲养管理和疫病防治也是提高育成犬适应性的最基本的措施。应从保持圈栏清洁、干燥和卫生,为幼犬提供营养完善、品质良好的食料,加强幼犬体质锻炼和及时按程序免疫等多方面入手。由于藏獒原生环境是一种高海拔、强辐射、低气温的生态环境,所以其原生环境中几乎没有严重危害犬只健康的传染病发生。换言之,世界著名的藏獒却对目前严重侵害犬只的多种烈性传染病缺乏抵抗力,诸如犬瘟热、犬细小病毒性肠炎等。在没有进行针对这些传染病的免疫之前,无论是藏獒成年犬还是藏獒育成犬对这些疫病几乎没有抵抗力。因此,近年来有大量正处于 2～3 月龄的藏獒育成犬被贩运到我国中原、东北或东南等地后,受到环境变迁、食料改换、疫病侵染等多种因素重重打击,必然使藏獒幼犬难以承受。及时给正处于生长发育中的藏獒育成犬按程序进行免疫,是保证犬只健康、健壮和提高其适应性、生活力的最基本措施。

## 第二节　藏獒育成犬的营养<br>需要和饲养管理

藏獒育成阶段正处于一生中生长发育最强烈的时期,在有效保证犬只生活环境安全、稳定,保证犬只能正确免疫和健康的前提下,根据藏獒育成犬生长发育的特点和规律,保证其营养需要是对藏獒育成犬培育的重要内容。

# 一、藏獒育成犬的营养需要

藏獒育成阶段是藏獒生长发育最快的阶段,犬只各种组织器官在结构上逐渐完善,功能逐渐专一,各器官之间在功能上逐渐协调,使发育中的小藏獒生命有机体成为在结构和功能上完美的统一体,也与外界环境逐渐形成了有机的协调和一致,因此藏獒育成犬已具备了迅速发育的基础条件,使各种组织和器官乃至整个有机体快速发育而逼近成熟,并成为育成犬最重要的生物学特点。其消化系统具备了自行采食、消化和吸收的能力,神经系统具备了对各器官和整个机体的有效协调和控制,循环系统能有效完成周身的血液循环及对各种生命营养物质的传递。凡此种种,都说明了藏獒育成犬阶段的生命特征。加强对育成犬的营养配合与饲养管理、科学培育,对塑造理想型藏獒具有至关重要的意义。

## (一)蛋白质需要

藏獒是大型犬,在育成犬阶段有较其他品种犬有较高的生长发育速度,加之偏肉食性,对蛋白质的需要成为是否保证正常生长发育的限制性营养因素。藏獒育成犬对食料中蛋白质的需要量远远超过了成年犬。在维持条件下,成年犬每千克体重对蛋白质的需要量为4.5克,而育成犬的维持需要为9.6克。由于育成犬实际的活动量相当高,所以其对蛋白质的需要量还要在维持需要的水平上增加50%。育成犬对必需氨基酸的需要量远远超过了成年藏獒(表9-5)。

表 9-5　藏獒育成犬对必需氨基酸的需要量 　（毫克/100 克干物质）

| 必需氨基酸 | 成年藏獒维持期需要 | 藏獒育成犬生长期需要 |
|---|---|---|
| 精氨酸 | 200 | 1000 |
| 组氨酸 | 140 | 200 |
| 异亮氨酸 | 310 | 500 |
| 赖氨酸 | 480 | 600 |
| 蛋氨酸 | 110 | 350 |
| 蛋氨酸＋胱氨酸 | 220 | 700 |
| 异丙氨酸 | 250 | 500 |
| 异丙氨酸＋酪氨酸 | 500 | 1000 |
| 苏氨酸 | 220 | 500 |
| 色氨酸 | 50 | 150 |
| 组氨酸 | 370 | 450 |

注：上表指能产生 1 673.6 千焦代谢能的 100 克干物质中应有的含量。

　　除必需氨基酸外，还需要一定的非必需氨基酸来保证犬只快速生长的蛋白质需要。但要注意，多种鱼类或水产品（主要指鱼粉，多由沙丁鱼、秋丁鱼、章鱼、墨鱼、贝类等加工而成）不适合作为藏獒育成犬的蛋白质来源，或者说不宜在藏獒育成犬的食料中添加过多，否则不仅藏獒育成犬不能有效地对这些鱼类的蛋白质消化和吸收，而且养殖实践中还会看到育成犬出现湿疹或脱毛，周身刺痒，烦躁不安，严重影响食欲的现象。

　　为了保证其对蛋白质的强烈需要，必须在日常食料中配加一定的畜肉、家畜内脏等。藏獒育成犬天生喜食并能很好地消化、吸收和利用，表现出精神旺盛、被毛光亮、体质健壮。相反，忽略了藏獒育成犬对蛋白质的需要，犬只很快就表现出生长发育迟缓、性成熟迟、被毛粗乱、发情不规律、体质纤弱、抗病力下降等症状，严重影响育成犬的发育。由于藏獒偏肉食性的特点,一般在藏獒育成犬食料中动物性蛋白质饲料的含量应占全部饲料中蛋白质的1/3。育成犬每天每千克体重需 9.6 克可消化蛋白质,其中动物性蛋白质应不少于 3.2 克。

### (二)能量需要

在生长发育中,藏獒育成犬所需要的能量均来源于食料中的3 种物质,即脂肪、碳水化合物和蛋白质。这 3 种物质经过育成犬体内消化、吸收和分解氧化,使幼犬获得了保证基本生命活动和生长发育的能量。据测定,每克碳水化合物(各种谷类中含量丰富)可产生 15.7 千焦的能量,每克脂肪能产生 38.1 千焦的能量,每克蛋白质则可产生 16.7 千焦的能量。藏獒育成犬对能量的需要也因犬的体重、性别、月龄、体格、生理状况以及气温、被毛的生长状况等许多因素的影响而有所不同。

**1. 脂肪** 对藏獒育成犬而言,每天所食入的脂肪称为粗脂肪,其中除包括中性脂肪外,还包括多种脂肪酸、脂溶性维生素、色素等。由于脂肪是高能物质,每克脂肪在藏獒育成犬体内完全氧化,可产生 38.1 千焦的热量,藏獒育成犬生长发育所必需的多种脂肪酸如亚麻酸、亚油酸、花生四烯酸等,均主要由脂肪提供,是育成犬生长,修补组织和形成毛、皮、肌肉、内脏和骨骼的重要原料。幼犬保持正常生命活动所必需的脂溶性维生素 A、维生素 D、维生素 E、维生素 K 及胡萝卜素等,也必须经脂肪溶解后才能被犬体吸收,进而运送到犬体的各个部位,脂肪又是藏獒育成犬有机体制造维生素和激素的原料。在食料中,如果必需脂肪酸缺乏,会引起严重的消化障碍,以及中枢神经系统的功能障碍。患脂溶性维生素缺乏症时,表现体重下降、被毛粗乱干燥、视力下降、角膜干燥、脱毛、皮炎、脱皮、身体瘦弱,乃至易受各种疫病侵染等一系列病态反应。而脂肪过多,往往引起消化不良,出现腹泻、肠鸣等反应,食欲下降反而影响生长。脂肪过多食入和储存又必然引起育成犬过胖，严重影响育成犬性器官的发育和性功能乃至繁殖功能的发挥。生产中会影响育成犬对蛋白质、矿物质、维生素的摄入，最终严重影响到育成犬体高、体长和四肢的发育，形成低、矮、胖的不协调体形和体况。一般育成犬，每天每千克体重需要脂肪 1.8～2.2 克，折合成藏獒育成犬每天所需要的食物干物质含量，以占 6%～8% 为宜。

**2. 碳水化合物**　藏獒育成犬为维持正常的生命活动，主要依靠食物中的碳水化合物提供能量。如果育成犬的碳水化合物摄入不足，犬体就会被迫动用体内所储存的脂肪或蛋白质来提供能量，从而不仅影响育成犬体内脂肪和蛋白质的正常储备水平，导致营养不良，表现出体重减轻、生长停滞、犬体消瘦。相反，如果长期单纯用碳水化合物作为藏獒育成犬的饲料，育成犬也会出现肌肉松弛、虚胖等营养不良的表现或不健康的体况。但应注意，在使用淀粉作为藏獒育成犬碳水化合物饲料为其提供能量时，对饲料中的生淀粉，藏獒难以消化，易引起消化不良或腹泻现象，应熟制后饲喂。

另一类碳水化合物类物质是粗纤维，包括纤维素、半纤维素和木质素等，这些物质都是不能溶解的。藏獒育成犬只能利用很小一部分纤维素。过多的粗纤维不仅不能消化，还会影响育成犬对其他营养物质的消化率。尽管目前都认为藏獒（及其他犬品种）是杂食性而偏向肉食性的，但育成犬的饲料中，粗纤维的含量应当控制在 5% 以下。如果含量过高，犬只在消化过程中就要消耗较多的能量用于运送和排泄吃入的粗纤维，反而增加了总饲料的消化量。相反，在食料中如果完全没有粗纤维也不好，适量的粗纤维有助于刺激育成犬的胃肠道，促进胃肠道蠕动，加快肠道内容物的排出，保证肠道畅通，避免便秘的产生；同时，有利于提高育成犬的食欲和消化吸收功能。实践中也观察到，无论是成年藏獒还是藏獒育成犬在解除拴链或放出栅圈后都会津津有味地嚼食野生牧草,特别是一些禾本科牧草鲜嫩的叶片尖端。个别犬在采食后不久,又能自行将胃中的草叶连同胃中的一些残留物吐出来。说明粗纤维对藏獒育成犬尚有清理消化道的特殊作用。

### (三)维生素需要

维生素是藏獒体内促进各种化学反应或生化过程的催化剂或活化剂。在藏獒育成犬体内不能合成或合成很少,但维生素是保证育成犬机体健康不可缺少的物质,对促进藏獒育成犬体内各种营养物质的代谢有极其重要的作用。例如,维生素 A、维生素 D 等脂溶性维生素和许多水溶性维生素等缺乏时,藏獒育成犬会出现被毛干燥脱屑、角化增生、结膜角膜干燥、夜盲、消化道炎症、食欲不振、增重缓慢,甚至发生佝偻病、贫血等生长严重受阻现象。可见在藏獒育成犬培育中及时补充各种维生素是非常重要的。

### (四)矿物质需要

在藏獒原产地,由于藏獒育成犬能食入多量的畜肉、乳和各种畜骨,一般不会发生矿物质缺乏并因之影响幼犬的生长发育。但在藏獒原产地以外的地区,由于人工饲料不能科学配制,或由于疾病等因素发生矿物质代谢紊乱,从而影响犬体对矿物质的有效吸收与利用时,往往发生矿物质缺乏症。藏獒育成犬在矿物质营养代谢中最常发生的是犬只钙、磷代谢紊乱和不足,出现佝偻病。藏獒体型大,幼年期生长发育快,如果从食料中得不到钙、磷和必需的其他矿物质,即会形成快速生长的矿物质营养需要和供给不足的矛盾。此时育成犬先表现出前肢腕关节粗大变形,继之前肢无力,关节外扭,不能良好站立或站立时四肢打战、发抖,最终爬卧在地,严重影响活动、摄食和幼犬的生长发育。这种现象多发生在 2~3 月龄的育成犬。所以,在藏獒育成犬的培育中应让犬多晒太阳,并及时饲喂维生素 A、维生素 D 及各种矿物质,保证藏獒育成犬的矿物质营养。

### (五)藏獒育成犬的营养需要(试行)

经试验并参考国内外对藏獒育成犬饲养文献报道,提出适合于藏獒育成犬的营养需要,供参考(表 9-6,表 9-7)。

表 9-6　藏獒育成犬营养需要

| 营养物质种类 | 每日每千克体重需要 |
| --- | --- |
| 粗蛋白质(克) | 9.6 |
| 粗脂肪(克) | 2.2 |
| 亚油酸(克) | 0.44 |
| 钙(克) | 0.48 |
| 磷(克) | 0.4 |
| 食盐(克) | 0.48 |
| 镁(克) | 0.018 |
| 铁、铜、锰、锌、碘、硒(毫克) | 共计 5.5 |
| 维生素 A(单位) | 220 |
| 维生素 D(单位) | 22 |
| 维生素 E(单位) | 2.2 |
| 水溶性维生素(毫克) | 1.5 |

**表9-7　藏獒育成犬每千克饲料中营养物质的含量　（％）**

| 营养物质 | 含　量 | 营养物质 | 含　量 |
|---|---|---|---|
| 粗蛋白质 | 21～32 | 钙 | 1.5～1.8 |
| 粗脂肪 | 3～7 | 磷 | 1.0～1.2 |
| 碳水化合物 | 64～69 | 食　盐 | 1 |
| 粗纤维 | 3～5 | 钾 | 0.5～0.8 |

**1. 断奶幼犬的日粮配方**　见表9-8，表9-9。

**表9-8　断奶幼犬（10～15千克体重）日粮组成　（克）**

| 饲料种类 | 用　量 |
|---|---|
| 熟杂碎肉 | 200 |
| 熟鸡蛋 | 108 |
| 混合饲料 | 300 |
| 豆腐（熟） | 100 |
| 鱼　粉 | 27 |
| 骨　粉 | 20.4 |
| 食　盐 | 4 |
| 油　类 | 8.5 |
| 微量元素预混料 | 0.436 |
| 复合维生素 | 0.04 |
| 合　计 | 768.38 |

注：混合饲料300∶油脂8.5，即按35.3∶1混合。

表 9-9  添加料混合比例

| 原料名称 | 重量（克） | 比例（%） |
|---|---|---|
| 鱼 粉 | 27 | 52.1 |
| 骨 粉 | 20.4 | 39.3 |
| 食 盐 | 4 | 7.7 |
| 微量元素预混料 | 0.436 | 0.84 |
| 复合维生素 | 0.04 | 0.06 |
| 合 计 | 51.876 | 100 |

**2. 藏獒各阶段食料配方及营养含量**  见表 9-10，表 9-11。

表 9-10  藏獒各生长阶段日粮配方  （克）

| 食料成分 | 断奶生长犬<br>（10~15千克） | 成年犬维持<br>期（30千克） | 成年犬维持<br>期（50千克） |
|---|---|---|---|
| 熟杂碎肉 | 200 | 200 | 200 |
| 鸡 蛋 | 2个 | 1个 | 1个 |
| 玉米面 | 207 | 117 | 129 |
| 标准粉 | 112 | 117 | 129 |
| 鱼 粉 | 34.5 | 85.5 | 223 |
| 豆 腐 | 100 | 100 | 150 |
| 胡萝卜 | 100 | 100 | 150 |
| 油 类 |  | 2 | 6.4 |
| 食 盐 | 2 | 3 | 3 |
| 骨 粉 | 15.4 | 15.1 | 9.0 |
| 微量元素 | 0.204 | 0.236 | 0.283 |
| 复合维生素 | 0.05 | 0.06 | 0.08 |
| 合 计 | 879 | 794 | 1054 |

**表 9-11　藏獒各生长阶段日粮营养含量**

| 营养成分 | 断奶生长犬 (10～15千克) | | 成年犬维持期(30千克) | | 成年犬维持期(50千克) | |
|---|---|---|---|---|---|---|
| | 实含 | 标准 | 实含 | 标准 | 实含 | 标准 |
| 消化能(千焦) | 7955 | 7959 | 7093 | 7093 | 9639 | 9639 |
| 粗蛋白质(克) | 126 | 125 | 145 | 144 | 241 | 240 |
| 粗脂肪(克) | 35 | 28.6 | 33 | 33 | 54 | 55 |
| 食盐(克) | 6.3 | 6.3 | 7.3 | 7.3 | 12 | 12 |
| 钙(毫克) | 7.3 | 6.3 | 8.3 | 7.3 | 13.3 | 12 |
| 磷(毫克) | 5.2 | 5.2 | 6.0 | 6.0 | 10 | 10 |

# 二、藏獒育成犬的饲养管理

由于断奶、分群以及气温、疫病等众多因素的影响,藏獒育成犬在生长发育进程中,经历着诸多的不测和考验。加强对育成犬的饲养管理对于犬的培育有极其重要的意义。该过程必须遵从幼犬的生物学特点,创造幼犬生长发育的适宜环境与条件,保证藏獒育成犬的良好发育,以求按人类的意愿和要求培育出优良的藏獒。

## (一)环境卫生与保暖

保持环境卫生清洁始终是在藏獒育成犬阶段饲养管理的重要内容,也是贯彻"预防为主,治疗为辅"的兽医防治原则、保证犬只健康最重要的措施。

断奶后的藏獒,由于生活条件的突然改变,会精神不安、食欲不振、体质减弱,极易患病,加之时令正值春天,一些病原菌、病毒引起的犬传染病流行,所以加强对断奶后藏獒育成犬的护理和创造卫生、舒适的培育环境即成为藏獒育成犬培育的关键步骤。有一定数量或规模的藏獒饲养场,首先应坚决杜绝在场内藏獒幼犬断奶阶段引入外犬,同时应坚持用氢氧化钠、高锰酸钾、来苏儿等消毒药对犬舍、地面、墙壁、食盘进行定期消毒(每周2次)。春天气候多变、气温起伏,藏獒幼犬极易感冒,并引起继发感染,发生性质更恶劣的疫病。因此,保持犬圈或犬窝干燥舒适也非常重要。建议以保持育成犬圈、窝干燥为主,除设法加强日光暴晒外,还要视情况及时更换窝内垫草,不使窝内潮湿,更不应有粪尿污渍。

### (二)食料构成与卫生

在藏獒原产地,断奶后的育成犬通常都能得到充足的食物,包括牧民喂给的畜肉、家畜内脏、奶水(提取了酥油后的剩余部分)。应该说藏獒幼犬食料的营养是丰富全面的,加之有宽阔的草场、和煦的阳光,藏獒幼犬自由奔跑,完全可以保证身心健康和良好发育。在藏獒原产地之外,为育成犬创造良好条件最重要的是保证其营养水平和营养卫生。后者主要包括改善藏獒食料的结构与品质,同时应坚持正确的饲养制度或饲喂定时、定温、定量、定质,每犬1份。由于藏獒种质特性的制约,藏獒育成犬的食料组成应以牛羊奶、瘦肉、面粉、少量蔬菜、食盐为主,视幼犬发育情况还可适当增加鸡蛋、肉粉以及纤维素与钙片。食料应新鲜、清洁、熟制,易于育成犬消化吸收。饲喂应坚持少量多餐的原则。4~8月龄的藏獒,食量逐渐加大,日饲喂量需相应加大。应坚持每天饲喂3~4次,食料构成中应配加鱼肝油、肉骨粉、鸡蛋或鸡胚等。有条件时,可定期给6月龄以上的育成犬喂给少量家畜软骨,但切忌喂鸡、鸭管状骨。8月龄以后,藏獒育成犬发育接近性成熟,不仅公、母犬的体型外貌有了较大差别,公、母犬性功能也有一定启动。此阶段必须将公、母犬分开饲养,按犬只的体重、发育状况分别配以食料。由于性格差异日益明显,藏獒开始表现出护食、霸食的行为特点,因此饲喂中必须坚持一犬一盘。分给每只育成犬的食物,应当在 5～10 分钟吃完,不能有剩食。饲喂后 10 分钟仍未吃净的食盘应及时撤去,不应放置过久,以免蝇虫吸吮污染,也利于犬只按时摄食,形成良好的摄食习惯,保持正常的消化能力和消化道健康。

### (三)保持足够的运动量

如果细心观察,会发现草原上的藏獒幼犬除了摄食就是玩耍,互相追逐、厮咬。累了就地一躺,休息片刻,又精神饱满地投入到新的兴趣活动之中。这种活动对保证藏獒幼犬各种组织器官的发育、身心健康和精力旺盛有极其重要的意义。藏獒幼犬在活动中不仅强壮了筋骨和肌肉,为成年后背腰宽平、体格雄壮奠定了基础。活动中亦使藏獒幼犬心脏搏动有力,肺活量增加,胸廓部也得到良好充分的发育。奔跑在草原的藏獒育成犬正是通过戏耍、厮咬、搏斗乃至猎捕,使颈肌强壮,使体质强健,具备了青藏高原最优秀的守卫犬所具有的体质、体况和品质性能。所以,在研究藏獒育成犬的培育时,应采取积极的措施,尽可能让育成犬得到活动和锻炼。进而言之,对所有断奶后的藏獒育成犬,在阳光充足、空气清新时,任其自由追逐玩耍,每天保证有 4～6 小时运动时间,对藏獒幼犬的发育及其健康十分必要。条件许可时,尽可能敞开圈栏,任藏獒幼犬自由出入,仅在饲喂时才关入犬圈。这样,藏獒幼犬在活动中使筋骨、肌肉得到了充分的锻炼,更有机会充足日浴,对预防藏獒育成犬出现佝偻病有极显著的作用。

### (四)及时驱虫和防疫

**1. 驱虫**　通常在藏獒育成犬 30 日龄时就应开始按程序对幼犬免疫和驱虫。驱虫的时间甚至可以提前到 20 日龄。草原上的藏獒由于习惯于吃生肉,几乎都会受到绦虫感染。受感染的犬只又通过相互接触及粪便的污染,扩大了绦虫的感染面,蛔虫的感染亦然。同时,在一般土壤、粪便中都自然分布有蛔虫卵,习惯于随地而卧的藏獒在体毛和皮肤上所黏附的虫卵必然较多。自藏獒幼犬出生并开始吃奶时,也有可能在寻找母犬乳头、吮吸和拱舔母犬的皮肤时受到蛔虫、绦虫感染。其次,在幼犬能自行活动时开始,对任何物品都感新奇的藏獒育成犬总是时刻不停地嗅闻舔吮所接触到的各种东西,亦无可避免地受到虫卵感染。无论是绦虫还是蛔虫感染,都会严重影响藏獒育成犬的生长发育。感染犬体况瘦弱、精神萎靡、被毛粗乱、食欲不振、发育不良、纤弱易病,甚至角膜苍白、贫血和发生死亡。因此,对受到寄生虫感染的藏獒育成犬及时驱虫和诊治对保证幼犬的正常发育至关重要。

驱虫的时间应安排在藏獒出生后 25 日龄左右时最好。25 日龄时,幼犬发育已有了一定的基础,且处于哺乳阶段,尚有母犬的护理,此时驱虫对幼犬不会有过大的影响。另外,此时藏獒尚小,寄生虫感染时间短,对幼犬的影响和危害亦较小,及时驱虫不至于对犬只的健康和发育造成严重危害。其次,该日龄阶段寄生虫体也较小,易于驱除。但如果选在 25 日龄以前驱虫,由于藏獒幼犬体质过于纤弱,将很难承受药物的毒副作用。驱虫药物目前较多,哌嗪(驱蛔灵)、左旋咪唑等皆可,只要按剂量说明投药,十分安全。但投药后 5～6 小时,应仿效母犬舔幼犬肛门的动作和形式促其排便,并及时收集驱虫后幼犬排出的粪便,不使幼犬二次感染。

**2. 防疫** 一定意义上,对藏獒育成犬进行免疫注射,预防目前危害犬只健康甚至造成死亡的烈性传染病,较驱虫更为紧迫和重要。至断奶时(45 日龄),藏獒育成犬正处于断奶应激中,应及时进行预防注射。较适宜的时间是自 30～35 日龄时进行第一次预防。这里可分两种情况:其一,在藏獒幼犬体内来自母犬的母源性抗体含量较高,预防注射的时间应适当推迟到 35 日龄,甚至 40 日龄。这种情况实际是主人在藏獒母犬临分娩前 20～25 天时曾给母犬进行了一次预防烈性传染病的免疫注射,因此至母犬分娩时,体内抵抗疫病侵袭的抗体水平达到了高峰期,能维持较长时间,亦通过哺乳为幼犬提供了较充足的抗体,在幼犬 30 日龄时,体内抗体尚足以预防幼犬受疫病侵染。对这类藏獒幼犬如果防疫注射过早,反而受到犬体内抗体的抵制,使预防注射失败。其二,母犬在妊娠后期或者配种以前(秋季)未曾进行过预防注射,母犬的抗病能力多是自身在适应环境过程中形成的,这种母犬分娩后通过母乳输送给幼犬的母源性抗体是有限的,在幼犬与外界环境的接触日益增多和受环境的影响越来越大时,极易受到疫病的感染,必须及早进行预防和免疫。

按幼犬出生时间计算,在 30 日龄时开始预防免疫为宜。按季节推算,应在立春前后,即每年 2～3 月份。预防注射采用的药品目前国内种类较多,如犬用三联苗、五联苗、六联苗、七联苗等。但据调查和使用比较,一般联苗数越少,反而抗病效果越好。使用疫苗时,一则应注意疫苗的有效期限、保存温度、使用方法、注射剂量等,操作中绝不可马虎。二则对犬注射疫苗目的在于刺激犬体产生抗体,能自发抵抗疫病的侵袭。疫苗多为弱毒苗,发生生物学效能的前提是被注射的犬只必须是健康犬。因为健康犬具备良好的体质,当弱毒苗进入犬体时,犬有相当的抗病力。相反,如果犬只不健康,此时注射疫苗,犬体不能有效抵抗这种外源性弱毒病原的刺激,反而极有可能引起疫病。因此,在早春气候多变的时间为藏獒育成犬进行预防注射时,应特别仔细检查犬只是否有感冒、发热、流鼻液、稀便、精神沉郁或食欲不佳以及过量饮水等不正常表现。为了慎重,在拟订预防注射期前 1 周就应开始检查并认真记录,对 1 周中表现始终正常的犬只才可实施防疫注射计划。

### (五)加强日常管理

对藏獒育成犬的日常管理,除场区定期消毒、注意犬只饮食卫生、加强活动和锻炼以及按程序免疫驱虫等措施外,还应包括:

**1. 确定科学的饲养制度** 包括每天饲喂的时间与次数,食料配制的原则和程序。

**2. 定期为藏獒育成犬刷拭** 其实藏獒幼犬3月龄后在不断快速生长的同时,亦不断脱落毛屑。刷拭不仅可以帮助幼犬清理犬体,更利于促进幼犬皮肤的血液循环,提高犬的食欲,促进生长发育。

**3. 及时给水** 藏獒皮肤汗腺不发达,主要靠呼吸蒸发散热。无论是盛夏还是严冬都应随时给藏獒育成犬补水,且水要清洁卫生、温度适宜,早春切忌给藏獒育成犬饮冰碴水。

**4. 做好日常记录** 完善记录是进行生产管理、选种选配、疫病防治的依据,特别是在疫病发生时期,不做好日常记录,就不能确定行之有效或科学准确的疫病防制方案。记录内容包括:①饲养记录:包括饲料量,饲喂时间,有无剩食,犬只摄食表现等。②生长发育记录:包括每只育成犬定期的称重和测量体尺的结果。③疫病防治记录:包括免疫时间,使用疫苗种类,注射剂量,病犬治疗方案,使用药物,病程变化,治疗结果。④引入或售出犬只记录:主要指引入外犬的时间,对外犬进行的消毒、免疫措施,隔离观察的结果。⑤饲养员工作记录:包括饲养员交接手续有无异常,卫生消毒打扫与否,出现了什么事故,处理过程和措施。

# 第十章 藏獒常见疾病的预防与诊疗技术

## 第一节 藏獒常见疾病的预防原则和措施

### 一、预防原则

健康、有活力的藏獒能给主人或饲养者带来无尽的欢乐。然而,和其他动物一样,受遗传、环境、气候、食料、喂养、管理等因素的影响,藏獒难免有时会发生疾病,除给其自身带来病痛外,还会直接影响主人或饲养者的生活、情绪甚至健康及安全等。因此,藏獒的疾病防治是藏獒主人或饲养者必须认真对待的工作。藏獒疾病防治的总体原则是预防为主、防治结合、防重于治。而预防的原则是定期免疫、提早发现、及早治疗、及时隔离、避免传播。

### 二、预防措施

#### (一)勤于观察和测量

主要通过留意藏獒的精神状态、膘情、被毛、食欲、眼睛、耳朵、鼻子、皮肤、尾巴、生殖器官、粪尿等是否正常,还可通过测量体温、呼吸、脉搏等做初步判断。

**1. 精神状态** 健康的藏獒犬精神抖擞,双目有神,听觉敏锐,反应灵敏。若目光呆滞,听觉迟钝或无反应则属于神经抑制状态,称为精神沉郁或昏迷。若表现兴奋不安,狂躁,惊恐,高声尖叫,转圈,攻击性强等,这样的精神状态称为精神兴奋或狂躁。上述两种精神状态,都属不正常的精神表现。

**2. 营养状况**　判定藏獒营养状况好坏,主要观察膘情和被毛色泽和顺滑度。健康犬肌肉发达,坚实有力,壮而不肥,被毛顺滑富有光泽。若藏獒身体消瘦或过度肥胖,被毛粗糙无光、倒刺毛丛生等,常是患有寄生虫病、皮肤病、慢性消化道疾病、营养不均衡以及某些传染病的表现。

**3. 姿态**　藏獒在站立或行走时步调不协调,或行走姿势不矫健,甚至四肢明显软弱无力、跛行则表明四肢有异常。如果藏獒躺卧时体躯蜷缩成一团,或将头及爪等垫于腹下,辗转反侧,不时吠叫,则表明腹痛。

**4. 体温**　在正常情况下,藏獒的体温在一定范围内轻微浮动,通常清晨最低,午后最高,一昼夜间的体温差异不超过 $1℃$。如果超过 $1℃$ 或清晨体温偏高、午后反而降低,或持续发热,则表明体温不正常,是藏獒发病的征兆。藏獒正常的体温是:幼犬较高,为 $38.5℃\sim39℃$,成年犬为 $37.5℃\sim38.5℃$。判定藏獒发热的简便方法是从犬的鼻、耳根及精神状态来分析。正常犬的鼻镜发凉而湿润,耳根部皮温与其他部位相同。如果发现藏獒犬的鼻镜干燥,触摸耳根部感觉温度较其他部位高,而且精神不振、厌食,主动找水喝,则表明该藏獒不健康。多数传染病、呼吸道、消化道疾病、全身性炎症等病症均能引起体温升高。而在中毒、脏器衰竭、营养不良及贫血时,体温常降低。

**5. 排粪、排尿状况的观察**　对排粪、排尿状况的观察应包括排粪、排尿的动作,次数,粪便的形状、数量、气味、色泽等内容。

**(二)定期做好疫苗免疫和驱虫工作**

经常咨询相关养犬管理部门及防疫部门,根据当地传染病流行特点及历史,有针对性地注射预防疫苗。经常使用的疫苗有狂犬病疫苗、犬瘟热疫苗、犬细小病毒疫苗等,多使用犬三联苗、犬五联苗、犬六联疫苗。幼犬、哺乳母犬、妊娠母犬、公犬等应在不同时间、按不同剂量有针对性地注射单疫苗或联疫苗。对藏獒犬进行定时驱虫、保健。加强病犬的治疗,促进康复。

**(三)及时诊断并隔离饲养**

防治须贯彻"三早",即早发现、早隔离、早治疗,以免延误病情。一旦发现藏獒有异常症状,应及时隔离,防止人兽共患传染病危害人类。特别应强调的是,在饲养藏獒的过程中,随时要防止被犬咬伤或抓伤,也不要直接接触藏獒的体液和粪便等,防止来源不明的病菌传染。

# 第二节　藏獒常用疫苗的接种及效果

## 一、临床常用疫苗

目前,国内临床常用犬疫苗分国产疫苗和进口疫苗两大类。国产犬疫苗有七联苗、五联苗、单苗。国产疫苗中只有个别品牌的疫苗是通过有关兽医兽药部门检测批准的正规产品,其余均为科研院校、研究所或个人开发的试验品。其中用户反映比较好的是原解放军军需大学夏咸柱研究员等研制的"百思特"犬五联疫苗。

国外进口犬疫苗的质量比国产疫苗更好一些。其中荷兰英特威疫苗、美国富道疫苗、美国辉瑞疫苗的质量比较好,临床使用效果好。

进口疫苗主要是六联疫苗和狂犬疫苗。主要预防犬瘟热、犬细小病毒病、钩端螺旋体、传染性肝炎、支气管炎、副流感、狂犬病等。

## 二、各种疫苗的临床效果

不同生产者、不同生产批次，疫苗免疫效果有差异。从多年临床上观察，就疫苗注射后对犬的保护力而言，进口犬六联苗比国产五联苗临床效果好一些。国产五联苗对犬细小病毒病的保护力不低于国外进口产品，但是对犬瘟热病毒的抗病力还是进口六联疫苗效果好。国产疫苗价格便宜。国产疫苗中最主要的缺点在于生产者过多，有鱼龙混杂、质量参差不齐的现状，尤其是同一个单位多人都生产同一产品的现象，让使用者难辨质量。进口疫苗质量相似，主要根据价格、服务及供货情况决定市场占有率，临床防病效果均令使用者满意，若犬与主人一同出境，也被世界各国海关兽医检疫部门所接受。

## 三、接种疫苗的程序

免疫接种是提高藏獒机体抵抗力的一项重要工作。疫苗第一次注射后，间隔一定时期，需加强注射。驱虫药物可根据不同寄生虫，一定时期口服 1 次或间隔一定时期连续服用。幼犬 50 日龄后，即可接种犬疫苗。如果选择进口六联苗，则连续注射 3 次，每次间隔 4 周或 1 个月；如果幼犬已达 3 月龄（包括成年犬），则可连续接种 2 次，每次间隔 4 周或 1 个月。此后，每年接种 1 次进口六联苗。

如果选择国产五联苗，从断奶之日起（幼犬平均 45 天断奶）连续注射疫苗 3 次，每次间隔 2 周。此后，每半年接种 1 次国产五联苗。

3 月龄以上的犬，每年应接种 1 次狂犬病疫苗。

预防肠道线虫可于仔犬 20 日龄时第一次驱虫，以后每月驱虫 1 次，6 月龄开始每季度驱虫 1 次，成年犬每年驱虫 2 次。对于其他寄生虫感染要根据粪便虫卵检查结果投药。

# 四、疫苗注射说明

**1. 犬五联弱毒疫苗** 犬疫苗的使用,严格按照使用说明操作或遵照犬科临床兽医专家指导意见执行。用于健康犬预防,是狂犬病、犬瘟热、犬副流感病毒感染、犬细小病毒病和犬传染性肝炎5种病毒性传染病的预防注射。用法:犬从断奶之日起,以2～3周间隔,连续注射疫苗3次。成年犬以2～3周间隔,每年注射2次。妊娠母犬可在产前2周加强免疫注射1次。疫苗注射后2周才产生免疫力,在此之前,对上述疾病是易感的。使用过免疫血清的犬,间隔2～3周,方可使用本疫苗。

**2. 犬六联疫苗** 预防犬瘟热、犬细小病毒病、犬传染性肝炎、犬副流感病毒感染、犬腺病毒Ⅱ型病和犬钩端螺旋体病。用法:50日龄至3月龄的幼犬,连续注射3次,每次间隔4周或1个月。3个月以上的幼犬,连续注射2次,间隔3～4周或1个月。之后每年再加强免疫注射1次即可。

**3. 犬三联疫苗** 预防狂犬病、犬瘟热、犬细小病毒病。用法:7周龄首次免疫,隔3～4周后第二次免疫。成年犬免疫注射2次,间隔3～4周。以后每年免疫1次。

**4. 狂犬病疫苗** 本疫苗供健康犬等动物预防狂犬病。3个月以上的幼犬注射1次,免疫期1年。

我国对养犬的规定,应接种狂犬病疫苗。因为狂犬病是犬的一种传染病,会在一定条件下传染人(如被带毒犬咬伤)。狂犬病是必须预防的人兽共患病之一。接种狂犬病疫苗,既对犬有益,也有利于饲养犬的人的健康。值得注意的是,狂犬病疫苗接种最好选择单苗,以确保临床效果。

## 五、接种疫苗时的注意事项

第一，疫苗在有效期内使用。灭活苗用前摇匀，冻结后不能使用；弱毒疫苗用注射用水稀释后即用。

第二，接种途径为皮下注射，确认健康的犬才能注射疫苗，注射疫苗后 10～15 天产生免疫力。健康犬是指处于非疾病状态，即藏獒的鼻镜湿而凉，体温、呼吸和心功能正常。临床上不能出现体温升高、咳嗽、打喷嚏、呕吐、腹泻、脓眼眵、鼻镜干、脚垫厚等症状；否则，在非健康状态下，藏獒可能处于传染病的潜伏期，接种疫苗会引发疾病。

第三，以酒精作为消毒剂，待干后注射，不要与弱毒苗接触。

第四，对引进犬防疫后，隔离观察 15 日确认健康再入犬群。

## 六、接种疫苗后犬的反应

一般情况下，接种疫苗后，犬不会出现不良反应或大的身体变化，个别犬在接种疫苗后的第二天有不愿动、食欲差的现象，很快会恢复正常。如果注射疫苗后，犬在 10～20 分钟起皮疹，甚至浑身无力，则属于过敏现象，应请兽医立即采取应急措施。

临床上使用进口犬六联苗极少出现不良反应。为安全起见，幼犬接种疫苗后 10 分钟，饲养人员应先观察一下幼犬的反应，无异常现象后再离开。如果犬接种疫苗后 7 天左右发生传染病，可能是接种时藏獒已处于传染病的潜伏期，或者在此期间感染了疾病，应该立即接受相应的治疗。

年龄影响犬的免疫能力。过老、过幼的犬对抗原发生应答能力比较差。犬的体温过高也影响免疫反应，体温过低能使犬的细胞免疫系统受到抑制，影响抗体产生。但犬传染性肝炎防疫后的免疫反应不受体温影响。在防疫的同时使用免疫抑制类药物，可导致免疫反应性降低。

## 七、接种疫苗后的保护率

当接种疫苗次数完成后,疫苗才对藏獒具有保护力。在一定程度上保护犬免受传染病感染,但其保护力不是100%。其原因涉及以下因素:一是与疫苗种类有关,进口疫苗的保护力强于国产疫苗,国产疫苗在对犬瘟热病毒的防范方面,的确存在着保护率欠理想的现象。二是如果藏獒在接种疫苗后,与重病犬接触,还是有可能感染疾病的。三是进口犬六联苗预防的是犬瘟热、犬细小病毒病、犬传染性肝炎、犬副流感病毒感染、犬腺病毒Ⅱ型病和钩端螺旋体病,国产五联苗预防的是狂犬病、犬瘟热、犬副流感、犬细小病毒病和犬传染性肝炎,而不预防其他的传染病。因此,接种过疫苗的犬还有可能患上其他传染病,只是这些传染病的死亡率太高。四是犬的疫苗接种并非一劳永逸,每年按时接种才对犬有保护力。

# 第三节　犬病诊疗技术

## 一、保定方法

### (一)安全保定法

**1. 口笼保定法**　有皮革制口笼和铁丝口笼之分。选择合适的口笼给犬戴上系牢。保定人员抓住项圈,防止犬用四肢将口笼抓掉。

**2. 绷带保定法**　采用长1米左右的绷带条,在绷带的中间打一活结圈套,将圈套从犬鼻端套至鼻背中间,然后拉紧圈套,使绷带条的两端在口角两侧向头背部延伸,在两耳后打结。

**3. 徒手保定法**　保定人员用右手抓住犬的下颌部,左手于犬的耳下方固定头部,可防止犬头部左右摇摆或回头伤人。幼犬或温驯的成年藏獒可采用此法。

**4. 颈钳保定法** 颈钳柄长 90~100 厘米,钳端为 2 个半圆形钳嘴,使之恰能套入藏獒犬的颈部。保定时,保定人员抓住钳柄,张开钳嘴将藏獒颈部套入后再合拢钳嘴,以限制犬头的活动。该法适用于抓捕凶猛咬人的藏獒犬。

### (二)站立保定法

采用站立保定,对藏獒的疾病检查和病部判定比其他保定法更为方便。最好由藏獒的主人进行保定。若兽医人员参加保定,在同藏獒接触时,声调要温和,态度要灵活,举动要稳妥。应避免粗暴的恐吓和突然的动作,以及可能引起藏獒主动或被动防御性反应的刺激。保定人员站于犬的左侧,面向犬头,一边接近犬,一边用温和的声调呼唤。右手轻拍犬颈部和胸下方或给予挠痒,左手用牵引带头套住犬嘴。该保定法适用于藏獒的一般检查。

### (三)倒卧保定法

根据诊疗的需要,可将藏獒犬放倒,进行侧卧、仰卧或俯卧保定。

**1. 侧卧保定** 保定人员一边用温和的声音呼唤藏獒,一边用手抓住犬四肢的掌部和跖部,向上搬动四肢,犬即可卧地。用细绳分别将两前肢和两后肢捆绑在一起,由藏獒主人看管犬的头部,防止犬抬头。

**2. 仰卧保定** 按藏獒侧卧保定法将藏獒放倒于手术台上,用绳分别系于四肢球节下方,拉紧绳,使藏獒呈仰卧姿势,犬头用细绳保定于手术台上,以防犬头活动。该保定法适用于腹下部及会阴部的手术操作。

**3. 俯卧保定** 按藏獒侧卧保定法将藏獒放倒于手术台上,用绳分别系于四肢球节下方,拉紧绳,使四肢伸展,并使藏獒呈俯卧状态。犬头用绳保定于手术台上,防止犬头活动,该保定法适用于耳的修整术操作。

# 二、临床检查方法

## (一)临床诊断的基本方法

**1. 问诊**　内容包括发病时间、临床表现、疾病经过、采食饮水、粪便、膘情变化、藏獒来源、喂养方式、饲养环境、行为习惯、疫苗接种、驱虫用药、附近疫情、治疗用药与效果,并详细了解其病史。同时,应了解藏獒的年龄、性别、体重等。

**2. 视诊**　观察患病藏獒的精神状态、鼻端、体格发育状况、被毛色泽,以及体表有无伤斑痕迹、卧蹲立行的动作姿势、体表的隆凸凹陷及胸腹肢体的对称性等。结合触诊观察有无外伤、局部炎症、疥癣及外寄生虫。同时,观察可视黏膜的色泽,分泌物的性质、数量和气味等。

**3. 触诊**　在问诊和视诊的基础上,重点触诊可疑的部位和器官。要求藏獒的主人稳住被查藏獒,检查者一边用温和的声调呼唤,一边用手轻拍其颈部、胸下或给其挠痒,以建立友谊和信任。一般用一手或双手的手掌或指关节进行触诊,有必要精细触摸或深层器官触摸时才使用指端触诊。触诊的原则是:面积由大到小,用力先轻后重,顺序从浅入深,敏感部自外周开始,逐渐至中心痛点。做深部的器官触诊或配合胶管探测、直肠指检的内外结合触诊时,须给予镇静剂或安全保定之后方可进行。触诊所感觉到的病变性质主要有波动感、捏粉样、捻发音、坚实、硬固等。

**4. 叩诊**　叩诊是在藏獒体表的某一部位进行叩击,借以引起振动产生音响,根据声音的性质来判断被检查器官或组织的病理状态。叩诊采用指叩法,即将左(右)手指紧贴于被叩击部位,另以屈曲的右(左)手的中指进行叩击。叩诊音可分为清音、浊音、鼓音。正常肺部的叩诊音为清音,叩诊厚层肌肉的声音为浊音,叩诊胀气的腹部常为鼓音。

**5. 听诊** 最原始和简单的听诊是把耳朵贴附于听诊部位直接听诊。常用听诊器进行听诊。听诊主要用于心脏、呼吸器官、胃肠运动的功能变化以及听取胎音,从而分析有无异常变化及其变化的原因。

**6. 嗅诊** 通过嗅闻来辨别藏獒呼出气体、分泌物及排泄物的气味有无异常。

**(二)一般检查**

**1. 全身状态观察** 重点观察精神状态、营养状况、体格发育、姿势、运动、行为等。

(1)精神状态 精神状态是中枢神经系统活动的反映。健康藏獒表现灵活,反应敏锐,眼睛明亮,藏獒幼犬活泼好动。精神异常时,则表现为抑制(沉郁、嗜睡或昏迷)或过度兴奋(狂躁不安、惊恐、乱咬、吠叫等)。

(2)营养状况 营养状况代表机体内物质代谢的水平。健康藏獒营养良好、肌肉丰满、骨不显露、被毛平顺光泽、皮肤有弹性。犬体消瘦、骨骼明显外露、被毛粗乱无光、皮肤弹性降低,则为营养不良。

(3)体格发育 健康藏獒的骨骼及肌肉发育程度良好,与年龄和品种相称。体格发育与年龄品种不相称,或头颈、躯干及四肢各部的比例不当,则为发育不良。

(4)姿势 健康藏獒姿势自然,动作灵活而协调。当中枢神经系统功能紊乱或四肢受损伤时,常表现站立不稳、共济失调、瘫痪或异常姿势。

(5)运动 健康藏獒运动自如、协调。当骨骼、关节、肌肉损伤时,则表现跛行、运动障碍。

（6）行为　当藏獒发生异常叫声、摇头、食欲异常增加或减少、多饮多尿、摩擦臀部等表现时,根据其行为的变化,可判断病变的器官与系统,以便有重点地详细检查。

**2. 被毛和皮肤检查**　主要检查藏獒的被毛状态、脱毛情况、皮肤温湿度、皮肤弹性、发疹及体表肿胀性质和有无外伤等。

（1）皮肤　营养和饲养管理良好的藏獒被毛平顺,富有光泽,不易脱落。长期患病或营养障碍时,往往被毛粗乱而无光泽或外观不洁。

（2）脱毛　藏獒自然换毛与季节有关,当换毛季节以外脱毛或局部脱毛时,则为皮肤病。激素紊乱引起的皮肤病呈对称性脱毛。圆形脱毛为真菌性皮肤病。

（3）皮肤温度和湿度　健康藏獒的鼻端一般凉而湿润,但睡眠时鼻端干燥。鼻端、耳根、股内侧发热时,体温多升高。局部皮温增高,常见于局部炎症。

藏獒的汗腺不发达,主要形成离出型大汗腺,分布于蹄球、趾球、鼻端的皮肤等处。汗腺的分泌物含有大量脂肪。

（4）皮肤弹性　健康藏獒的皮肤柔软,可捏成皱褶,松手则立即恢复原位。如恢复很慢,则是皮肤弹性降低的标志,见于脱水等。

（5）发疹　发疹是皮肤病的表现。根据发疹的性质可分为水疱脓疱、溃疡、糜烂、脱屑、痂皮、瘢痕等不同时期。根据病变的性质不同,可采取不同的治疗方法。

（6）皮肤肿胀　常见的有水肿、气肿、血肿、脓肿、淋巴外渗、炎性肿胀及肿瘤等。通过触诊可以区别。此外,通过触诊可查明外伤及有无胸部皮肌震颤,后者提示有心脏疾病。

**3. 可视黏膜检查**　临床主要检查眼结膜。方法是用两手的拇指打开上、下眼睑进行检查。藏獒正常的眼结膜为淡红色。眼结膜的颜色可反映全身血液循环状态和血液化学成分。常见的病理变化有潮红、苍白、黄染、发绀。

(1)潮红　除结膜炎外,见于多种急性热性传染病或胃肠炎等。

(2)苍白　见于各种类型贫血、大失血或慢性消耗性疾病。

(3)黄染　结膜呈不同程度的黄色,为胆色素代谢障碍,是血液内胆色素增多的结果,见于溶血和肝实质病变。

(4)发绀　结膜呈蓝紫色,见于肺换气不良和动脉血缺氧时的心、肺疾病或某些中毒病。

在检查眼结膜时,还应注意眼睑及分泌物、眼球、角膜、巩膜及瞳孔的变化。黏稠脓性的眼分泌物,见于感冒、犬瘟热等。角膜混浊,见于犬传染性肝炎和角膜实质性炎症。同时,要注意有无眼虫。

**4. 淋巴结检查**　应予注意的淋巴结主要有颌下淋巴结、颈浅淋巴结、腋下淋巴结、腹股沟淋巴结、膝窝淋巴结等。常用触诊的方法检查其大小、形状、硬度、表面状态、敏感性及可动性。

(1)淋巴结的急性肿胀　通常呈明显的肿大,表面光滑,且伴有明显的热、痛、红。

(2)淋巴结的慢性肿胀　一般呈硬结肿胀,表面不平,无热、痛反应,且多与周围组织粘连固着而难以移动。

淋巴结的急、慢性肿胀提示淋巴结的周围组织或器官的急、慢性感染及炎症。

**5. 体温测定**　通常测直肠温度。测定温度时,先将体温计的水银柱甩到最低刻度以下,用酒精棉球擦拭消毒并涂以润滑剂后,将藏獒尾根稍上举,将体温计缓慢地插入肛门内,体温计后端可系一小夹子,把夹子固定在犬背部毛上,以防体温计脱落。3分钟后取出,读取度数。藏獒的股内侧温度略低于直肠温度,当体温升高时,用手感也可略知。藏獒幼犬的正常体温为 38.5℃～39.0℃,

藏獒成年犬为 37.5℃～38.5℃。通常早晨低,晚上高,日差为 0.2℃～0.5℃。当外界炎热以及藏獒犬采食、运动、兴奋、紧张时,体温略有升高。犬直肠炎、频繁腹泻或肛门松弛时,直肠测定体温有一定温差。

(1)体温升高　见于多数传染病、炎症及日射病等。

(2)体温降低　主要见于重度衰竭、濒死期。

**6. 呼吸数测定**　一般根据胸腹部的起伏动作而测定,胸壁的一起一伏为 1 次呼吸。寒冷季节也可观察呼出气流或将手背放在鼻孔前感觉呼出的气流来测定。健康藏獒的呼吸数为每分钟 10～30 次。当藏獒兴奋、运动、过热时,呼吸数可明显增多。此外,藏獒幼犬呼吸数比成年犬稍多,妊娠母犬也稍多。

(1)呼吸数增多　见于发热性疾病、肺部疾病、脑炎、破伤风等。

(2)呼吸数减少　见于某些脑病、狂犬病末期等。

**7. 脉搏测定**　一般在后肢股内侧的股动脉处检查。检查时,要注意脉数、脉性和脉搏的节律。藏獒正常的脉搏数为每分钟 70～120 次。当藏獒犬剧烈运动、兴奋、恐惧、过热、妊娠等时,脉搏可一时性增多。此外,藏獒幼犬比成年犬的脉搏数略多。

(1)脉搏数增多　见于各种发热性疾病、心脏疾病、贫血及疼痛等。

(2)脉搏数减少　见于颅内压增高的疾病(脑积水等)、药物中毒、心脏传导阻滞、窦性心动过缓等。

**8. 粪便检查**　在患传染病和与消化系统有关的疾病时,粪便的数量、形状、色泽、气味及排粪动作都会出现一定的变化。例如,粪便变稀、数量增多,可能由于消化不良或胃肠炎引起;水样便带血,多见于出血性肠炎;细菌性感染出现卡他性肠炎,粪便稀而混有脱落黏膜上皮,严重的混有血液,气味恶臭。

**9. 尿检查**　健康藏獒尿的颜色淡黄色至琥珀色,一般是清亮的。尿液呈红色或绿色则提示尿中存在血液、血色素等,泌尿生殖道出血、损伤、结石、肿瘤均可发生。尿色深黄则可能与传染性肝炎有关。尿液呈云雾状也许是由于泌尿生殖道细菌感染所致,浑浊度增高则常是脓细胞存在的结果。

藏獒公、母犬的排尿姿势和其他动物不同,公犬站立抬起一条后腿,且撒向目的物;母犬后躯蹲下,撒在地上。如排尿努责、不安、痛感多为膀胱炎、尿道结石或包皮炎。犬瘟热、尿结石、膀胱麻痹或腰部脊髓损伤等疾病往往出现排尿失禁与淋漓。排尿次数减少,多见于急性肾炎、呕吐和腹泻等。

# 三、投药方法

对藏獒的投药方法主要有:经口投药、直肠投药、注射法、局部给药等。

## (一)经口投药

经口投药包括拌食法、灌服法和胃管投药法3种。

**1. 拌食法**　当藏獒病犬尚有食欲,所用药物无异味、无刺激性时,可将药物研成粉末与藏獒喜食的食料拌匀后,让藏獒自行吃食。为使藏獒病犬顺利吃进拌入药物的食物,应在藏獒饥饿状态下喂食,并注意食物不宜多,以便让藏獒吃完。

**2. 灌服法**　强行将药物经口灌服的方法。用于量小、又无明显刺激性的药物,无论藏獒有无食欲,均可用此法投服药物。藏獒取自然站立或坐立姿势,以拇指与食指和中指捏住犬颊两侧,使藏獒稍张开口后,两手拉开上、下颌使口腔张大,然后把药片或胶囊放到舌根部,合拢犬嘴,上举嘴巴,同时可刺激咽部,使藏獒产生吞咽动作。投入液体药物时,可从嘴巴侧面拉起下唇,把药液注入凹囊,稍抬高嘴巴,使藏獒自然吞咽药液。

**3. 胃管投药法**　胃管投药法是用胃管将药物直接投入藏獒

胃内的一种方法。经口的胃管投药，优点是可以投入大量药液，方法简单、安全可靠，且不浪费药物。对藏獒幼犬和病情较重的藏獒，可不经镇静药处理便可顺利投入。对处于兴奋状态的藏獒，投药前需给予镇静剂。藏獒成年犬采取坐立姿势保定，藏獒幼犬可将前躯抬高呈竖直姿势。藏獒成年犬用开口器打开口腔，对藏獒幼犬用手指在犬的口角两侧的颌骨角处向口腔内压迫，即可打开口腔。应选择直径合适的胃导管投药（藏獒幼犬选用直径 0.5～0.6 厘米，藏獒成年犬选用直径 1～1.5 厘米的橡胶管或塑料管）。投药前，用胃导管测量藏獒犬的鼻端到第八肋骨处的距离，并在胃导管上做好记号。胃导管端涂以润滑剂，插入口腔内，从舌的背面缓慢地向咽部推进。当藏獒出现吞咽动作时，将胃导管推入食管内。正确插入后，继续推进胃导管到记号处，这时表明胃导管已进入了胃内。然后连接漏斗或大注射器，将药液灌入。灌完药液后，除去漏斗或注射器，压扁导管末端，拔除胃导管。

### （二）直肠投药

患病藏獒往往出现严重的呕吐症状，经口投入的药液便随呕吐物损失浪费，故对出现呕吐症状的藏獒犬，宜实施直肠投药。直肠投药主要用于治疗便秘、肠套叠整复、直肠疾患以及直肠输液等。其方法是抓住藏獒的两条后肢，抬高后躯，将尾拉向一侧。用肥皂水将肛门洗净，用直径 20～30 毫米的橡胶导尿管经肛门向直肠内插入 10 厘米。用注射器吸取药液，灌入 20～100 毫升，然后拔下导管，将尾根压迫在肛门上片刻，防止努责，然后松解保定。

### （三）注 射 法

注射法就是应用注射器械，将药液经一定途径注入藏獒病犬体内以达到治疗疾病的方法。包括皮下注射、肌内注射、静脉注射和腹腔注射。

**1. 皮下注射** 将药物注射于皮下结缔组织内,经毛细血管、淋巴管吸收,进入血液循环。因皮下有脂肪层,吸收速度较慢,一般在注射后 5～10 分钟才呈现效果。凡是易溶解、无刺激性的等渗药品以及菌苗和疫苗,都可进行皮下注射。注射部位以肩和臀部的背面为宜。局部消毒,用左手食指、中指和拇指捏起皮肤,在形成褶皱的三角形凹处刺入皮下,确认针尖在皮下能自由移动和未刺入血管内时,缓慢地注入药液。注射完毕后,用左手按住注射针孔,以防止拔针后药液漏出,同时按摩局部以促进吸收。注射20 毫升以上药液时,最好用热毛巾充分按摩,对注入大量液体或犬体质衰弱时,为了促进吸收,可添加透明质酸酶。

**2. 肌内注射** 肌肉内血管丰富,注射药剂后吸收较快,效果仅次于静脉注射。加之肌肉内感觉神经较皮下少,故疼痛较微。一般刺激性较强的药液和较难吸收的药液,均可采用此法。但刺激性较强的药液如氯化钙、高渗盐水等,不能进行肌内注射。注射部位以肌肉丰富的臀部为宜。局部消毒后,注射针垂直刺入皮肤一定深度,为了减少疼痛,推入药液应匀速。拔针后,用酒精棉球按压,以防止出血和药液漏出。

**3. 静脉注射** 将药物直接注射到静脉血管内的方法,称为静脉注射。注射部位以后肢外侧的隐静脉前支和前肢的桡侧静脉为宜。静脉注射前,术部剪毛、消毒。

隐静脉前支位于跗关节外侧,距跗关节上方 5～10 厘米处的皮下,由前向斜后上方行走,易于滑动。注射时,使藏獒侧卧保定,由助手握住膝关节上部或用止血带扎住上部,使静脉怒张。操作者位于藏獒的腹侧,左手从内侧握住下肢以固定静脉,右手持注射针由左手指端处刺入静脉。

桡侧静脉位于前肢前部,在下 1/3 处向内行走。藏獒可侧卧、俯卧或站立保定,助手或藏獒主人从藏獒的后侧握住肘部,向上牵拉皮肤使静脉怒张,也可用橡皮条结扎使静脉怒张。操作者位于藏獒的前面,注射针由前腕的上 1/3 处刺入静脉,当确定针在血管内后,可把注射针和下肢同时握住固定,即可注入药液。静脉输液时,可用胶布缠绕固定针头。

**4. 腹腔注射** 腹膜是一层光滑的浆膜,分为壁层和脏层,两层之间是一个密闭的空腔,即腹膜腔,正常仅有少量液体,润滑腹膜以减少摩擦。腹膜面积很大,大约等于体表皮肤的总面积。腹膜毛细血管和淋巴管多,吸收力强。当腹膜腔内有少量积液、积气时,可被完全吸收。利用腹膜这一特性,将药液注入腹膜腔内,经腹膜吸收进入血液循环,药物作用的速度,仅次于静脉注射。注射部位可选择下腹部腹正中线两侧 2～4 厘米处,注意避开膀胱和肝脏。本法适用于注射液量大时或用于治疗腹腔脏器疾患。注射时,藏獒犬取仰卧或侧卧姿势,牢固保定,局部剪毛,严格消毒后,术者持注射器,将针头垂直刺入腹腔,然后回抽针管活塞,如无血液或其他脏器内容物进入针管,确认针头已正确刺入腹膜内时,才可固定针头,进行注射。

无论采用上述哪种注射方法,都要注意注射器具和局部必须严格消毒,注射前详细检查药物的种类、数量是否与处方要求的一致,是否有配伍禁忌,是否在有效期内等。大量静脉注射或腹腔注射时,药液不能过凉或过热,最好与藏獒的体温一致。如在注射过程中出现过敏反应,应立即停药,并采用抗过敏药物解救。有些药物不慎漏入皮下,可发生炎症甚至引起组织坏死,应及时给予妥善处理。

### (四)局部给药

**1. 眼睛局部给药** 药物包括眼药水、眼药膏、结膜下注射药和洗眼药等。眼药水滴入眼角结膜囊内,勿使滴管与眼睛接触,一般滴入 2 滴,每隔 2 小时给药 1 次。眼药膏挤入眼睑的边缘处,4～6 小时给药 1 次。结膜下注射药,如青霉素、醋酸可的松等,

1～2天注射1次。洗眼药则根据情况可1天冲洗2～3次。

**2. 耳部局部用药**　内耳禁忌使用大量的药液或粉剂。稀薄的油膏或丙二醇常作为耳局部用药的赋形剂。一般常用的药物有盐酸土霉素、过氧化氢。一般向耳内滴入几滴,然后用手掌轻轻按摩,以便使药物与耳道充分接触发挥药物作用。

**3. 鼻部局部给药**　常用等渗药液滴入鼻腔内。勿使滴管接触鼻腔黏膜,鼻腔内禁用油膏,因为它会损伤鼻黏膜或因不慎吸入,产生类脂性肺炎。

# 四、麻醉方法

## (一)全身麻醉

全身麻醉指用药物使中枢神经系统产生广泛的抑制,暂时使机体的意识、感觉、反射活动和肌肉张力出现不同程度的减弱和完全丧失,但仍然保持延髓生命中枢的功能,使之处于适宜的外科手术状态。

**1. 麻醉前的准备工作**

(1)患病犬的检查　全身麻醉之前,必须对患病动物进行细致检查。首先应详细询问饲养情况和病史,如在麻醉前用过何种药物,其次应进行体态及外貌检查。

(2)禁食　有些手术是在紧急情况下进行的,没有充裕时间做准备工作。但大多数手术都是事先计划安排的,在这种情况下,应对患病动物限制采食。犬一般应禁食8～12小时,最好同时停止饮水2小时。

**2. 麻醉分期**　中枢神经系统各个部位对麻醉药有不同的感受性,随血液中药物浓度的升高,各个部位可依次出现不同程度的麻醉。一般顺序是:先麻醉大脑皮质,其次是皮质下中枢,再次是脊髓,最后为延髓。故麻醉药物对动物的麻醉作用是一个由浅入深的连续过程。麻醉过程可分成 4 期。

第一期为镇痛期（随意运动期）。此期痛觉逐渐迟钝以至消失，触觉次之，听觉最后。肌肉张力正常，此时动物呈蒙眬状态。呼吸迅速而不规则，脉搏加速，血压升高，角膜、眼睑、皮肤、吞咽等反射均存在。

第二期为兴奋期（不随意运动期）。随着血液中药物浓度的不断升高，大脑的意识与感觉几乎全部消失，使皮质下中枢失去大脑皮质的控制与调节，而动物表现出不随意运动性兴奋。犬会出现悲鸣或轻轻吠叫，四肢做剧烈的奔跑动作。此期呼吸极不规则，脉搏急促，血压升高，瞳孔扩大，肌肉张力显著增加，眼睑、角膜、皮肤、吞咽、咳嗽等各种反射均存在，犬有时会出现反射性呕吐。

第三期为外科麻醉期。随着血液中药物浓度继续升高，很快便进入外科麻醉期。此期大脑、间脑、中脑、脑桥自上而下逐渐抑制，脊髓的功能亦由后向前逐渐抑制，但延髓的功能依然保持。

第四期为延髓麻醉期。麻醉时严防达到此期。

**3. 复合麻醉**　为了增强麻醉药的作用，降低毒性与副作用，扩大麻醉药的应用范围，临床上常采用复合麻醉法。具体内容包括麻醉前给药和麻醉给药。在应用麻醉药之前，先给一种或多种药物，其目的是减少全身麻醉药的需要量，扩大其安全范围；对患病藏獒产生安定作用，以防止藏獒对麻醉产生恐惧与挣扎；减少唾液腺与呼吸道黏膜腺体的分泌，使呼吸道保持畅通；降低胃肠蠕动，防止藏獒在麻醉时呕吐；阻断迷走神经反射，预防发射型心率减慢或骤停。

（1）硫酸吗啡　对解除疼痛、减少麻醉药的用量均有重要作用。通常皮下注射后 30～45 分钟，吗啡的作用达到高峰。按每千克体重 0.11～2.2 毫克，皮下注射。在应用吗啡的同时，常规皮下或肌内注射硫酸阿托品，可防止犬流涎和支气管腺体分泌。

（2）硫酸阿托品　硫酸阿托品是常用的麻醉前给药，它具有抑制唾液腺、支气管腺体的分泌,并可阻断心脏迷走神经的作用,可对抗因迷走神经过度兴奋所致的心律失常和心脏传导阻滞。在诱导麻醉前 20 分钟,按每千克体重 0.05 毫克皮下注射。

**4. 常用的麻醉药及临床应用** 根据麻醉药物种类和麻醉目的,给药途径有吸入、注射(皮下、肌内、静脉、腹腔内)、口服、直肠内注入等多种方法。常用药物有静松灵、速眠新、保定宁、硫喷妥钠等。

(1)静松灵 静松灵(二甲苯胺噻唑)是镇痛、镇静、肌肉松弛药。对藏獒具有用量小、作用迅速、应用简便、使用安全等特点。可用于各种保定,各种临床如外科、产科手术,在一般剂量下,藏獒表现沉郁、嗜睡或呈熟睡状态。大剂量使用下,可使藏獒进入深度麻醉状态,但往往出现心跳次数减少,呼吸变慢、变少。为了减少这种副作用,可在用静松灵前 15～20 分钟,先按每千克体重皮下注射硫酸阿托品 0.05 毫克,然后再注射静松灵,按每千克体重1.5～1.8 毫克,肌内注射。

该麻醉药在肌内注射后 7～15 分钟出现麻醉作用,通常镇静作用可维持 1～2 小时,镇痛作用可维持 15～30 分钟。大剂量肌内注射后常常出现呼吸次数减少,呼吸变慢,甚至呼吸出现间隙。当患犬出现呼吸间隙时,应对藏獒患犬进行人工呼吸。另外,使用静松灵时,对妊娠后期的藏獒母犬应当慎重,用量过大有时会引起流产。

(2)速眠新(846)麻醉注射液 是广泛应用于犬科动物的麻醉剂。该药具有广泛的镇痛、制动确实、诱导和苏醒平稳等特点,一般采用肌内注射,每千克体重 0.01～0.03 毫升。肌肉松弛维持时间短,诱导期长(最长 8 分钟),藏獒患犬多处于浅麻醉状,可作为保定剂量、完成小手术。如剂量按每千克体重 0.04～0.05 毫升,诱导期 3～5 分钟,平稳进入麻醉期,肌肉松弛充分,维持时间 60分钟,藏獒呼吸次数减少,但呼吸平稳,心率变化平稳。如果手术时间长,还可在术中追加麻醉。手术结束后需要藏獒病犬苏醒时,可用速眠新的拮抗剂——速醒灵静脉注射,注射剂量应与速眠新的剂量相等,静脉注射后1~1.5分钟,藏獒苏醒站立。

(3)保定宁 保定宁是静松灵和乙二胺四乙酸的等量配合,用于手术麻醉,临床止痛优于单独使用静松灵,使用方法同静松灵。

**(二)局部麻醉**

借助局部麻醉药的作用,选择性地作用于感觉神经纤维或感觉神经末梢,产生暂时的可逆性的麻醉作用,从而达到无痛手术的目的。局部麻醉简便、安全,适用范围广。

**1. 局部麻醉的方法**

(1)表面麻醉 将药液滴、涂或喷洒于黏膜表面,让药物透过黏膜,使黏膜下感觉神经末梢产生麻醉。一般选用穿透力较强的局部麻醉药,如1%~2%地卡因注射液、2%利多卡因注射液等。该方法广泛用于眼、鼻、口腔、阴道黏膜的麻醉。

(2)浸润麻醉 将药液注射到皮下或深部组织中,使麻醉药液与浸润区域内的感觉神经纤维或末梢相接触而产生麻醉。最常用的局麻药为普鲁卡因。为了减少药物的吸收,延长麻醉时间,常在药液中加入适量的盐酸肾上腺素。

(3)传导麻醉 将药液注射于相关的神经干周围,使该神经干所支配的区域感觉消失。此方法的优点是用药量少,麻醉范围广。常用2%~3%普鲁卡因或1%~2%利多卡因注射液。

(4)硬膜外麻醉 本法可用于不适宜全身麻醉的开腹手术及断趾、断尾等后躯、后肢的各种手术,且对胎儿无不良影响,适用于剖宫产手术。

**2. 常用的局部麻醉药**

(1)盐酸普鲁卡因 盐酸普鲁卡因亦称奴佛卡因,是目前应用最广、效果最好的一种局部麻醉药。它对黏膜的穿透力很弱,不适用于表面麻醉。普鲁卡因没有血管收缩作用,吸收很快,麻醉时间较短,约维持 30 分钟。若在药液中加入肾上腺素可维持麻醉时间1.5 小时。普鲁卡因主要用于:

①浸润麻醉。一般使用 0.5%～1% 浓度。盐酸普鲁卡因的平均最小致死量,在皮下注射的情况下,藏獒每千克体重为 0.25克。所以,在浸润麻醉时,一次用量不宜太大。

②传导麻醉。一般使用 2% 浓度,根据神经干的粗细不同,每根神经干注射 2～10 毫升。

③腰荐硬膜外麻醉。可用 2% 浓度,剂量按每千克体重 0.4毫升,用于进行剖宫产手术时,应将胎儿及附属物的重量除外来计算体重。一般给药后 3～5 分钟出现麻醉,维持 40～90 分钟。

(2)利多卡因 利多卡因亦称昔罗卡因。它的特点是产生作用快,比普鲁卡因约快 2 倍。麻醉时间可维持 1.5 小时,而且扩散广,穿透力强,对组织无刺激性。可用于犬气管插管时的表面麻醉。亦可用于硬膜外麻醉,藏獒的用量为 2% 注射液 1～10 毫升,加 1：10 万浓度的肾上腺素。

(3)地卡因 地卡因亦称丁卡因或潘托卡因。它的麻醉作用与毒性作用约比普鲁卡因大 10 倍。用药后产生麻醉作用较慢,5～10 分钟不等。麻醉维持时间比普鲁卡因长,可达 2～3 小时。没有血管收缩作用,药液中应加入肾上腺素。其作用特点是穿透力强,易为黏膜吸收,适用于表面麻醉。它主要用于滴眼麻醉,藏獒用 0.5% 溶液,不会损伤角膜。

# 五、输液疗法

输液在藏獒疾病治疗中是非常重要的,尤其在机体的水、电解质、酸碱平衡紊乱时,必须及时输液,以消除或缓解由此引起的一系列症状。同时,通过输液也可对废食和外科手术藏獒补充能量和营养物质。

### （一）输液量的确定

对藏獒病犬制定输液方案前，首先确定诊断有无脱水及程度如何，通常可根据病史、临床症状和体征来判断，准确的方法是测定体液渗透压或血钠浓度。临床上常根据藏獒病犬皮肤弹性变化来判断，能更直观地反映体液变化情况。

检查皮肤弹性的具体方法是使藏獒取站立或侧卧位，站立时检查最佳部位是腰背正中部，侧卧时可检查胸壁或四肢上部。手指拎起皮肤形成皱褶后松开，观察复原时间，正常为 1.5～2 秒。判断脱水程度可见表 10-1。

表 10-1 脱水程度的判定

| 脱水程度（占体重） | 体　　征 |
|---|---|
| 5%以下 | 无异常 |
| 6% | 皮肤弹性稍降低 |
| 8% | 皮肤弹性降低，皮褶复原时间 2～3 秒，眼球稍凹陷，黏膜干燥 |
| 10%～12% | 皮肤弹性显著降低，皮褶复原时间 3 秒以上，眼球明显凹陷，衰竭或休克 |
| 12%～15% | 明显休克或濒死状态 |

$$纠正脱水所需流体输入量（升）＝体重（千克）×脱水程度$$
$$病犬 1 天的输液量＝纠正量＋维持量＋丧失量$$

维持量是犬体在 1 天内（24 小时）以尿液、不显蒸发等形式自然丢失而必须补充的量，一般为每千克体重 44 毫升。丧失量为呕吐、腹泻等病理丢失量，此量不清楚时可按 0 计算，当脱水状态纠正后，日输液量＝维持量＋丧失量。

### (二)输液剂量的确定

输液方法的实际疗效如何,取决于能否根据不同的病情和临床症状,尤其是体液紊乱的具体病理变化特点来选择适当的输液剂量。渗透压是选择输液剂量重要的参数,藏獒正常血浆渗透压是 280～300 毫渗透摩尔/升(mosm/L)。体液平衡紊乱归根到底是体液渗透压紊乱的缘故。在藏獒病犬的体液紊乱中,常发生不同程度的脱水,根据水和电解质丢失的不同,将脱水分为 3 类。

**1. 高渗性脱水** 即水的丢失比电解质多的脱水。主要见于摄水量不足或呼气中水分严重丢失,如热射病等。临床表现为病犬尿少而浓缩,有饮欲,精神沉郁,肌肉紧张,口腔黏膜干燥,血浆渗透压及血钠浓度增高。治疗应选择低渗盐溶液。

**2. 低渗性脱水** 即电解质丢失比水多的脱水,主要见于慢性肾上腺功能降低或严重腹泻以及等渗性脱水仅输 5% 葡萄糖注射液等。临床表现为多尿及尿比重降低,皮温降低,四肢厥冷,外周循环衰竭综合征,肌肉痉挛,血浆渗透压及血钠降低。治疗应选择高渗或等渗盐溶液。

**3. 等渗性脱水** 即水和电解质同等比例丢失的脱水。藏獒常见的脱水多为此种类型。治疗应选择等渗平衡盐溶液,乳酸林格氏液为首选药物,因其电解质组成接近藏獒的正常体液成分。

治疗高渗性脱水时,低渗液快速输入易导致脑水肿,应引起注意。治疗低渗性脱水皮下给液时,尤其是藏獒仔犬,不应大量注射 5% 葡萄糖注射液或 10% 葡萄糖注射液,因葡萄糖在皮下扩散慢(12 小时),可造成局部高渗状态,使循环血量进一步减少而导致休克死亡。对各种疾病的早期输液,以低渗盐溶液为主,因其有足量的水、钠离子、氯离子、碳酸氢根离子,不含钾离子,通用于高渗性和低渗性脱水,具有很高的安全性。等渗液一般不能单独作为维持输液溶液使用。

### （三）电解质的补充

犬剧烈呕吐时，随胃液丢失大量的氯离子和钾离子，钠离子丢失较少，因而体液呈低氯和低钾状态，临床表现为胃肠蠕动减弱、肌无力、意识障碍、心律失常、血压下降。腹泻时，消化道内钠离子、氯离子、碳酸氢根离子的丢失较明显，钾离子也有少量丢失。藏獒废食时，钠离子、钾离子失去来源，但肾脏仍有部分钾离子排出体外。另外，连续使用胰岛素、利尿药及强心药时，也可造成低钠血症和低钾血症。

脱水性低钠血症的治疗，可用高渗或等渗溶液直接补充。高钠血症一般是由水缺乏而引起，常见于注射碳酸氢钠过多，输入食盐过多、高醛固酮症等，治疗应以针对原发病为主。

藏獒的低钾血症经常发生，而且对机体的影响较大，需及时补充。但输入钾液的剂量、浓度、速度必须严格控制。

高钾血症主要见于尿闭或少尿的肾功能障碍，钾离子不能由尿正常排泄。治疗可用葡萄糖酸钙或碳酸氢钠，也可用葡萄糖和胰岛素混合液（按 1 个单位胰岛素加 2～4 克葡萄糖的比例输入）。

### （四）纠正酸、碱平衡紊乱

藏獒病犬常见的酸、碱平衡紊乱，主要是代谢性酸中毒。血液 pH 值超出 7.35。带有肠内容物的剧烈呕吐和腹泻时，碱性小肠液大量丧失（用 pH 试纸测呕吐液，可确定有无碱的丢失）。尿毒症等肾功能衰竭时，肾脏对碳酸氢根重吸收障碍以及糖尿病性酮血症等时，都可引起代谢性酸中毒。酸中毒的确切诊断需测血液 pH 值或血浆二氧化碳结合力，于采血后 6 小时内检测。静脉血的 pH 值比动脉血低 0.03 左右。临床上根据可视黏膜发绀、呼吸困难、血管充盈时间延长、脱水等，并结合腹泻和呕吐情况，可初步确诊。在酸中毒的治疗中，必须考虑到机体对酸碱平衡的代偿作用,轻症酸中毒时,可用乳酸林格氏液;重症酸中毒(pH 值 7.2 以下)时,要投给碳酸氢钠。碳酸氢钠的输入量,可按酸中毒的轻症、中度、重症,分别为每千克体重 1.5 毫摩尔、3.0 毫摩尔、4.5 毫摩尔。对伴有休克、缺氧、肝功能障碍或右心衰竭而可能有乳酸酸血症时,禁止使用乳酸盐。输液补碱过程中,必须注意观察藏獒病犬的反应,不能投给过量。尿的 pH 值变化可作为治疗效果的一个指标。

藏獒很少发生碱中毒,主要见于反复呕吐而不食的病犬,由于丧失大量的酸性胃液而导致碱中毒。治疗可选用氯化铵,稀释成等渗液后静脉输入。氯化钾或林格氏液＋0.9％氯化钠注射液较适宜,但禁止使用乳酸盐或碳酸盐。

### (五)输液原则

**1. 输液量和输液成分的确定** 输液过程中应不断监视临床症状,定期检查尿量、尿比重及血液等,至少每日评价 1 次液体治疗效果,随着症状的变化,相应修正输液方案。治疗性诊断时,尤其是纠正酸、碱中毒和补钾时,为了慎重起见,先投给半量,观察疗效如何,然后再决定是否投给剩余量。钾的补充还应注意是否尿畅和肾功能正常,否则不能补钾。在治疗程序上应首先迅速纠正血容量不足,维持有效的循环血量,然后纠正体液电解质和酸碱平衡失调,一并治疗原发病。多数情况下,添加维生素、保肝药、抗生素是有益的。

藏獒病犬的纠正量可于 1～2 天纠正。维持治疗时,应注意记录尿量和尿比重以及呕吐和腹泻量,对 30 千克重的藏獒病犬,每日输入 0.5 升平衡盐注射液(林格氏液)或 1 升 0.45％氯化钠溶液,加氯化钾 35 毫摩尔,此外要输入足量的 5％葡萄糖注射液,使每日输入总量与上述估计的丢失量平衡。维持治疗超过 5 天仍不食的患犬,适当补充镁和钙。大量输入葡萄糖注射液时,应适当补

充维生素 $B_1$，以促进糖代谢。

**2. 输液途径**　当脱水程度为 8％以下时，宜于皮下输液；脱水程度为 8％以上时，1/3 量可静脉输液，剩余量同时皮下输液或间隔 8 小时皮下输液，这对幼、仔犬尤为适用。皮下输液可用等渗或低渗溶液，但不能单纯输入葡萄糖注射液。皮下输液要避开四肢，以背上部最适宜。此外，也可腹腔输液，且较皮下输液吸收快，但要注意注射时不能损伤肠管及腹腔。冬季输液时，溶液应温热到 38℃ 为宜。

**3. 输液速度**　对低血容量性休克或严重脱水的藏獒病犬，当心脏功能正常时，静脉输入等渗溶液每千克体重的最大速度为 88 毫升/时，藏獒初生仔犬为 4 毫升/时。同时，注意观察尿量的变化，通常静脉输液速度以每千克体重每小时 10～16 毫升为宜。

# 六、危症急救方法

藏獒由于原发性或继发性的原因在短时间内突然陷入病危状态，若不及时采取妥善的处置方法，多转归死亡。

## （一）常见的原因

交通事故、外伤等造成中枢神经和内脏器官的损伤或骨折、大出血、气胸、血胸、横膈膜疝等；原发性心脏疾病，如心肌病、心肌梗死、二尖瓣关闭不全、急性淤血性心功能不全等；严重的贫血、酸碱平衡失调及电解质紊乱；器官麻痹、急性肺出血；急性胰腺炎、胃扩张、胃捻转等急性腹部疾病；排尿障碍或急性肾功能不全；烫伤、败血症、中毒性休克、过敏反应；麻醉及手术失宜等。

## （二）症　状

各种危症最后都表现为心、肺功能降低或丧失。意识和反射功能减弱或消失。

**1. 异常呼吸** 如呼吸浅表、不均，用力呼吸、深呼吸及呼吸停止。

**2. 心脏功能不全或心跳停止** 可见严重心律失常（心搏动与股动脉搏动次数不一致，一般心搏动数较多），出现颈静脉搏动，口腔黏膜和舌苍白或发绀，脉搏微弱或消失，心室纤颤以致心跳停止。

**（三）急救方法**

通常抢救处置的顺序为保证呼吸道畅通（拉出舌头、清理呼吸道、气管切开、气管内插管等），必要时进行人工呼吸、输氧，止血，输血、输液，以维持血压；外伤的应急处置；使用镇痛药解除疼痛。对病因不明的要进行系统检查。

# 第十一章 藏獒繁殖疾病的防治

藏獒的繁殖疾病种类很多。公犬繁殖疾病主要有性无能,精液品质降低或无精。防治公犬繁殖疾病,主要通过预防和治疗公犬繁殖障碍,提高公犬的交配能力和精液品质,最终提高母犬的配种受胎率和繁殖率。母犬繁殖疾病主要有卵巢疾病、生殖道疾病、产科疾病等三大类。卵巢疾病主要通过影响发情排卵而影响受配率和配种受胎率,某些疾病也可引起胚胎死亡或并发产科疾病;生殖道疾病主要影响胚胎的发育与成活,其中一些还可引起卵巢疾病;产科疾病轻则诱发生殖道疾病和卵巢疾病,重则引起母犬和幼犬死亡。防治母犬繁殖疾病,对于提高繁殖力具有重要意义。

## 第一节 藏獒的不育症

不育症在各种家畜中都有表现,藏獒的不育是指暂时性或永久性不能繁殖。事实上,在藏獒原产地发生不育的现象非常少见。在藏獒产区,宽阔的草原、雄伟的山峦、清新的空气都有益于藏獒的发育和健康。藏獒被视为"像喜马拉雅山的山峰一样强壮",极少出现不育症和假孕症等繁殖疾患。有例证说明藏獒公犬在12岁以前都有配种能力并产生后代,母犬至13岁仍能受胎并分娩。

藏獒的不育目前主要发生在原产地以外的地区。换言之,造成国内各地目前所出现的藏獒不育的主要原因是环境变迁、饲养管理不善、疾病防治措施不力所致。深究不育的原因,对症采取措施,才会取得一定的效果。

# 一、藏獒母犬的不孕

藏獒母犬的不育习惯上称之为不孕。

## (一)饲养管理不当引起的不孕

饲养管理不当,首先是指未能给母犬提供所需要的各种营养物质,不能保证母犬获得全价平衡的食料。特别是各种蛋白质、矿物质和维生素的缺乏或过量都会影响母犬的营养平衡,造成母犬不能正常发情、排卵、配种,出现不孕。营养不良所造成母犬不孕的情况有以下几种。

**1. 能量、蛋白质不平衡导致母犬过肥** 长期饲喂过多的蛋白质、脂肪和碳水化合物饲料,同时缺乏运动,母犬出现营养过剩,体内蓄积过多的脂肪,卵巢表面沉积大量脂肪,卵泡上皮脂肪变性,影响正常卵泡发育和排卵,母犬因之长期不发情、不排卵、不孕。这种现象目前在我国内地比较普遍,一种情况是一些热爱藏獒的朋友,对藏獒追求"以胖为美",把藏獒看成宠物,"狗儿胖胖的非常可爱",所以唯恐自己的藏獒吃得少、长不胖,影响生长发育。因此,"狗比人吃得好",采购和投喂了如火腿肠、鸡蛋、猪肉、鸡翅和高能量的"狗粮";同时,由于空间上和时间上条件的限制,藏獒不能得到充分的活动与锻炼,造成体质疏松,体型过于肥胖。另一种情况是一些养藏獒的专业户,根据社会上许多人喜欢藏獒胖大的心态,有意识地用高能饲料饲喂种犬,造成犬只体型过胖。

**2. 缺乏矿物质营养** 饲料中缺乏钙、磷、铜、硒、锌等常量和微量矿物质元素,使藏獒幼母犬各种组织结构与功能发育受阻,作为在系统发育中出现较晚的生殖系统,在个体发育中出现也较晚,但出生后发育优势特别明显,这样的器官,在营养不足,特别是矿物质不足时,受到影响最大,形成了较严重的器质性发育不良,成年后母犬表现不孕。

**3. 缺乏维生素营养**　维生素 A 不足或缺乏,不仅引起犬体内蛋白质合成、矿物质和其他营养代谢过程的障碍,影响包括生殖系统在内的各种组织器官生长发育,还造成内分泌紊乱,性激素分泌不足,母犬子宫黏膜上皮变性,以及卵泡闭锁或形成囊肿,不能正常发情排卵和受胎。

维生素 $B_1$ 缺乏时,可使母犬子宫收缩功能减弱,卵细胞生成和排卵遭到破坏,长期不发情。

维生素 E 缺乏时,可引起母犬妊娠中断、死胎、弱胎或隐性流产(胚胎消失)。长期不足则使卵巢和子宫黏膜发生变性,变成经久性不孕。

维生素 D 对母犬的生殖能力虽无直接影响,但对矿物质,特别是与钙、磷的吸收和代谢有密切关系。因此,维生素 D 不足,也间接引起不孕。

对营养不平衡、饲养管理不善所引起的母犬不孕,生产中应以加强饲养管理入手,注意从乏情期开始调整母犬的营养水平和各种营养物质的平衡供给。各种维生素类营养物质的补给最直接的方式是以一定的片剂、丸剂,分别按剂量直接喂到母犬嘴内。在规模养犬场,不太可能每只犬分别投喂时,可选用"牧乐维他"等粉剂混于饲料中,但应注意防止因加热、光照等各种因素的影响使维生素类物质失去生物活性和功效。另外,饲料中的有毒有害物质也会引起不孕。某些饲料本身存在对生殖有毒性作用的物质,如大部分豆科植物和部分葛科植物中存在植物雌激素,对母犬可引起卵泡囊肿、持续发情和流产等。棉籽饼中含有的棉酚,可使母犬受胎率和胚胎成活率降低。

## (二)环境因素引起的不孕

藏獒母犬的生殖功能,包括发情、配种、妊娠等一系列过程,与其产区生境条件形成了高度的协调与统一,或者说藏獒品种形成、品种的种质特性都具有产区生态环境影响的印记。藏獒母犬的生殖功能与产区的日照、气温、湿度、降雨,以及植被和食料等均有直接的关系。在藏獒中,个体间的差异总是存在的,部分体质类型属于"多血质"的母犬,对环境的变化就比较敏感,当生活条件发生改变,诸如发生饲料、主人更换迁移、转群、转场等情况,或出现海拔、气候、光照、气温等环境变化时,较敏感的藏獒母犬往往短时间内难以适应。特别是一些大龄母犬,很难通过自己的短期调整,使各种组织和器官之间、犬机体与外界环境之间形成较好的协调与平衡,包括生殖系统在内的各种组织器官,都要进行逐步的调整,才能与各种环境因子形成新的协调和统一。在这种协调性未建立之前,有些母犬表现不发情,或发情不排卵。

因此,在进行迁移、转群、场地更换时,应尽量减轻环境变化的影响。例如,饲料的转变不要太突然,主人或饲养员变换不要太频繁,特别是应尽可能地妥善安排迁移季节。青藏高原气温凉爽,光照强烈,海拔高,是藏獒生长、生存和生产的最佳环境。从青藏高原向内地沿海气温较高的地区迁移藏獒应安排在冬季到达。此时内地气温相对较低,降雨不多,与藏獒产地的气候差别不大。藏獒到达后,有较充足的时间逐渐适应,恢复体况,增强体质,保持健康,以至安全度过炎热的夏季,并在新地区第一个气温降低前的繁殖季节到来时,能自然地调动生殖系统功能,正常进入发情期,配种并完成妊娠。

### (三)功能性不孕

功能性不孕的原因,大体可分为两大类。一类是先天性的,多见于性染色体异常。这类藏獒母犬极少见,应予淘汰;另一类不孕,是饲养管理不当、营养不平衡,影响了母犬生殖系统的发育,或者是内分泌功能失调、性激素分泌紊乱所致。对于前者,自然应从改善饲养管理入手,加强营养补充和适当的药物调理,一般可以治愈。对于内分泌系统激素紊乱所造成的不育,一般应采用激素和抗生素类药物综合治疗的方法。这类治疗,应由专门的兽医人员进行。表现形式首先是发情异常,包括发情周期异常和发情表现异常两大类,前者又包括发情提前、发情滞后、不发情乃至乏情,初情期、发情前期和发情期延长或推迟等。后者主要指发情征兆不明显和异常发情的现象。

**1. 发情周期异常**

(1)初情期推迟　指藏獒母犬发育到发情年龄时,始终不发情,超过了预估的发情时间。造成初情期推迟的原因首先与母犬生长发育不足,特别是在幼年期和育成期营养不良、营养不平衡和饲养管理不善等原因有关,使犬的体质外形和组织器官发育受阻,至成年体躯结构表现出短、浅、窄的特点。而同时各种器官及其功能也未得到相应的发育,处于发育受阻阶段生理发育的水平和生理状态,以至于藏獒生殖系统、性激素的分泌功能低下,难以调动和保证犬只按时进入相应的生殖状态,表现出初情期推迟。事实上如果藏獒在幼龄期阶段能得到相应的培育,往往会表现出极大的生长强度,在10月龄时完成其成年体重90%以上的生长量,完成生殖系统的发育,保证生殖激素的正常分泌使犬只能按时有规律发情。

(2)乏情期延长　是指母犬经过一次或几次妊娠后,在某一较长时间段(超过10个月)不再发情。其中,最主要的原因还是母犬由于饲养管理不善、体况不良(过胖或过瘦),不能进入发情体况和发情的生理状态。而其中,有些母犬虽无发情表现,但卵巢上却有卵泡发育并成熟,可以排卵并交配受胎。这种情况称为安静发情或隐发情,发情表现很弱,容易被忽视而错过配种机会。对适龄藏獒母犬而言,如果身体健康无病,一般都能在每年固定的月份甚至日期发情,如果母犬进入发情季节而未发情,原因可能是内分泌系统生殖激素分泌紊乱所致,也不排除母犬受到生殖道感染。隐性发情的情况多见于老龄母犬,特别是 8 岁以上的藏獒母犬多见。由于年龄偏大,卵巢功能逐渐退化,内分泌不足,发情征候不明显,外观上难以见到阴门有血样分泌物,外阴部红肿也不明显。该类母犬有效繁殖力已在快速衰退,最好予以淘汰。如果必须配种,最好使用"试情公犬",以及时了解其发情状态,及时配种。对隐性发情的母犬,由于发情征候不明显,阴门分泌物稀少,交配欲望低,并往往藐视在犬群中处于低序位的公犬,通常应选取最强壮的青年公犬与配,并采取必要的人工辅助措施。

(3)母犬发情前期延长 母犬阴门不断有血样分泌物排出,并能接受公犬交配,但一般不能受胎。这种情况一般在发育较差的初情期藏獒母犬较为多见。由于初情期母犬尚处于机体发育阶段,生殖器官功能还未达到成熟,生殖激素的分泌欠协调,导致发情周期不规律,母犬发情断断续续,不能正常排卵或产生成熟的卵子,即使交配也不会受胎。同理,发情前期延长的不育现象在体况较差的藏獒老龄母犬或疫病感染的犬只间亦有发生。实践中应采取加强饲养管理、疫病防治和激素调节的综合措施对犬只进行诊治。造成母犬发情周期延长或发情滞后的原因很多,而其中大部分是在前一个繁殖季节中,由于各方面的原因,使得犬自身恢复较慢,生理调节没有完成所致。

生产中常见的发情滞后的现象,有以下几种。

①老龄母犬:老龄母犬由于生理功能退化、生命活动或新陈代谢不旺盛,在完成一个繁殖周期后需要较长的恢复时间,使得下一个发情周期相应延后,这种现象一般并不影响犬的繁殖,但如果推延太久(藏獒为 10 个月)就属于不正常,要仔细查找原因。

②营养体况太差的母犬:个别母犬由于体质类型、疫病、连产性等多种因素的影响,营养不良,体况太差,进入发情季节以后难以达到发情所需要的体况,不能及时发情或表现为发情滞后。

③连续产仔过多,自身损耗太高的母犬:这种情况比较多见,

应加强饲养管理,保证母犬恢复到发情体况和生理状态。这里应该强调的是,在母犬体况不良,体内营养储备未达到正常水平时,不仅往往发生空怀,而且即使母犬受配也往往不能产出发育良好、体质健壮的仔犬,影响繁殖质量。

④病后、术后尚处于恢复期的母犬:在我国北方牧区,犬的生殖系统病,如子宫炎、阴道炎等十分多见,这部分母犬体况较差,恢复达到发情体况需要较长的时间。

发情期延长在我国内地圈养条件下比较多见,可长达6个月,藏獒母犬表现出阴门水肿,分泌物有黏性,常伴有阴门瘙痒和脱毛。此种情况也可能伴有卵巢囊肿,母犬不能正常排卵,使发情期延长,形成不育。据报道,藏獒母犬患有卵巢颗粒细胞瘤时,由于颗粒细胞不断地分泌雌激素和孕酮,母犬的发情期可持续9个月之久。

(4)不发情　这里主要指由于营养、衰老、卵巢功能障碍、持久黄体、子宫异常等造成的处于发情年龄阶段的藏獒母犬,长期不发情、卵巢长期处于静止状态,无性周期活动的现象,原因有以下几种。

①营养性不发情:长期营养不足,饲料中缺乏能量、磷、维生素A、维生素E、硒、锰等,造成母犬不发情。

②衰老性不发情:藏獒母犬通常6岁以上已开始衰老,8岁以后生殖器官功能明显退化,卵巢对激素的反应降低,卵泡停止发育,停止发情。

③卵巢和子宫异常造成不发情:个别母犬由于营养、疾病等因素的影响,可能出现卵巢发育不全、卵巢囊肿、持久黄体、子宫蓄脓、黏液蓄积、胎儿干尸化等,均可导致母犬出现永久性或暂时性不发情。

④过强的应激:如过度的惩罚、饥渴、使役、温度变化等,环境变化应激超出了母犬所能耐受的程度,或者给母犬造成了超出其

调整范围的强烈刺激,造成母犬神经和内分泌系统紊乱,影响发情。

**2. 发情表现异常** 正常情况下,藏獒的发情及其外在的表现是规律的,有明显的征候,可以作为判断是否发情的依据。如果观察到的表现与相应的正常表现不一样,则被称为发情异常。出现发情异常多有其内在的深层原因,必须深究,以防藏獒出现不测或错失发情配种机会。藏獒的发情异常有以下几种。

(1)发情征候不明显 藏獒在发情时起码应该有 3 个方面的明显变化,即行为变化、外生殖器的变化和阴道分泌物的变化,而其中以后两种情况的异常比较多见,母犬的外生殖器在发情时红肿不明显,阴道分泌物少,色泽变化不明显,有的发情母犬在行为上却表现出能主动挑逗公犬,对接近的公犬有强烈的兴趣,却拒绝公犬的爬跨。发情征候不明显的现象多发生在老龄母犬,性器官功能衰退,生殖激素在犬发情时的分泌水平未能达到应有的峰值,或者母犬临近发情之前出现环境的剧烈变化,超出了母犬的调整适应能力,也影响到母犬自身对发情的行为生理的调整,出现发情不明显。

(2)发情期过短或过长 如初情期母犬,发育尚未完成,发情时间断断续续多有延长,从出现发情到接受交配需要 16~22 天,这种情况的发生也有多种原因,与母犬的发育程度、体况等有直接的关系;老龄藏獒母犬卵巢和其他性器官功能衰减,在一个发情期发育成熟的卵泡有限,发情期也相应较青壮龄母犬短。

(3)几种藏獒母犬的异常发情

①短促发情:发情时间非常短,从 3~4 天至 7~8 天不等,可能是母犬神经内分泌失调,卵巢快速排卵而缩短了发情期。

②持续发情:母犬发情时间很长,但卵泡迟迟不排卵,一般维持在 20 天以上。

③断续发情:发情时断时续,发情表现时有时无,持续在 20 天

以上,其原因也可能是卵泡交替发育所致,先发育的卵泡中途停止发育,萎缩退化,新卵泡又开始发育,导致发情断断续续。

④安静发情:母犬虽然表现出发情,但发情表现不明显,多发生在青年母犬或营养不良的母犬,一般认为,该种发情表现,与雌激素和孕酮的分泌量不足有关。

⑤慕雄狂:多为卵泡囊肿所致,表现为长时间处于性兴奋状态,母犬表现性欲亢进,持续发情,阴门红肿,偶尔有血样分泌物,神经敏感,性情凶猛,爬跨其他犬,但却拒绝交配。如果是在单侧卵巢发生,则有正常卵子排出,如果在双侧卵巢发生,则不会有正常卵子排出。

⑥妊娠发情:藏獒母犬一般在妊娠状态下都会停止发情和排卵,但也有个别母犬在妊娠状态下有发情和排卵现象,主要是犬的内分泌系统失调所致。

### (四)疾病性不育

藏獒母犬因疾病而导致不育的情况很多,一类是生殖器官非传染性疾病而导致的不孕不育。如母犬发生卵巢、输卵管、子宫、子宫颈或阴道疾病;另一类则由传染性疾病所引起的不孕,如布鲁氏菌、结核杆菌、李氏杆菌、弓形虫、钩端螺旋体等致病性病原菌,均能引起母犬发病,特别是引起生殖系统出现炎症,而影响母犬受胎。无论在藏獒原产地,还是在国内其他地区,因母犬疾病而致不孕的现象十分普遍。首先在牧区,对藏獒的各种疾病缺乏认识,极少重视,也无从治疗。即便在内地,众多的养犬户也只重视养殖,却忽视对藏獒母犬的保健性护理,导致绝大部分母犬,特别是经产母犬,在经过了1～2个繁殖周期后,即出现生殖系统疾患而发生不育,尤其是传染性疾病所造成的不育,危害十分严重。

**1. 非传染性疾病引起的藏獒母犬不孕**

(1)卵巢囊肿　在藏獒母犬中,卵巢囊肿的发病率约占卵巢疾病的 36.1%。藏獒母犬卵巢组织中未破裂的卵泡或黄体,因其成分发生变性和萎缩,形成空腔即为囊肿。有卵泡囊肿、黄体囊肿及卵巢实质囊肿 3 种类型。

一般认为,卵巢囊肿的形成与脑下垂体分泌促黄体激素不足有关,饲料中缺乏维生素 A、维生素 E,运动不足,继发性子宫炎,输卵管和卵巢的炎症,以及不适量的注射孕马血清、促性腺激素或雌激素等,都可能造成卵巢囊肿。藏獒母犬出现卵巢囊肿的比率极高,各年龄犬都可能发病,但随着年龄的增长,发病率相应提高。

出现卵泡囊肿时,由于分泌过多的卵泡素,而引起"慕雄狂"。而出现黄体囊肿时,母犬不发情。通常对患有卵巢囊肿的藏獒母犬,可以根据病因,在使用抗生素控制炎症的同时,加强饲养管理,科学配合营养或正确使用黄体酮、促黄体素等给予治疗。

(2)子宫蓄脓  子宫蓄脓指母犬子宫内蓄积大量脓性渗出物不能排出,又称子宫内膜囊肿性增生,或子宫蓄脓综合征。该综合征的病因目前尚不清楚,据分析认为可能与母犬子宫受到孕酮类或雌激素类药物的过度刺激有关。试验证明,对藏獒母犬注射外源性孕酮或孕酮与雌激素一起使用会诱发该病。该综合征常见于 5 岁以上的藏獒母犬,发病的表现以母犬子宫内膜腺的囊肿性增生为特征,多发生于黄体期,主要是子宫壁及子宫颈增生肥厚,致使子宫颈狭窄或阻塞,子宫内的渗出物不能排出,蓄积于子宫内导致慢性化脓性子宫内膜炎,或胎儿在子宫内死亡发生腐败分解产生多量脓液,发生子宫蓄脓。据报道,慢性化脓性子宫内膜炎的发生也与卵巢功能障碍和孕酮分泌增加及该类激素在母犬子宫组织中的代谢异常有关。

患有子宫蓄脓的藏獒母犬表现出精神沉郁,食欲不振,呕吐,多尿,体温有时升高。腹部膨大,触诊疼痛,有时伴有顽固性腹泻,阴门肿大,排出一种难闻的脓液。如不及时治疗,可能造成脓毒败血症。对该类病犬,可注射己烯雌酚,促进子宫收缩排脓,同时应用抗生素。

（3）阴道炎　原发性阴道炎常发生于第一次发情前，以母犬阴道排出黏稠的灰色或黄绿色分泌物，并黏附到阴门周围的皮毛上为特征。这种阴道炎基本无须治疗，在发情期过后病症即自行消失。通常藏獒母犬所患阴道炎是由于阴道及前庭黏膜受损或感染所引起的炎症，是藏獒母犬在交配、分娩、难产及阴道检查时，阴道受到创伤而发生，也可继发于异物侵入或阴道肿瘤。常见到患有阴道炎的藏獒母犬时常舔阴门，并散发出一种吸引公犬的气味。阴道黏膜出现肿胀，并不断排出炎性分泌物，即可确诊。

阴道炎的治疗可采取冲洗阴道、涂布药膏和注射抗生素的方法，亦可给母犬注射己烯雌酚，促进子宫收缩以排出分泌物的方法治疗。最有效的方法是使用温和的消毒防腐剂，如1％弱化碘溶液温热后用于冲洗阴道，不久可以治愈。对发生原发性阴道炎的藏獒母犬，可选用雌激素类药物治疗，但应防止发生副作用。例如，每日口服0.5～1毫克己烯雌酚，连服5天，或肌内注射0.25毫克环戊丙酸雌二醇（ECP），如发生感染，可使用抗生素。

（4）肿瘤　肿瘤可以发生在母犬生殖系统各器官和部位。包括卵巢肿瘤、颗粒细胞瘤和囊肿性腺瘤。卵巢肿瘤常伴有子宫内膜增生、阴道恶露、腹水及皮肤上对称性脱毛。如果早期诊断并手术可以治愈。常见的还有阴门或阴道肿瘤，属平滑肌瘤和纤维瘤。这些肿瘤发生的原因可能与卵巢囊肿及子宫内膜增生有关。患子宫瘤的藏獒母犬，常伴有阴道恶露、腹水、呕吐、食欲下降、体重减轻等症状。无疑，母犬生殖系统肿瘤，无论发生在什么部位，都将造成母犬不孕、不育，应早期诊断并手术切除。发生在母犬阴门、阴道和公犬包皮及阴茎上的一些肿瘤可通过交配传播，造成被感染犬只生殖器官长期流血甚至排尿困难，对犬群的发展造成巨大损失，必须注意防治。

（5）卵巢功能不全　卵巢功能不全是指藏獒母犬的卵巢功能

暂时性紊乱、功能减退、缺乏性欲、卵巢静止或发育出现幼稚型、卵巢发育中途停顿等，或由于卵巢功能长久衰退而引起卵巢萎缩。造成藏獒卵巢功能不全的原因很多，饲养管理不善、饲料蛋白质不足、长期患有慢性病、体质衰弱等诸多原因均可造成卵巢功能不全。据研究，藏獒的甲状腺功能减退，使其脑垂体促性腺激素活性降低，是造成藏獒卵巢功能不全的主要原因。而近亲繁殖也是造成母犬卵巢发育不全或卵巢功能减退的原因。藏獒卵巢功能不全主要表现出性周期延长或不发情，当卵巢功能障碍严重时，藏獒的生殖器官发生萎缩。可以采取改善饲养管理、治疗原发病和刺激性功能等方法对藏獒卵巢功能不全加以治疗。例如，采取刺激性功能的方法时，可选用孕马血清促性腺激素（PMSG）100～200 单位，或人绒毛膜促性腺激素（HCG）100～200 单位，或促卵泡激素（FSH）20～50 单位，肌内注射，每日 1 次，连用 2～3 天后，观察效果。

（6）卵巢炎　藏獒卵巢炎的类型很多，其中按病程分有急性型和慢性型；按炎症性质可以分为浆液性、出血性、化脓性和纤维性。患犬通常表现精神抑郁，食欲减退，体温升高，出现腹痛、喜卧，性周期不规则或不发情，但其全身症状不明显。对卵巢炎的治疗，可以采用抗生素及磺胺类药物温敷腰荐部，对慢性卵巢炎临床上多采取卵巢摘除的方法，为了防止卵巢炎的发生，饲料中添加维生素 A 和维生素 E 有较好的效果。

（7）永久黄体　藏獒在分娩或排卵后，黄体超过正常的时间而不消失，即称为永久黄体又称黄体滞留。据报道，藏獒永久黄体的发病率约占卵巢疾病的 49.2%。藏獒母犬发生永久黄体的原因，主要是营养不平衡，犬只过肥或过瘦，维生素缺乏、矿物质不足，造成藏獒新陈代谢障碍或内分泌紊乱，由此引起藏獒脑垂体前叶分泌促卵泡激素不足，促黄体激素过多，导致卵巢上的黄体持续时间过长而发生滞留。此外，子宫疾病、中毒或中枢神经系统协调紊乱,影响丘脑、垂体和生殖器官功能的一些疾病也是造成永久黄体的原因。

治疗藏獒的永久黄体首先确定发生原因,进而对症下药。同时,改善饲养管理,注意补充维生素和矿物质,增加运动量。如果犬只伴有其他疾病需同时治疗,则不仅可以促进黄体的消失,而且治愈后也不容易复发。对藏獒永久黄体的治疗通常采用激素治疗法,可以选用前列腺素 $F_2\alpha$ 1～2 毫克,肌内注射 2～3 天,黄体即开始溶解消失。也可肌内注射孕马血清促性腺激素 50～100 单位,或促卵泡激素 20～50 单位,或己烯雌酚 1～2 毫克,每日 1 次,连用 2～3 天。

**2. 传染性疾病引起的藏獒母犬不孕**　引起藏獒母犬不育的传染性疾病可分为特异性和非特异性两大类。特异性疾病包括犬布鲁氏菌病、犬疱疹、交配转移性肿瘤、子宫结核等。非特异性疾病主要包括大肠杆菌、链球菌、葡萄球菌等所引起的母犬生殖系统疾病。总结传染性疾病发病原因及发病机制,对防病治病及提高藏獒母犬繁殖能力有十分重要的意义。

(1)特异性疾病

①犬布鲁氏菌病:犬布鲁氏菌病是人兽共患的传染性疾病。该病由布鲁氏菌引起,不仅能感染藏獒,还能使人受到感染,俗称"布病"。近年来,随着大量狗贩涌向藏獒产区购销藏獒,使犬布鲁氏菌病有蔓延趋势。布鲁氏菌有 7 个属,其中感染犬的主要是流产布鲁氏菌。对犬大多呈隐性感染,少数表现有症状。出现生殖器官发炎,各种组织的局部病灶及流产。布鲁氏菌病的传染源是病犬或带菌动物,有病的母犬在流产时随流产胎儿、胎衣、羊水,或阴道分泌物排出病原菌。有病母犬也可以从乳汁长期排出布鲁氏菌。公犬如果带菌,也可通过配种传染母犬。

布鲁氏菌有高度的侵袭力和扩散力,不仅可以从破损的皮肤、黏膜侵入机体,还可以由污染的食物、饮水和呼吸道传染。由布鲁氏菌所引起的藏獒母犬流产一般发生在妊娠 40~55 天,即妊娠后期。55 天流产,多产出活胎。流产后母犬阴道会长期流出分泌液,淋巴结肿大,脾炎和长期的菌血症。但在下次发情时,又能顺利受胎。

布鲁氏菌抗逆性强,在土壤中能生存 20~120 天,在水中能生存 70~100 天,在奶中能生存 100 天,在阴暗处或胎儿体内可存活 6 个月,在人员的衣服或犬的皮毛上能存活 150 天。但是布鲁氏菌对温热的抵抗力较弱,在 100℃条件下数分钟即死亡。对消毒药的抵抗力也较弱,1%~3%石炭酸、来苏儿液、1.1%的升汞液、2%甲醛或 5%生石灰乳,在 15 分钟内均可将布鲁氏菌杀死。布鲁氏菌对卡那霉素、庆大霉素、链霉素、氯霉素等较敏感,但对青霉素不敏感。

在生产中,应积极贯彻防治结合的原则,加强检疫,发现病犬及时隔离,对圈舍、器具定期消毒。病犬流产的胎儿、胎衣及污染物都应清理后深埋。在隔离的条件下,对病犬使用抗生素(青霉素除外)和磺胺类药物治疗有较好的效果,但本病较顽固,治疗花费大,耗时间,而且一般都预后不良。

②支原体和尿支原体病:感染该病可使藏獒母犬出现不孕综合征,如受胎率低、早期胚胎死亡、胚胎或胎儿被吸收,以及弱胎、死胎、流产和新生仔犬死亡。在高密度的饲养条件下,如果犬只间接触频繁,即有较大可能使该病蔓延和发展。特别是目前在我国内地的饲养藏獒条件下,为了发展生产,往往在极有限的饲养空间下,饲养较多的犬只,人为造成该病的蔓延,使生产受到损失。特别是 6 岁以上的藏獒母犬,受支原体、尿支原体感染后,往往连年空怀,屡配不孕,抑或受胎后发生胚胎早期死亡或早期流产。据甘肃农业大学藏獒繁育中心统计,6 岁以上受支原体、尿支原体感染的藏獒母犬空怀率达到 42%,流产率达 20%,足见该病危害之重。但更值得注意的是,国内目前对该病的认识十分不足。不清楚病

因,甚至与一般的犬只流产、仔犬死亡混淆,致使该病对藏獒品种资源保护造成严重危害。支原体、尿支原体易与β-溶血性链球菌、大肠杆菌等发生混合感染,引起慢性子宫内膜炎、睾丸炎及附睾炎等,正常成年犬可能带菌而无临床表现,但在妊娠期间,可使胎儿发生感染。

对支原体、尿支原体感染的病犬,一旦发现应马上隔离,公、母犬应分开饲养,同时降低饲养密度。对症治疗可注射或局部应用氯霉素或四环素,疗程10～14天。红霉素或氯吡啉药物疗效略次于四环素和氯霉素,但对妊娠母犬比较安全。治疗的同时,也可用温和的消毒防腐液冲洗阴道。

③犬疱疹病毒感染:近年来由于大量国内外客户涌入藏獒产区抢购藏獒,使许多危害犬只健康的传染病在藏獒产区流行起来,犬疱疹病毒感染即为其一。该病毒是新生藏獒发生致死性败血症的原因之一,通常发生在生后第一周至1月龄,在成年公、母犬则可引起疱疹性阴门炎、包皮龟头炎、流产、胎儿干尸化及母犬不孕。但该病对不同类型的藏獒感染性不同,母犬带毒后,其口腔及阴道分泌物中含有该种病毒,生殖道的病变为淋巴结出现瘀血点,阴道、阴茎黏膜下出血,阴道内有分泌物排出,并可能会发生关节炎,可从发病藏獒母犬的鼻腔、关节囊、喉头及生殖道开口处分离到病毒。当新生藏獒仔犬接触到母犬口腔或生殖道分泌物时,即会受到犬疱疹病毒感染,接触过病毒的人员、用具等也可能把该病毒传给仔犬。犬疱疹病毒感染潜伏期为3～8天。仔犬发病后,会变得抑郁、沉闷、呆痴、停止吮乳,数小时内死亡。发病过程中,病犬不发热,但血小板数减少,发病急,肾脏出现多发性出血点和坏死灶,使肾脏外观呈斑点状,肺脏有纤维性炎症和坏死,肝脏出现多发性坏死灶,脾脏肿大,全身其他器官均有不同程度的出血坏死表现。藏獒公犬如果受到感染,阴茎出现疱状或丘疹样损伤,发生包皮龟头炎并持续发生感染。此时应停止交配,待1～3周损伤痊愈后方

可使用。

对犬疱疹病毒感染目前尚无有效的治疗方法,但母犬在前一窝流产后,后一窝通常不会受影响。生产中应以加强预防为主,特别是注意加强犬舍和犬体的消毒、清扫,保持犬舍干燥和温暖。由于大多数藏獒在感染犬疱疹病毒后会产生中和性抗体长达2年之久,患病犬痊愈后一般不会复发,所以可选用感染疱疹病毒而发生过流产的藏獒母犬继续繁殖,有利于降低犬疱疹病毒的危害。

(2)非特异性感染 导致藏獒母犬生殖系统疾病的非特异性感染主要指非特异性病原菌所引起的感染,如大肠杆菌、β型链球菌、葡萄球菌等,应当在分离到病原微生物后,选用相应药物进行治疗,或在做药物敏感试验后选用最有效的药物,或应用广谱抗生素治疗。

非特异性感染中较典型的母犬生殖系统疾病首数子宫内膜炎,是在藏獒母犬子宫黏膜及黏膜下层的炎症。按病程分为急性和慢性,按炎症性质又可分为卡他性、化脓性、纤维素性、坏死性子宫内膜炎。

藏獒子宫内膜炎的发病率较高,一般是在发情、配种、分娩、发生难产助产时,由于链球菌、葡萄球菌或大肠杆菌的感染所致。在母犬患有阴道炎、子宫脱、胎衣滞留、流产和死胎时,都会继发子宫内膜炎。据报道,母犬卵巢功能障碍和孕酮分泌增加,可引起增生性子宫内膜炎。发生增生性子宫内膜炎的母犬体温升高,精神沉郁,食欲减少,烦渴贪饮,有时有呕吐和腹泻,从生殖道排出灰白色浑浊并含有絮状物的分泌物或脓性分泌物,特别在卧下时排出较多,子宫颈外口肿胀、充血和稍开张。

藏獒母犬患有慢性子宫内膜炎、慢性卡他性子宫内膜炎时,发情不正常,或者虽发情但屡配不孕,即使妊娠也容易发生流产。患有慢性脓性子宫内膜炎时,母犬不发情或发情微弱或持续发情,经常从生殖道排出较多的污白色、混有脓液的分泌物。子宫内膜炎会造成母犬不孕、不育，应采取抗生素局部冲洗和注射，增强母犬抵抗力，消除炎症和恢复子宫功能的措施。

# 二、藏獒公犬的不育

引起公犬不育的原因是极其复杂的，为了防止不育，首先必须弄清不育的原因，对公犬生殖系统各个器官进行认真的检查和诊断，必要时可采取理疗调理、中药治疗、抗生素消炎以及加强锻炼等各种综合措施。当然首先应注意改善和加强饲养管理，调整犬只的营养水平和体况，保持足够的运动或散放自由活动，使犬只各组织器官的结构与功能达到有机的协调和统一，从而使藏獒的生殖系统发挥正常生理活动，充分发挥其配种能力。

## （一）营养不良引起的藏獒公犬不育

公犬长期营养不良，或营养不平衡，饲料蛋白质品质较差，蛋白质的生物学价值低，缺乏维生素 E、维生素 A 和维生素 D，缺乏矿物质元素钙、磷、铜、硒、锌、铁、锰等，钙、磷比例失调等都可能造成公犬精液品质差、精子数量少、活力差、畸形精子多，精液量减少，进而严重影响配种效果。

## （二）环境因素引起的藏獒公犬不育

藏獒对环境的改变十分敏感，包括迁离居住地，更换新主人，改变饲养管理方式，或变更交配环境，交配时有外人在场形成干扰等，都会影响公犬的情绪。公犬思念旧居住地，怀念老主人，加之身体尚未适应，性欲发生反射性抑制，对母犬不感兴趣。如用药物催情，就会严重伤害公犬的性功能，出现精液稀薄、精子无活力或出现畸形精子，造成不育。

### (三)疾病因素引起的藏獒公犬不育

某些传染病、寄生虫病、内科病、外科病、生殖器官的疾病都会引起公犬不育,如睾丸发育不全、隐睾、睾丸萎缩、睾丸炎、尿道炎、副性腺炎症、包茎、阳痿等,都会使藏獒公犬缺乏性欲,拒绝交配,或对母犬不感兴趣,不愿交配,不坚决交配,或者精液品质不良,造成不育。

## 三、藏獒公犬的繁殖学检查

在开展藏獒品种资源保护,加强藏獒选种选配中必须首先对种公犬的配种能力或繁殖力做出评价,特别是在需要引进种公犬时,对预购公犬进行全面的繁殖学检查是必不可少的程序之一。

### (一)询问病史及查阅配种资料

检查藏獒公犬的病史是为了了解该公犬以往的患病情况,特别是有关繁殖疾患的发生和治愈情况、状态及水平。种公犬的病史资料应包括公犬的年龄、体重、体质类型、生长发育状况、饲养管理条件、预防接种的疫苗种类和时间、预防接种的效果、曾患疾病的种类与治疗情况等一般性的常规资料。更重要的是必须记录公犬历年的配种资料,包括与配母犬的受胎率、产仔率和活产仔率,公犬的繁殖疾患,治疗方案及治疗效果。如果被检查公犬确实存在久配不孕或虽受胎,但窝产仔数少,则应同时了解该母犬的繁殖历史和饲养管理情况,借以综合母犬的资料对公犬的繁殖能力做出较科学的评价和诊断。

### (二)生殖器官检查

**1. 阴囊** 在确定藏獒公犬种用价值时首先检查该犬的阴囊,包括阴囊的体积大小、温度状况、阴囊的结构及有无外伤等。一般而言,藏獒公犬阴囊的周径为 1.5～1.8 厘米。低于 1.2 厘米则过小,这种表现大多由于睾丸没有下降到阴囊内,会使睾丸温度偏高,严重影响精液的活力和品质,造成不育;阴囊周径大于 1.8 厘米则可能是阴囊内部有炎症,发生感染或出现了肿瘤。如果是前者,往往伴有阴囊温度升高,有触痛和红肿,公犬体温也会升高,精神萎靡不振,一般愈后也已不育。

**2. 睾丸**　藏獒种公犬的睾丸应发育均匀,左右大小一致,阴囊紧包、有弹性。种公犬的睾丸发育不正常有两种情况:或者是先天性的,或者是出生后睾丸受到发育的、疾病的或创伤性的影响。无论是什么原因,都会使公犬的种用价值受到重大影响,生产中对此必须引起高度注意。

(1)隐睾　隐睾是指公犬发育到性成熟阶段后,睾丸未能如常地进入阴囊而位于腹腔或腹股沟管的现象。多数藏獒公犬所患隐睾是先天性的,即遗传性的。藏獒发生隐睾时,由于睾丸处于腹腔或腹股沟相对较高的温度区域,使公犬精子的生成受阻,精子死亡率大大提高。因此,公犬发生两侧隐睾时,无生育能力,发生单侧隐睾时生育能力会明显下降。藏獒公犬在患有隐睾时发生足细胞瘤或精原细胞瘤的可能性非常高。由于隐睾多有遗传性,有人认为对确诊是隐睾的公犬不宜留作种用,应采取淘汰或去势的措施。隐睾可能发生在一侧,也可能发生在两侧,有时位于腹腔,有时则位于腹股沟管。据观察,藏獒公犬右侧隐睾比率显著高于左侧,达1 倍之多。对藏獒公犬进行常规阴囊检查时,对右侧阴囊、睾丸必须仔细检查。

(2)睾丸炎　在藏獒原产地之一的甘肃省甘南藏族自治州,藏獒公犬发生睾丸炎的比率很高。据 1998 年在甘南藏族自治州玛曲县调查,藏獒睾丸炎的发生率达到 19.4%。究其原因,一方面与牧民对藏獒的养殖方式有关。藏獒在夜间是放开的,在繁殖季节犬只自由交配,发生交叉感染的可能性很大,一旦与配犬中有生殖道感染犬只,疾病就会很快传播,如果不及时治疗,可能引发睾丸炎;另一方面,在牧区多有布鲁氏菌病发生,该病传染性极强,一旦犬受到感染发生睾丸炎在所难免。藏獒患有睾丸炎时,一侧或两侧的睾丸体积会增大,睾丸发热,有触痛感,公犬会拒绝主人的检查,设法躲避。应及时诊治不可拖延,否则急性会转成慢性。患慢性睾丸炎时睾丸体积会变小、变硬,治疗很困难。藏獒公犬患睾丸炎时应做血清学检查,亦可确诊是否发生布鲁氏菌病。

(3)肿瘤　藏獒公犬发生生殖系统肿瘤现象也较普遍,特别是公犬在 7 岁以后发生间质细胞瘤、足细胞瘤和精原细胞瘤相当普遍,其中足细胞瘤和精原细胞瘤在藏獒 3～5 岁的青、壮年犬中也多有发生。据调查,藏獒成年犬睾丸肿瘤的发生率达到 15.7%,而其中隐睾发生肿瘤的概率比睾丸正常犬高 13.6 倍。腹股沟隐睾发生肿瘤的可能性比正常犬高 4.7 倍。间质细胞瘤的病理变化是睾丸间质细胞体积增大,但失去功能。足细胞瘤会使藏獒公犬出现雌性化症状,进而一反常态,能吸引公犬,引起其他公犬的嗅闻和追逐,对母犬失去性欲并出现对侧未发生肿瘤的睾丸发生萎缩的症状。如果肿瘤细胞未发生转移,进行手术处理后 2～6 周,雌性化症状会逐渐消失。

**3. 阴茎**　在构造上,藏獒公犬阴茎长约 12 厘米,正中由阴茎中隔分开,中隔的前方为阴茎骨,又称耻骨,相当于阴茎海绵体的一部分,由其骨化而成。藏獒公犬阴茎常见的问题主要是外伤,由于相互厮咬、扑打或在交配中意外感染,都可能造成公犬的阴茎损伤。因此,对藏獒公犬阴茎例行检查的内容主要是外观变化,有无损伤和感染。个别公犬由于损伤和治疗不及时,在散放饲养条件下阴茎感染也在所难免,检查中时常可以见到藏獒公犬阴茎出现红肿,出现脓性分泌物乃至溃烂,伴随引发犬只出现体温升高或其他继发性感染,公犬也因此失去配种能力,严重者甚至引发败血症。对藏獒公犬阴茎损伤应及早处理,清洁创面,同时局部或全身应用抗生素治疗。

**4. 龟头和包皮**　藏獒公犬在春、秋季节时有龟头与包皮的感染。在青藏高原，春天总是姗姗来迟，在每年4～5月份以后开始天气转暖，微风和煦，但蚊蝇开始滋生，疫病也开始流行起来。在经过了长达半年的严冬煎熬后，藏獒公犬体况较差，体质较弱，精力不足，喜欢随地而卧，时常栖息在牛羊栏边或粪堆旁，熟睡时外露的龟头难免不受到蚊蝇的叮咬和舔吮而发生感染。夏秋之交，我国内地依然繁花似锦，但在青藏高原，瑟瑟秋风中藏獒公犬已嗅到了母犬发情的气息，激发起强烈的性欲，在频繁的交配中，极易使阴茎特别是龟头受到损伤乃至感染。原产地多见到藏獒公犬患有龟头包皮炎，外观表现在包皮出口有脓液排出，龟头尖有脓痂，龟头红肿，公犬时常回头舔舐。治疗时应首先挤出脓液，再向包皮内注入2%硫酸铜溶液或0.5%高锰酸钾溶液、2%来苏儿溶液反复冲洗，亦可直接使用经稀释的抗生素溶液冲洗，配合进行肌内注射抗生素类药物治疗。

**5. 前列腺**　藏獒公犬的前列腺位于耻骨前缘，呈球形，环绕在膀胱颈及尿道的起始部，有一正中沟将腺体分成两叶，成年藏獒前列腺体积约为2.5厘米×1.9厘米×1.4厘米，富有弹性，老龄藏獒，有时前列腺会显著增大。实践中可以通过腹壁触诊或直肠触诊检查犬的前列腺是否发生了感染、肥大、囊肿或肿瘤，其中尤以前列腺肥大、前列腺炎和前列腺结石最为多见，患犬一般已失去生育能力。

前列腺肥大是藏獒最常发生的前列腺疾病，经检查，6岁以上的藏獒公犬有60%都有不同程度的前列腺肥大。目前，对藏獒发生前列腺肥大的病因尚不十分清楚，有材料分析认为其发生可能与内分泌失调有关。病犬的主要症状是前列腺肿大，呈囊状，外观十分明显。病犬频繁排尿，尿液有时呈红色（血尿），膀胱胀满，后肢明显跛行，但全身症状不明显。对确诊患有前列腺肥大的病犬，最有效的治疗方案是去势。多有报道,病犬在去势后2月个内,前列腺的体积即可缩小。另据报道,对病犬间断性地给予少量的己烯雌酚(0.1毫克)可促进前列腺的萎缩。当药物治疗无效时,可施行前列腺摘除手术。

## 第二节　藏獒的流产

流产即妊娠中断,是由于藏獒母犬体内外各种因素的影响,破坏了母体与胎儿正常的孕育关系所致。

## 一、流产的类型

在藏獒产区,流产发生较少。母犬在秋后配种,食物来源非常广泛,时令正值牧区冬季屠宰,有丰富的牛羊内脏、残肉、畜骨可食,母犬膘情稳定,体况良好,胚胎得到良好的营养供应,保证了正常的生长发育。青藏高原是高海拔、强辐射的地区,此时日照渐短,天气渐冷,开始封冻,病原微生物不活跃。另外,母犬四处觅食,活动量大,体质结实,不易受到疾病侵袭。但对于饲养于其他地区的藏獒,流产却时有发生,特别是隐性流产,对藏獒的繁育影响很大。分析造成藏獒母犬流产的原因,防患于未然是十分重要的。

### (一)营养不良性流产

藏獒母犬只有在食物匮乏、营养不能维持自身基本生命活动时,才有可能中止或中断妊娠而发生流产。发生这种营养不良性流产的母犬一般长期饥饿,食料单一,饲料中严重缺乏母犬自身和胚胎发育所需的蛋白质、能量、维生素和矿物质。特别是各种必需氨基酸、维生素A、维生素E和维生素D,缺乏矿物质钙、磷、钠及微量元素铜、铁、锌、硒时,母犬自身的营养储备已消耗殆尽,为了维系自身的生命,只有中断胚胎的营养供应。这亦是藏獒在青藏高原严酷生活条件下所形成的一种生命适应性现象。

### (二)机械损伤性流产

该种流产可以发生在母犬妊娠后的任何阶段。一方面与机械作用的力度有关,如母犬妊娠期间打架、跳跃、碰撞、压迫等作用于孕犬腹壁,均有可能造成创伤或流产;另一方面,机械性流产发生的可能性也与母犬的妊娠阶段有直接的关系。同样的机械力度,在胚胎发育的前期、后期的危险性较大。胚胎发育前期,胚胎移行到子宫角的初期,尚未与母体建立牢固的联系,受到较剧烈的外力作用时非常容易发生流产。在母犬妊娠后期,胎儿增长较快,母犬负担较重,体质下降,行动不便,在受到外力作用时容易发生流产。因此,对妊娠初期和后期的藏獒母犬应设法保持环境安静,避免过于剧烈的运动,精心管理,杜绝引起犬机械损伤性流产的发生。

### (三)错误用药造成的流产

为了确保藏獒母犬妊娠安全,在妊娠期间应尽量少投药,迫不得已用药时,切忌使用具有麻醉、驱虫、腹泻、呕吐、利尿、发汗等功效的药物。例如,呕吐药,在促使母犬消化道逆向蠕动时,几乎会使每只处于妊娠早期的母犬发生流产。同样,对妊娠母犬施以驱虫药也非常危险。另外,具有促使子宫颈开张、子宫收缩的药物,如己烯雌酚、催产素等,会引起子宫强烈收缩而造成流产。因此,对妊娠母犬用药是一项十分慎重的工作,必须由专业人员实施。

### (四)生殖器官疾病引起的流产

有许多病原微生物侵袭犬体后,会引起母犬发生疾病,特别是生殖器官疾病。例如,布鲁氏菌、犬弓形虫、β-溶血性链球菌、变形杆菌和绿脓假单胞菌及支原体、尿支原体等会引起犬布鲁氏菌病、犬疱疹、支原体和尿支原体病、子宫内膜炎等。患病母犬不仅有不同的病理表现，如体温高，精神沉郁，食欲减少甚至废绝，多数犬有生殖器官的病变，引起子宫、输卵管、卵巢的炎症、囊肿，造成妊娠母犬出现流产、胚胎早期死亡、死胎、弱胎和新生仔犬死亡等。一般应在确诊病原微生物后，选用相应药物进行治疗，有条件时还可以做药物敏感试验，以选用最有效的药物对症治疗。对顽固性生殖系统疾病、久治不愈的，必要时可采取手术治疗或手术摘除，以绝后患。

### （五）并发性流产

藏獒母犬可能患有的疾病很多，母犬的心脏、肝脏、肺脏、胃肠道疾病都可能直接减少胚胎的血液营养、氧气的供应，影响胚胎新陈代谢的正常进行和胚胎的生长和发育。母犬的其他疾病，如传染病、寄生虫病、中毒症等，都可能使犬体发生一定病变的同时，并发流产。母犬发病中出现流产，不仅反映病症严重已危及胚胎，母犬的胚胎防御体系（母犬效应体系）已崩溃，无法有效保护胚胎的正常发育。母犬在病程较重的情况下，只有放弃胎儿，才能减轻负担，加强自我保护，以求保存生命。所以，当母犬发生一些较严重的全身性疾病时，往往会并发流产，因而也可作为母犬病程分析的依据。

### （六）其他原因造成的流产

造成母犬流产比较重要的原因还有内分泌失调，体内雌激素过多而孕激素不足引起流产；甲状腺功能减退使细胞氧化过程发生障碍，处于强烈生长阶段的胚胎组织与细胞的氧化受阻导致胚胎死亡；由于近交或其他原因，使胚胎发育不良，生活力弱，发生早期死亡；胎水过多，胎膜水肿，胎盘异常，使胎儿的营养供应发生障碍而死亡。凡此种种，不一一列举。

## 二、流产的症状分析及治疗

导致藏獒母犬发生流产的原因很多。生殖内分泌功能紊乱和感染某些病原微生物，是引起早期流产的主要原因。管理不善，如过度拥挤、摔伤等，是引起后期流产的主要原因。就发生流产的形式而言，有隐性流产、早产和胎儿干尸化等类型，临床多根据症状分析诊断并采取相应措施。

### （一）隐性流产

隐性流产多发生在妊娠早期，是胚胎发育的胚期或胎前期，胚胎尚未形成胎儿，胚体较小，死亡后易被母体逐渐吸收，或者同胎的胚胎中只有胚珠死亡，其他胚胎仍正常发育，死亡胚胎即被母体吸收，这种现象发生较多，统称隐性流产。隐性流产不易为主人观察到，对母犬只需加强饲养管理，保持体况稳定和体质健康即可。

### （二）早 产

早产也属流产，即母犬产出不足月的胎儿。藏獒母犬早产如果发生在妊娠的 56 天之前，产下的胎儿多不能存活。如果发生在临近分娩 7 天以内（妊娠 56 天之后），产下的胎儿可能存活。发生早产多数原因还是饲养管理不善所致，特别是受到机械撞击，或吃了有毒、霉变的食物，或饮用寒冰水，刺激消化道剧烈地蠕动，带动了"胎气"。发生早产时，母犬首先要出现阵痛，母犬不安、不食、不饮、起卧不宁，并从阴门流出胎水。所以，对妊娠后期的母犬安胎保胎，加强饲养管理是工作重心。如果发现母犬有早产或流产症状，应及早采取安胎、保胎措施，可肌内注射黄体酮，每日 1 次，连用 3～5 天，辅助治疗中毒、腹泻等病变，会有较好的效果。

### （三）排出死胎或胎儿干尸化

无论藏獒母犬发生了流产或早产,死亡胎儿,如果正好位于子宫临近产道端,母犬可能将死胎和胎膜一并排出体外。但多数情况下,在妊娠中断后,母犬会继续将胎儿遗留在子宫内。如果没有腐败细菌侵入,死亡胎儿组织中的水分被逐渐吸收,胎儿变干,体积缩小,呈干尸样,称之"木乃伊化"。干尸化的死胎会与其他胎儿并存于藏獒母犬子宫内直至分娩时与其他胎儿一并被排出。其对母犬不会产生影响,母犬也不会出现不良反应,只是影响了产活仔数。

## 第三节　藏獒的难产

难产是指母犬在分娩过程中,因为种种原因,超过了正常的分娩时间而不能将胎儿娩出的现象。就生活在青藏高原的藏獒而言,难产率并不高,通常只有 1.3% 左右,主要发生在大龄或老龄的藏獒母犬。由于年龄较大,体质纤弱,体内生殖激素的分泌不正常,临产时骨盆开张不强,产道狭窄,或母体子宫收缩力度不强,不能推动胎儿按时通过产道,终而造成难产。也有部分藏獒母犬,由于发育较差,年龄太小,或体况过肥等也易出现难产。在我国内地对藏獒采取圈养条件下,由于场地面积小、饲养密度大或限制活动等原因,使妊娠母犬很难达到应有的活动量或自由游走的时间与区域,难产率较原产地有较大的提高。据统计,藏獒被调运到国内其他区域后,难产情况发生较多,难产率在甘肃省平均已达到了11.3%。尽管难产率高可以从负面反映个体的适应性,说明在某些地区,藏獒从生活适应达到生理适应还需要一定的过程,在藏獒未能完全适应新地区的环境、饲料、饲养方式和人文等条件以前,不宜急于配种。而在母犬妊娠期间更应特别加强饲养管理,避免或减少难产发生的可能性。

# 一、难产的类型

根据造成藏獒难产的原因,可将难产分为母体性难产和胎儿性难产 2 种。

## (一)母体性难产

**1. 原发性子宫无力**　该种类型难产特点是母犬产道正常,胎儿体积大小适宜,但母犬子宫的阵发性收缩和腹部努责力减弱,母犬分娩力不足,造成难产。这种类型的难产,尤以老龄藏獒和过度肥胖的犬为多。母犬妊娠中缺乏运动或胎儿过多、体积过大以及羊水过多,引起母犬子宫过度扩张时,都会发生原发性难产。由于子宫收缩较弱,努责次数少,无分娩动作或分娩动作不明显,胎儿产出过程延长,甚至胎儿不能产出,或产出几个胎儿后,母犬子宫收缩力衰竭,最终形成难产。

**2. 继发性难产**　继发性难产是指母体或胎儿出现异常情况,使分娩受阻而导致母犬子宫肌肉停止收缩。诸如子宫捻转(少见)、腹股沟疝、子宫破裂、子宫颈扩张不全、阴道脱出等都可使子宫失去努责和收缩的能力而发生难产。据研究,腹股沟疝是一类具有隐性遗传特点的遗传疾病,但在生产中藏族牧民对该病尚缺乏认识,在选择藏獒时往往忽视对该病犬的淘汰,使得藏獒腹股沟疝隐性基因的频率较高,由该病所造成的难产也较多。藏獒母犬在发生腹股沟疝时,子宫或子宫与个别胎儿一起漏入腹腔,形成难产,同时极有可能引起继发性腹膜炎。藏獒是一大型犬品种,在胚胎发育过程中多出现胎儿体积过大,与母犬骨盆比例失调而引起难产。其原因可能是多方面的,可能是母犬的原因,也可能是母子两方面的原因。母犬骨盆狭窄多见于发育未成熟、发育阻滞、骨折愈合及先天性等原因,而胎儿体积过大多见于初产的藏獒母犬,由于胎儿数目少,甚至是单胎,胎儿发育过大母犬自行无法娩出,形成难产。

**3. 母犬产道狭窄性难产** 母犬产道和骨盆狭窄多见于未成熟母犬,由于营养、疾病各种原因,使藏獒生长发育受阻,形成如子宫颈狭窄、阴道及阴门狭窄、骨盆骨狭窄等,以及产道肿瘤都会造成分娩时胎儿不能顺利进入和通过产道,形成难产。

**(二)胎儿性难产**

在胎儿性难产中藏獒极少见到因怪胎所导致的难产,但可见到因腹水与胎儿先天性佝偻病和胎儿畸形所引起的难产。

**1. 两个胎儿同时进入产道** 当两个胎儿从两侧子宫角同时进入产道时,由于产道狭窄,胎儿互相妨碍,不能同时娩出,造成难产。在这种情况下,胎儿往往同时卡在母犬的骨盆入口处,助产人员可借助一定的器械,将被卡胎儿引出,解除难产。

**2. 胎儿异常** 该种难产主要包括胎儿过大、双胎难产(两胎同时进入产道)、畸形胎、气肿胎和胎位不正(如横腹位、横背位、侧胎位)等,如横向胎位,胎儿横卧在子宫里,这种情况多见于初产母犬;由于发情不正常或受胎不及时,只怀有1~2个胎儿,得到了充分发育,胎儿特别大,横卧于子宫内,分娩时被骨盆卡住,不能进入产道,形成难产。

**3. 胎势胎位异常** 藏獒母犬由于激烈活动、扑打和厮咬等多种原因,可能出现胎势、胎位异常的情况,特别是在正向和倒向时都可能发生上述异常。

(1)头颈侧弯 尽管新生藏獒仔犬头颈很短,但其头颈侧弯或下弯的现象仍然较多,形成了胎势不正。如果母犬年龄较大或体质较差,分娩中子宫收缩无力,就有可能形成难产,特别是最后1个分娩的胎儿非常容易发生头颈侧弯。在胎儿发生头颈侧弯难产时,应在母犬每次努责间歇借助一定的器械矫正胎位,将胎儿头颈摆直,便于借助母犬的继续努责将胎儿顺利娩出。或者可将胎儿推回子宫,让胎儿在母犬子宫自发性、节律性收缩和努责中自动调整姿势,摆正头颈,顺利通过产道。对年龄较大的藏獒母犬,可配合手术矫正胎位,注射一定的催产药物,一般能解除难产。

(2)四肢屈曲 四肢屈曲是指藏獒母犬分娩时其胎儿四肢关节部位发生脱臼、扭曲,造成胎儿四肢处于不正确的分娩姿势,而影响顺利分娩,造成难产。一般发生于死亡的胎儿或体积过大的胎儿,如果胎儿较小,即使发生前肢屈曲一般也会安全娩出,但如果胎儿过大,就必须先对胎儿进行姿势矫正,帮助母犬分娩。

## 二、难产的处理

对于母犬子宫阵缩及努责无力、努责微弱所引起的难产,助产的原则是促进子宫收缩,应用药物催产。最常用的药物是催产素、己烯雌酚,或垂体后叶素等。采用皮下或肌内注射,同时可以配合按压腹壁。

应用催产药物,必须等待母犬子宫颈完全扩张后才可施用。在子宫颈尚未完全扩张时,必须禁止使用垂体后叶素和催产素,但可使用己烯雌酚,提高母犬对垂体后叶素的敏感性,促进子宫收缩,而且还可以促进子宫颈再扩张。催产药物使用的剂量必须严格按规定剂量。剂量过大,往往引起子宫强直性收缩,对胎儿排出更加不利。具备技术条件时,对因努责微弱或无力引起难产的母犬也可采用静脉注射葡萄糖注射液补充能量的方法,以增强母犬的体力,恢复母犬腹壁的收缩和努责能力。对产道狭窄、胎儿过大、产道或子宫病变和异常等原因形成的难产,尽快施行必要的手术为上策。可以采取牵引、阴门侧切、截胎或剖宫产等多种方法,力争保证母子安全,或者以保活母犬为前提,再考虑救助胎儿。

# 第四节 藏獒妊娠期常见繁殖疾病

妊娠是指受精卵形成至分娩的生理过程,在这一过程中,由于各种致病因素的作用,往往会引发多种疾病,造成妊娠异常,以至影响到妊娠的发展。

## 一、假 孕

一般认为,假孕是发情后期发生的非病理性变化。有人认为假孕与黄体的持续存在以及黄体的功能有关。

假孕的母犬与正常妊娠母犬在行为变化上几乎无差别,发情第五周时腹部触诊,子宫角变粗、体重增加、腹围变大;发情 50 天后发生假孕的母犬,腹围会急速消退,而乳房快速发育,在 63 天时开始泌乳,并能持续泌乳数周,但不形成初乳,阴道分泌物呈牛奶样,但黏稠性较低。以发情之日算起,60 天后开始表现分娩行为,做窝、扒草,频频排尿,不安、呼吸急促,个别母犬甚至胎膜破裂,流出羊水等。

由于目前对假孕发生的原因尚不清楚,临床对已经确诊假孕后采取激素治疗的方式,使用己烯雌酚每次 1.2～2.5 毫克,连用 5 天,或每千克体重睾酮 0.5～1.0 毫克,肌内注射,也可用安定片镇静。

## 二、高危妊娠

所有在一次妊娠中对母犬、胎儿和新生幼犬有较高危险性,但通过产科处理又能大幅降低新生犬死亡率的妊娠都可称为高危妊娠,包括妊娠中毒症、母仔血型不合、过期妊娠等。出现高危妊娠的原因,多为胎盘功能减退,胎儿缺氧,以致胎儿在子宫内死亡。为了挽救胎儿,必须终止妊娠,施行人工流产。

在兽医临床,对胚胎发育缓慢,妊娠母犬体重增加极小甚至减重的个体,在可能条件下,应通过妊娠监视器进行检查,发现异常应及时给予高蛋白、高能量饮食,增大妊娠母犬活动量,增强子宫、胎盘的血液供应,改善胎儿的缺氧状态。为了改善胎儿对缺氧的耐受力,可给妊娠母犬静脉滴注 25%葡萄糖注射液 20～50毫升。如果高危症严重,在生产时可以考虑施行剖宫产,或在分娩时给母犬吸氧,尽可能缩短产程。如果在分娩时胎位正常,应及时人工破膜。

在新生仔犬出生前要做好抢救的准备,仔犬一出生,要及时清除吸入仔犬呼吸道内的羊水和胎粪,对过于纤弱的个体要放入保温箱中特别护理。

# 三、宫外孕

宫外孕是指受精卵在子宫外着床发育的现象,包括输卵管妊娠、卵巢妊娠和腹腔妊娠。引起宫外孕的原因包括慢性输卵管炎、输卵管发育不良或畸形、输卵管的子宫内膜异位、盆腔内肿瘤压迫或牵引及输卵管的外游等均可影响受精卵的顺利通过而引发宫外孕。

宫外孕的症状表现为当输卵管妊娠破损时,有明显的反跳痛,母犬表现弓背收腹,腹部触诊时,后腹部有疼痛反应。内出血多时,叩诊有移动性浊音。随着血液漫流,整个腹部疼痛,并有频频的排便行为,这是盆腔内积血的特殊征象,也有的母犬会出现不规则的血便,严重者会出现出血性休克。

一般根据交配时间和临床表征即可对宫外孕确诊,如进行腹壁穿刺,有暗红色不凝固血液时说明有内出血。对于陈旧性宫外孕可抽出小血块或不凝固的陈旧性血液,但此时要注意与流产、黄体破裂和盲肠炎相区别。

兽医临床上常采取手术方法治疗宫外孕。手术中,在打开腹腔后应尽快沿子宫拉出破损的输卵管,找到出血处,先用止血钳止血,吸出腹腔内血液,然后即可切除患侧输卵管或卵巢。

## 四、过期妊娠

凡是发情正常的藏獒妊娠母犬超过预产期 1 周以上而尚未临产,即可成为过期妊娠。过期妊娠的胎儿在妊娠和分娩过程中容易发生窒息和死亡。目前,对过期妊娠的原因尚不十分清楚。据分析认为,过期妊娠可能与妊娠末期孕激素过多、雌激素过少而使妊娠持续有关。也有人认为,胎儿肾上腺皮质功能不全,胎盘合成的雌三醇量减少,子宫对催产素敏感性降低而致分娩推迟。如果某一妊娠的藏獒母犬多次出现过期妊娠,或常发生在某一家族,则可能与遗传有关。

过期妊娠会造成胎盘老化,功能减退,供应给胎儿的氧气和营养不足,发生胎儿窒息。过期妊娠时羊水量减少,不利于分娩,过期胎儿的皮下脂肪较少,常因缺氧在宫腔内有胎粪排出,如混入羊水中,胎儿的皮肤则呈黄绿色,过期妊娠胎儿的体重偏重,分娩时易发生难产。

生产中通过查阅配种记录以及对母犬的胎盘功能检测即可确诊是否为过期妊娠。对老龄犬、初产犬或伴有妊娠中毒症的犬,应尽早处理或进行剖宫产。如果母犬的子宫颈口已开全,可以通过阴道分娩;如果子宫颈口开张不全,应考虑剖宫产。

## 五、阴道脱出

阴道脱出是指阴道的一部分反转脱出阴门的病变,多见于妊娠末期,母犬发情前期和发情期也有发生。究其原因,阴道脱出多是由于在妊娠后期,一方面母犬饲养不良,体质虚弱,负载能力低;另一方面,由于胚胎快速生长,腹内压力不断增大,造成阴道脱出。

发情前期和发情期雌激素分泌过多,引起阴道黏膜水肿,会阴部组织弛缓,也会造成阴道脱出。另外,母犬严重便秘或腹泻,使腹内压增高,努责过强,阴道过分受到刺激,交配中强行使犬分开也可诱发本病。

发生阴道脱出后,初期阴道黏膜外露,站立时尚可纳入阴道内;若脱出时间过久,脱出部分增大,犬站立时也不能还纳阴道;若脱出部分接触异物擦伤,则可引起黏膜出血或糜烂;阴道全部脱出的母犬,整个阴道脱出于阴门外,呈红色球状物露出,如果脱出时间过久,则黏膜发紫、水肿、发热,表面干裂,或裂口流出脓液。

对阴道脱出的处理,一般采取对症治疗的方法,首先应加强母犬的护理,防止阴道继续脱出和发生感染,可以用1‰硼酸溶液清洗脱出的阴道,热敷水肿部位,除去坏死组织,涂抹润滑油,将脱出的阴道向阴门内托送,然后将阴道整复原位。为防止阴道再次脱出,可将阴门部分缝合固定。对于严重阴道脱出的母犬应该进行阴道壁切除手术。方法是,母犬取侧卧或仰卧位保定,全身麻醉或局部浸润麻醉,抬高母犬的后躯,用钳夹住弛缓或糜烂的阴道壁,牵拉到阴门外,当牵拉不动时,在背侧阴唇联合处切开数厘米,在外尿道口前方的阴道底黏膜处做三角形切除,切除的范围视犬的体格大小和阴道壁弛缓状况而定。对创面应撒布抗生素类药物,创缘做"Y"形结节缝合,不必拆线。术中,为了防止损伤尿道,可以从外尿道口插入导尿管。为了避免母犬麻醉时呕吐及手术中排粪,手术前12小时禁食。不用于繁殖的母犬,手术中摘除卵巢,可以彻底治愈阴道脱出。

## 第五节 藏獒母犬的产后期疾病

许多藏獒母犬由于妊娠期饲养管理不当,疾病防治不力,分娩时缺乏必要的消毒措施和护理等,在母犬产后会发生这样或那样一系列问题,如果处理不当,会严重损害母犬健康,同时也可能危害到初生仔犬。生产中,加强对产后母犬的护理是十分重要的。藏獒母犬产后疾病较多,现分述如下。

## 一、产褥败血症

由于产窝消毒不彻底,特别是母犬自身的污染,在分娩过程中子宫和阴道受到损伤,出现局部感染和炎症后未得到及时治疗和处理,溶血性链球菌、金黄色葡萄球菌和大肠杆菌等病原微生物由子宫和阴道的炎症处进入血液引起母犬全身性感染。母犬发病后,出现全身症状,体温可升高到40℃以上,呈稽留热,恶寒战栗,脉搏细数,呼吸快而浅,食欲废绝,贪饮,停止泌乳,并常伴发腹泻、血便和腹膜炎等。子宫松弛,排出有恶臭气味的褐色液体,阴道黏膜干燥。病程短,发病快,需及时治疗,以挽救其生命。

对产褥败血症采取局部处理和抗生素注射并行的方法进行治疗。对子宫或阴道的局部感染进行处理,应排除脓液,清洗创面,涂布消毒软膏或药物。对子宫内渗出可应用子宫收缩药物,促进子宫内容物的排出,并随后向子宫内注入抗生素。针对全身性症状,可应用补液、强心和抗酸中毒及抗生素注射等方法,杀灭病原菌,使母犬病情得到缓解。

## 二、产后出血

藏獒母犬产后大量出血现象较少,但产后长期排出血样恶露,有时甚至有血凝块出现。产后出血主要原因在于分娩时造成外伤性损伤,或胎盘不下,或子宫复位不全等,都有可能造成产后出血。单纯性产后出血可给犬注射酚磺乙胺(止血敏)或按每千克体重2毫克的剂量,皮下注射醋酸甲羟孕酮。一般注射后 24 小时即可发现母犬出血量减少,血色淡红。至第三天,出血可基本停止。也可以按每千克体重皮下注射 10～30 毫克醋酚氯地孕酮来止血。

## 三、无乳或少乳症

无论是母犬产后无乳还是少乳,都会严重影响到新生仔犬的生长发育,必须针对症状,迅速采取措施。藏獒具有幼年期生长发育快的特点,新生仔犬在初生后的 1～5 天,日增重可以达到 30～70 克。因此,如果母犬发生无乳症或少乳症,后果就很严重。无乳症是母犬年龄较大,产后丘脑下部释放催产素不足,乳腺腺泡及腺导管周围平滑肌没有收缩或收缩力太弱,以致乳房胀满而乳汁却不能排出。对症可采取肌内或皮下注射催产素 0.2～1 单位,可促进母犬放乳。

藏獒母犬产后少乳相当普遍。发生少乳的原因可能是综合性的,母犬内分泌不足,乳房发育不充分,都可能引起本病。母犬少乳也可能是由于遗传的原因。但少乳最主要的原因还是母犬营养不良。如果母犬在妊娠后期得不到全价的食料,在胚胎快速发育中,母犬体内养分动用或消耗过多,几乎无储备,产后母犬往往难以负担哺乳的巨大压力,出现少乳。所以,要防止母犬发生少乳症,首先应注重对产后母犬的护理,加强饲养管理,保证营养供给。授乳中应保持环境安静,避免外界干扰。对泌乳力下降较大、严重泌乳不足的母犬可使用促乳素注射,每日 2 单位,可促进并能维持泌乳,但必须以加强母犬营养为基础。对家族性少乳母犬,应结合母犬的产仔能力(产活仔数、断奶成活数)综合评定,表现不良者要坚决淘汰。

## 四、乳 房 炎

乳房炎是由于链球菌、葡萄球菌和绿脓杆菌等细菌侵入乳腺，引起乳房炎症。乳头被仔犬抓伤或咬伤，细菌侵入伤口，引起炎症。进入创伤的病菌可能被局限化而形成脓肿，或扩散而导致蜂窝组织炎。另外，仔犬断奶或死亡后母犬突然停止哺乳，乳房中有积乳，乳房肿胀而发生乳房炎。大多数情况下细菌感染乳腺的方式，不是通过乳头管进入乳腺而是通过乳房外的伤口或创面。对患有乳房炎的母犬，应停止哺乳，但必须经常少量挤奶。为了减少泌乳，可肌内注射长效己烯雌酚 0.2～0.5 毫克，每日 1 次，连续注射 5 天。可选用抗生素以逐渐缓解并治疗病症。对形成脓肿的乳房炎，应视炎症程度，必要时切开脓肿排脓，并用防腐液冲洗，同时采取适当的全身疗法。

## 五、产后胎衣不下

母犬产后胎衣不下多因分娩时间拖延，母犬极度疲劳，子宫和腹肌收缩努责无力等原因，一般在大龄母犬或过度肥胖的母犬较易发生。出现胎衣不下时，母犬表现不安、反复努责。如果时间拖得太久，母犬体温也可能升高，引起继发感染。治疗方法是肌内或皮下注射 1～5 单位催产素，促进母犬努责和子宫收缩，促进胎衣排出，必要时，6 小时后再注射 1 次。胎衣不下拖之过久，会严重危害母犬的健康甚至生命。

## 六、子宫复位迟缓与子宫复位不全

藏獒母犬在正常情况下，产后 4～5 天子宫直径缩小到 3～4厘米，2～3 周后恶露（子宫内的积血和分泌物）基本消失。如果子宫长期不能复位，复位迟缓，则母犬恶露不断，量也较多。可采取肌内或皮下注射催产素 5～10 单位,或口服已烯雌酚,每日 1 次,连服 7～10 天。与子宫复位迟缓类似的产后疾患还有子宫(胎盘位点)复位不全,母犬 4～6 周后仍然排出红色恶露,而母犬体温和血象都正常。对子宫复位不全的母犬,要特别注意预防继发性子宫内膜炎。为此,除应保持犬体清洁和场地卫生外,还可向母犬子宫内注入抗生素或全身应用抗生素加以治疗。在产后早期注射催产素对胎盘位点复位不全有一定作用。

## 七、子宫脱出

如果藏獒母犬长期营养不良,体况与体质太差,分娩后几个小时内子宫恢复弛缓,子宫的一部分外翻在阴道里而不露出阴门,或者子宫全部外翻,露出阴门称为全脱。发生子宫脱出的母犬多为老龄犬以及分娩的胎儿过大,分娩中母犬过度努责导致子宫翻转,而母犬本身体况较差,体力不足,子宫恢复弛缓,难以自行复位,形成子宫脱出。当子宫脱出或外翻时,母犬有不安表现,腹痛、努责。检查阴道时,可发现子宫角套叠于子宫、子宫颈或阴道内。如果子宫完全脱出,在阴门处可见到脱出的椭圆形袋状物,有时甚至下垂到跗关节上方。如果子宫脱出时间过长,易发生坏死、充血和水肿,易受损伤而发生感染,甚至可继发大出血和败血症。对已发生子宫脱出的藏獒母犬,首先应及时诊治,不可拖延。如果母犬体况太差、体力不足,可先给母犬静脉滴注或肌内注射葡萄糖注射液,帮助母犬恢复体力,并大量使用抗生素,防止发生感染。严格对脱出的子宫清洗消毒后送回阴门复位,同时可肌内注射 5～10 单位催产素促进子宫复位。

## 八、急性子宫炎

当母犬分娩时间过长、子宫复位不全、产后胎衣不下以及助产不当时,都有可能导致急性子宫炎。该病的主要症状是恶露中带血,并出现大量脓液。母犬体温升高,表现抑郁、虚弱,甚至出现脱水及里急后重的症状。只有通过 X 线摄片才有助于区别急性子宫炎,胎衣不下和胎儿未全部产出。对急性子宫内膜炎最有效的方法是剖腹手术冲洗子宫,并投入抗生素,或切除卵巢与子宫。亦可经过药物敏感试验后,选用最合适的抗生素进行治疗,并辅助子宫收缩排出子宫内的污血和脓液。

# 第六节　藏獒胚胎发育异常

藏獒在妊娠、分娩和产后期,有诸多的因素可能造成胎儿或新生仔犬死亡,在兽医临床上通常把出生后 7 日内死亡的仔犬视为非病死亡,其中有先天性原因,也有后天性原因。先天性原因包括死胎、弱胎和在妊娠期不正当用药造成的胎儿缺陷等;后天性原因主要包括在妊娠期和哺乳期由于母犬营养不足,造成胎儿发育不良,出生后体质纤弱、吮乳无力、低血糖、体温低、停止生长或死亡。另外,犬腺病毒可以造成藏獒母犬子宫内感染,布鲁氏菌病、犬弓形虫病等都会造成母犬不孕、流产、早产或死胎,而绿脓杆菌、β-溶血性链球菌感染可造成新生仔犬死亡。

## 一、死　胎

胎儿在母犬宫腔内死亡称为死胎。藏獒出现死胎的原因首先是胚胎自身的发育异常,如胎儿畸形、脐带异常都可以影响胚胎的血液循环而使胎儿在母犬的宫腔内死亡;产前出血量过多,可使胎儿因缺氧而死亡;母犬在分娩中,由于体质太弱、努责无力、产程太久,造成胎儿在子宫颈和阴道内停留太久而窒息死亡;也有因病毒、绿脓杆菌、溶血性链球菌感染使胎儿死亡。发生死胎后,母犬往往表现出精神萎靡,食欲不振,同时由于胎儿死亡后发生组织细胞崩解并逐渐被母体吸收,其中由胎盘组织所释放的凝血活素进入母体血液循环,可引起母体出现弥漫性血管内凝血。对确诊发生死胎的藏獒母犬可选用催产素或前列腺素 $F_2\alpha$ 静脉点滴引产,也可以肌内注射催产素,待死胎分解后排出。对于在妊娠后期死亡的胚胎,由于体积较大,可能滞留在子宫或产道内,要及时采取措施,包括实施手术使死胎排出。

## 二、弱　胎

弱胎是指先天发育不足或早产的新生仔犬,由于体质纤弱,软弱无力,无爬行能力,叫声低微,不能自己吮乳,体温较低,手感及听诊心音微弱,几乎没有生活能力和抗病能力。由于藏獒的繁殖多在寒冬,新生藏獒仔犬生活力极差,因此多在生后几小时或1~2天死亡。

弱胎的产生原因非常复杂,用现代遗传学的观点分析,祖代在遗传上存在有害基因或遗传缺陷;有近交衰退的原因,后代个体生活力降低;后天性原因有对妊娠母犬缺乏科学饲养管理,母犬营养不良,不能满足胚胎对能量、蛋白质、维生素及矿物质的营养需要;母犬所处环境不良,卫生条件差,场地狭小,母犬在妊娠期不能得到适合的运动,生理功能和体质差,影响胚胎的发育;妊娠期母犬受到某种疫病的侵染或某种污染物的侵害,影响了胎儿的发育等。

对弱胎仔犬首先应当吸出其口腔内的分泌物,使仔犬开始呼吸,有条件时应放入保温箱或25℃~30℃室温下培育。如果仔犬没有吮乳能力应进行人工投入胃管的方法为仔犬喂奶(加水1/2),每隔2小时1次,每次喂奶时,先用脱脂棉轻轻擦拭仔犬外生殖器和肛门,以促使仔犬排出胎粪和排尿。

# 三、畸 形 胎

目前见到藏獒畸形胎的表现并不多。畸形胎被认为多与遗传有关,犬主人在藏獒母犬妊娠期用药不当,也会造成胎儿畸形。胎儿畸形的表现有兔唇、上腭裂、无毛症、咬合不全、无鼻和肛门闭锁等。藏獒中目前最常见到的是咬合不全,新生仔犬上颌长,下颌短,吻部从侧面看呈明显的三角形。该种仔犬无种用价值。

# 第十二章　藏獒常见病的防治

## 第一节　藏獒常见传染病的防治

### 一、狂 犬 病

狂犬病俗称疯狗病，是由狂犬病病毒引起的人兽共患急性接触性传染病。此病特征是，病犬表现狂躁不安，意识紊乱，攻击人、畜，最后麻痹死亡。

【病　原】　狂犬病病毒属于弹状病毒科狂犬病病毒属，核酸类型为单股 RNA。病毒呈短粗子弹形，长 180～250 纳米、宽 75～80 纳米。病毒主要存在于感染动物的中枢神经细胞和唾液腺，并形成内基氏小体（包涵体）。病毒具有强烈的嗜神经性，也能在鸡胚和肾原代细胞或传代细胞（BHK21）中增殖，一般不形成细胞病变。

狂犬病病毒能抵抗组织的自溶及腐烂，冻干条件下可长期存活。病毒对环境抵抗力较强，在尸体脑内可存活 45 天，在 50％甘油缓冲液内可保存 1 年以上，但对热和乙醚、丙酮、甲醛和酸碱等很敏感。可被自然光、紫外线、超声波、70％酒精、0.01％碘液等灭活。

病畜及带病的野生动物是本病的传染源，病毒主要存在于病畜的唾液内，在临床症状出现前 10～15 天以及临床症状消失后 6～7 天，唾液中均含有病毒。主要通过咬伤发生感染，也可经消化道和呼吸道发生感染。很多病犬是通过野生肉食动物及隐性带毒的吸血蝙蝠咬伤而感染。所有温血动物，包括鸟类皆能感染，尤其以犬最易感染,呈散发形式发生。

**【症　状】**　感染狂犬病病毒的患犬,潜伏期1般为2～8周,长的可达1年或数年。根据临床症状发展的不同,可分为前驱期(沉郁期)、狂暴期(兴奋期)和麻痹期。整个病程6～8天,少数病例可延至10天。

**1. 前驱期**　发病初期,患犬行为异常,精神沉郁,喜藏暗处,不听呼唤。瞳孔放大,反射功能亢进,稍有刺激便极易兴奋。咬伤处发痒,常以舌舔局部。此期间体温无明显变化。前驱期一般为1～2天。

**2. 狂暴期**　病犬反射兴奋性明显增高。光线刺激、突然的声响、抚摸等都可使之狂躁不安。狂躁发作时,病犬到处奔走,远达40～60千米,沿途随时都有可能扑咬人及家畜。病犬行为凶猛,间或神志清楚,重新认出主人,拒食或出现贪婪性狂食现象,也常发生呕吐。狂暴期一般为3～4天,也有狂暴期很短或仅见轻微表现即转入麻痹期。

**3. 麻痹期**　经过狂暴期,病情进入末期即麻痹期。主要表现喉头和咬肌麻痹,大量流涎、吞咽困难、下颌下垂,不久后躯麻痹,不能站立,昏睡,最后因呼吸中枢麻痹或衰竭而死亡。此期为1～2天。

近年来,狂犬病流行国家中,普遍存在着不显症状的带毒现象,即所谓的"顿挫型"感染(非典型)。这是一种非典型的临床感染,病程极短,症状迅速消退,但体内仍可存在病毒。这种患犬是非常危险的传染源。

**【诊　断】**　根据典型的临床症状,结合咬伤史,可初步诊断。但对于"顿挫型"感染的无症状犬,则需进一步做实验室检查,才能确诊。实验室检查方法主要有病理组织学检查、荧光抗体检查、动物接种试验、病毒分离、血清学检查等。

鉴别诊断:有些伪狂犬病犬易与本病混淆,应注意鉴别。从临床症状看,伪狂犬病的后期麻痹症状不如狂犬病典型,一般无咬肌麻痹。伪狂犬病无内基氏小体。

【治　疗】　目前对狂犬病尚无治疗方法。因对人、畜危害大,狂犬病患犬无治疗意义。一经发现,一律扑杀并无害化销毁。

【预　防】　狂犬病的预防主要是接种狂犬病疫苗。目前使用的疫苗有 2 种,一种是狂犬病疫苗,用于犬类及其他家畜狂犬病的预防;另一种是狂犬病弱毒细胞冻干苗,供预防犬狂犬病用。用法、用量可参见说明书。加强检疫,引进未接种疫苗的犬应隔离观察几个月。如被可疑病犬咬伤,伤口应立即彻底消毒。用肥皂水清洗,3%碘酊消毒,迅即免疫接种。若有条件可结合免疫血清治疗。

## 二、伪狂犬病

本病是由伪狂犬病病毒引起的一种急性、发热性传染病。临床表现主要呈脑脊髓炎、奇痒和发热。

【病　原】　伪狂犬病病毒属于疱疹病毒科疱疹病毒属的双股DNA 型,病毒呈球形,大小为 100～150 纳米。病毒对外界环境抵抗力很强,当外有蛋白质保护时,抵抗力更强。病毒在污染的犬舍能存活 1 个多月,8℃存活 46 天,24℃存活 30 天。病毒能在鸡肠上生长,并能连续传代,能在多种哺乳动物细胞中增殖,产生核内包涵体。在猪肾、兔肾及鸡胚的细胞上能形成蚀斑。5%石炭酸 2分钟、56℃以上温度、紫外线、甲醛、乙醚、氢氧化钠等,均能将其灭活。

犬的感染主要是经口、呼吸道、损伤的皮肤、黏膜等途径传染。病犬可通过尿液以及擦破或咬破的皮肤渗出的血液污染饲料和饮水,造成间接传播。因此,伪狂犬病是典型的自然疫源性疾病。

【症　状】　表现不同程度的神经症状。病初,犬对周围事物表现淡漠,舐舔皮肤某一伤处,不安、拒食、蜷缩、呕吐,随之痒觉增加,剧烈搔抓,不久形成烂斑,周围组织肿胀,甚至破损。个别病犬有攻击行为,狂叫不安,流涎,吞咽困难。大部分病犬头颈部肌肉和口唇部肌肉痉挛,呼吸困难,常于 24～36 小时死亡,病死率100％。

【诊　断】　根据奇痒和流行病学特征,可以做出诊断。确诊需实验室检查,主要是通过病理组织学检查和动物试验。

鉴别诊断:应与狂犬病相区别(见狂犬病诊断)。

【治　疗】　本病目前尚无特效疗法,但早期应用抗伪狂犬病病毒的高免血清可取得一定疗效,一般预后不良。防止继发感染,可用磺胺类药物。有疫情流行趋势应立即采取酶联免疫吸附试验(ELISA)试剂盒进行监测。

【预　防】　采取综合性兽医卫生措施、进行免疫血清和疫苗注射。加强灭鼠,禁止饲喂病猪肉,对病犬粪便和尿液要随时冲刷清理,对藏獒犬舍及清除的粪便用 2％烧碱进行消毒处理。

# 三、犬　瘟　热

犬瘟热是由犬瘟热病毒引起的一种传染性极强的病毒性疾病。本病多发生于 3～6 月龄藏獒幼犬,育成犬也有感染。临床特征为双相热型,严重的出现消化道和呼吸道炎症和神经症状,少数病例出现脑炎症状。

【病　原】　犬瘟热病毒属于副黏病毒科麻疹病毒属,其核酸为 RNA 型,与麻疹病毒和牛瘟病毒之间存在某些共同抗原物质。该病毒对乙醚敏感。冷冻干燥－70℃以下可保存 1 年以上,－10℃半年以上,4℃时 7～8 周,室温 7～8 天尚能存活。最适 pH 值为7～8,对碱抵抗力弱。3％氢氧化钠、3％甲醛或 5％石炭酸溶液均可作为消毒药。本病流行于全世界,多发于冬、春季节。

病毒的感染途径主要是与病犬直接接触,通过呼吸道和消化道交叉、平行传播,也可经胎盘垂直传播。此外,病犬的鼻液、眼眵及尿中也含有大量病毒，其污染的食料、用具及周围环境也是重要的间接传染源。

病毒单独感染时症状轻微，继发细菌感染时症状加重。已确认的继发感染细菌有呼吸道的支气管败血症菌和溶血性链球菌以及消化道的沙门氏菌、大肠杆菌、变形杆菌等。

【症　状】　潜伏期为 3～6 天。病初为病毒感染期，精神轻度沉郁，无食欲，眼、鼻流出浆液性分泌物，表现为体温升高 39.5℃～41℃，持续 2 天左右后下降至常温，患犬表现正常。维持 2～3 天后，体温再次上升至 41℃以上，持续时间较长，病情又趋恶化。精神极度萎靡、食欲废绝、消瘦、脱水、可视黏膜发绀，两侧性结膜炎或角膜炎，流黏液性或脓性眼眵。呼吸系统的症状是本病的主要症状。鼻液增多，并渐变为黏性或脓性鼻液，有时混有血液，在打喷嚏和咳嗽时附着于鼻孔周围。呼吸急促，张口呼吸，但症状恶化时，呼吸减弱，由张口呼吸变为腹式呼吸。咳嗽是由咽喉炎、扁桃体炎或支气管肺炎所引起的，初期为干咳，后发展为湿性痛咳。

有少部分病例于疾病末期，在下腹部或股内侧散在米粒大至绿豆大的水疱性、腺癌性皮疹。病犬足枕角质层增生（称硬跖症）。

在病的恢复期或一开始发热时就可出现神经症状。神经症状主要由病毒侵入大脑并增殖而产生的非化脓性脑炎所致。多突然发生。初期表现敏感或口唇、耳、眼睑抽搐，随后出现兴奋、癫痫、转圈运动、突进等阵发症状。最初发作时间短（数秒至数分钟），一天内发作数次，以后发作时间逐渐延长。有的表现为头颈、四肢、躯干肌群的抽搐，或共济失调、后躯麻痹。出现神经症状的多预后不良，少数病犬恢复后仍留有局部抽搐的后遗症。

【诊　断】　典型病例，根据临床症状及流行病学资料，可以做出诊断，在患病组织的上皮细胞内发现典型的细胞质或核内包涵体，也可确诊。由于本病在相当多的场合存在混合感染（如与犬传染性肝炎混合感染）和细菌继发感染而使临床症状复杂化，所以诊断比较困难。此时,必须进行病毒分离或血清学诊断才能确诊。

鉴别诊断:本病特别注意与犬传染性肝炎、狂犬病相鉴别。

犬传染性肝炎:常见暂时性角膜混浊;出血后凝血时间延长;剖检可见特征的肝、胆囊病变及体腔血样渗出液,而犬瘟热则在核内和细胞质内均有包涵体,且以细胞质内包涵体为主。

狂犬病:有喉头咬肌麻痹症状及攻击性,而犬瘟热则无此症状。

【治　疗】　为防止或控制细菌继发感染,可应用各种抗生素和磺胺类药物,同时使用维生素制剂,输注林格氏液和葡萄糖注射液,采用各种对症疗法。此外,加强护理,注意食饵疗法也很重要。本病的特异性疗法是大剂量使用抗犬瘟1号或高免血清。在病的早期结合抗生素等药物可控制混合感染而提高治愈率。

抗犬瘟1号以80毫克/头的剂量皮下注射,每日1次,连用5天。为控制继发感染,磺胺嘧啶钠可按每千克体重60毫克静脉注射。同时,使用广谱抗生素,头孢拉定每千克体重10毫克静脉注射,或头孢唑啉每千克体重40毫克静脉注射,每日2次。氨苄青霉素每千克体重20毫克静脉注射,每日2次,可维持血中有效浓度。病初投予抗生素时,并用地塞米松5～20毫克肌内注射,每日1次,具有消炎解热作用。病程长、有脱水症状的犬,大量补给葡萄糖和电解质混合液,并加入维生素 $B_1$、辅酶 A、细胞色素 C、ATP等能量合剂。此外,还可选用收敛药、止吐药、止咳祛痰药等。

抗病毒药物,如三氮唑核苷主要用于病毒感染初期,每千克体重5毫克,口服,每日2次。对出现脑神经症状的犬,投予扑癫酮,每千克体重55毫克,或地西泮每千克体重2.5～20毫克,口服,每日2次。也可投给牛黄安宫丸,每次1/4～1/2丸。对缓解症状有一定效果,但彻底恢复较为困难。

【预　防】　主要采取综合性防疫措施。加强饲养管理,饲养环境用3%氢氧化钠溶液或5%甲醛溶液消毒。病犬及时隔离,污染的饲具、场地及时消毒。本病死亡率和淘汰率较高,预防接种犬瘟热疫苗尤为重要。免疫程序是:藏獒幼犬在 9 周龄和 15 周龄分别接种 2 次疫苗,如果仔犬未吃到初乳必须在 2 周龄开始,间隔 2 周连续接种疫苗到 14 周龄为止。为保持免疫状态,每年免疫 1 次。此外,高免血清可作为紧急接种措施,有 2 周保护力。首次免疫也可采用麻疹疫苗,有一定的预防效果。

## 四、犬细小病毒病

犬细小病毒病是由犬细小病毒引起的一种急性传染病。临床上以出血性肠炎或非化脓性心肌炎为特征,该病多发于 2～6 月龄藏獒幼犬。

【病　原】　犬细小病毒(CAV)属于细小病毒科细小病毒属,本病毒对各种理化因素有较强的抵抗力,在 pH 值 3～9 和 56℃ 条件下至少能存活 1 小时。甲醛、β-丙内酯、氧化物和紫外线能使其灭活。

感染犬是本病的主要传染源。病毒随粪便、尿液、呕吐物及唾液排出体外,污染食物、垫料、食具和周围环境。康复犬的粪便可能长期带毒。此外,无临床症状的带毒犬,也是危险的传染源。传播途径主要是病犬与健康犬直接接触或经污染的饲料通过消化道感染。断奶前后的幼犬对本病最易感,且以同窝暴发为突出特征。犬群密度大时,常呈地方性流行。

【症　状】　临床表现有两种病型,即出血性肠炎型和急性心肌炎型。

**1. 肠炎型**　潜伏期 7～14 天。各种年龄的犬均可发生,3～4 月龄断奶幼犬最为多发。表现为出血性腹泻、呕吐、沉郁、白细胞明显减少等综合症状。剧烈的腹泻呈喷射状,病初呈黄色或灰黄色,混有大量黏液和黏膜,随后粪便呈番茄汁样,有特殊的腥臭味。并发细菌感染时,体温升高,迅速脱水,眼窝凹陷,皮肤弹性减退。

病犬因水、电解质严重失调、酸中毒，常于 1～3 天死亡。发病率和病死率分别为 20%～100% 和 5%～10%。

**2. 心肌炎型** 多见于 4～6 周龄的仔犬。发病初期精神尚好，或仅有轻度腹泻，个别病例有呕吐。常突然发病，可视黏膜苍白，病犬迅速衰弱，呼吸困难，心区听诊有心内杂音，常因急性心力衰竭而突然死亡，病死率为 60%～100%。

【诊 断】 根据流行病学、临床症状和病理学变化特点，对出血性肠炎型一般可以做出诊断。但对初发病例，则必须进行实验室检查，其中包括病毒分离鉴定、血凝和血凝抑制试验、荧光抗体试验等。用 X 线检查可见消化道内气体和水分增多。

【治 疗】 本病目前尚无特效疗法，一般多采用对症疗法和支持疗法。如大量补液、止泻、止血、止吐、抗感染和严格控制采食等。肠炎型多死于脱水所致的休克和急性胃肠炎，应以输液纠正电解质平衡为主。心肌炎型多来不及治疗即死亡。为了控制继发感染和纠正脱水，可用 5%～10% 葡萄糖注射液按每千克体重 50 毫升、维生素 C 100 毫克、氟美松 5 毫克，混合后静脉注射。若无红霉素，也可用四环素按每千克体重 8～10 毫克，配合上述药物静脉注射。每日注射 1～2 次。

肠炎型所致的脱水，首选林格氏液或乳酸钠林格氏液与 5% 葡萄糖注射液，以 1∶1～2 的比例静脉滴注。呕吐的犬，丢失大量钾离子，应注意补钾；腹泻的犬，碳酸氢根离子丢失得多，初期可用乳酸林格氏液。持续腹泻应补充碳酸氢钠，以纠正酸碱平衡失调。

病程长、体况差的犬，输液量要保证日需要量，并加入能量合剂。长期补液应注意补充少量镁离子和磷酸根离子，有助于维持心肌的正常功能。继发感染或肠毒素所致体温升高时，复方氨基比林 1～2 毫升肌内注射，庆大霉素每千克体重 2～5 毫克或卡那霉素每千克体重 5～15 毫克肌内注射。胃肠道出血严重时，垂体后叶素每千克体重 0.5～1 单位静脉滴注，云南白药口服或深部灌肠。为保护肠黏膜、制止腹泻,口服次硝酸铋或鞣酸蛋白等,配合穴位注射抗生素效果更佳(后海穴:尾根与肛门之间的凹陷中刺入3厘米;脾俞穴:背正中线左外侧3厘米,第十一肋间向下斜刺2厘米)。此外,地塞米松、氢化可的松、左旋咪唑等有一定的非特异性增强免疫功能的作用。

恢复期病犬应加强护理,给予易消化的流质食物,少食多餐。大量饮用口服补液盐(ORS)溶液。

【预　防】　加强饲养管理,定期注射疫苗和驱虫。临床试验证明,灭活疫苗安全可靠。藏獒仔犬于45日龄、60日龄、75日龄时进行3次免疫,藏獒妊娠母犬产前20日免疫1次,藏獒成年犬每年接种2次。藏獒仔犬于20日龄第一次驱虫,以后每月预防性驱虫1次,6月龄后每季度驱虫1次。

从疫区引进犬时,要进行隔离观察,如犬群出现流行苗头时,应尽快诊断,及早采取果断隔离、消毒措施,并对藏獒易感犬采取药物预防。消毒可用4%甲醛溶液或2%次氯酸钠溶液。

## 五、疱疹病毒感染

本病是由犬疱疹病毒引起的,是以全身性出血和局灶性坏死为特征的急性致死性传染病。主要发生于2～3周龄的藏獒仔犬。

【病　原】　犬疱疹病毒属于疱疹病毒亚科,是DNA型病毒。成熟的病毒粒子直径为150纳米,本病毒对温热的抵抗力很弱,56℃经4分钟灭活,37℃经5小时感染病毒滴度下降50%,－70℃保存的毒种(含10%血清的病毒悬液)只能存活数月。病毒对乙醚、氯仿、丙酮等脂溶剂很敏感。病毒可在犬肾、肺培养细胞内良好增殖,于接种后12～16小时开始出现细胞病变。

犬疱疹病毒的增殖最适温度为33.5℃～37℃。当温度达到39℃以上时,病毒增殖受到影响。2～3周龄以下仔犬的体温偏低,恰好处于病毒增殖的最适温度,这是2～3周龄以下仔犬易发生疱疹病毒感染的主要原因。随着仔犬的发育,体温调节功能逐步完善,3周龄以后的仔犬以及成年犬的正常体温为39℃,这时,犬对疱疹病毒的感染性显著降低,5周龄以上的幼犬和成年犬感染时,基本上不表现临床症状。但偶尔表现轻微的上呼吸道炎症,也有结膜炎、阴道炎等,个别的导致妊娠母犬流产和不孕症。

病犬是本病的传染源。病毒主要通过犬的唾液、鼻液和尿液排出体外。仔犬可通过胎盘以及分娩过程中与带毒母犬的阴道接触或出生后由母犬含毒的飞沫而传染。此外,仔犬间也能互相传播。以3~4周龄的仔犬最易感,1周龄以内的仔犬感染后致死率可达80%。

【症　状】　潜伏期3~8天。仔犬病初腹泻,粪便呈黄绿色或绿色,有时恶臭。呕吐,流涎,精神迟钝,食欲不振,有的流浆液性鼻液、呼吸困难以及肺炎等呼吸系统症状。病的后期粪便呈水样,停止吮乳后3天内发出持续的吠叫声,随即死亡。耐过仔犬常遗留中枢神经症状,如共济失调,向一侧圆周运动,角弓反张,四肢呈蛙泳状。妊娠母犬往往发生流产,有时发生阴道炎。如发生混合感染,可引起致死性肺炎。

【诊　断】　根据临床症状和病理变化,可以做出初步诊断。确诊则需从肺脏、肾脏以及鼻液中分离病毒,也可运用中和试验、荧光抗体试验、补体结合试验等血清学方法进行诊断。

出生后3周龄以内仔犬出现上述症状并突然死亡的,可疑似本病。

【治　疗】　目前尚无有效的治疗药物和免疫防治制剂。一般发病的仔犬很难治愈,可进行补液,使用广谱抗生素,以防止继发感染。试用抗病毒类药物,吗啉胍按每千克体重10毫克,口服,每日1次。当发现有病犬时立即隔离。病犬应放入保温箱中,保温箱的温度35℃、空气相对湿度50%为宜。同时,皮下或腹腔注射康复母犬的血清或犬γ-球蛋白制剂2毫升,可减少死亡。

对妊娠母犬接种疫苗,通过母体产生的抗体保护仔犬是防治本病的有效方法。但犬疱疹病毒的抗原性较弱,至今尚未研制出有效的弱毒疫苗。有试验证明,多次接种加佐剂的灭活疫苗,能产生一定水平的抗体。用氯制剂稀释 30 倍作为消毒剂,可有效地杀灭成熟病毒。

【预　防】　主要采取一般的综合性防疫措施,特别应注意不从经常发生呼吸器官疾病的犬舍、饲养场引进藏獒幼犬。对出现上呼吸道症状的病犬,主要应用广谱抗生素防止继发感染。

## 六、冠状病毒病

本病是由犬冠状病毒引起的以轻重不一的胃肠炎为临床特征的一种传染病,临床上呈致死性的水样腹泻或无临床症状。

【病　原】　犬冠状病毒属于冠状病毒科,病毒粒子呈圆形或椭圆形,属单股 RNA 病毒,前者直径为 80～100 纳米,后者为 180～200 纳米,宽为 75～80 纳米。病毒表面有 20 纳米的纤突。对乙醚、氯仿、去氧胆酸盐敏感,热和紫外线可将其灭活。

感染犬是本病的传染源。病毒随粪便排出,污染饲料、饮水,经消化道感染。人工感染的犬,排毒时间接近 2 周。病毒在粪便中可存活 6～9 天或更长,污染物在水中可保持数日的传染性。所以,一旦发生本病,则在一定时间内很难控制传播流行。发病率与犬群密度成正比,不同品种、年龄、性别的犬都有易感性。本病多发生于冬季。

【症　状】　潜伏期一般为 1～3 天。传播迅速,数日内即可蔓延全群。本病的发病率高,但致死率常随日龄增长而降低,成年犬几乎不引起死亡。临床症状轻重不一,可以呈现致死性的水样腹泻,也可能不出现临床症状。突然发病、精神消沉、食欲废绝、呕吐、排出恶臭稀软而带黏液的粪便。呕吐常可持续数天,直至出现腹泻前才有所缓解。以后,粪便由糊状、半糊状至水样,呈橙色或绿色,内含黏液和数量不等的血液。迅速脱水,体重减轻。多数病犬的体温不高,于7～10天可以恢复。但幼犬出现淡黄色或淡红色腹泻粪便时,往往于24～36小时死亡。

应当注意,犬冠状病毒经常和犬细小病毒、轮状病毒等混合感染,往往可从一窝患肠炎的仔犬中同时检出这几种病毒。

【诊　断】　该病临床症状,流行病学及病理学变化缺乏特征性变化,因此确诊须依靠病毒分离、电镜观察以及血清学检查。血清学试验可用中和试验。

【治　疗】　治疗该病,可采用一般胃肠炎的治疗措施,并注意抗感染。除对症治疗外,无特异性治疗方法。用乳酸林格氏液和氨苄青霉素按每千克体重10～20毫克静脉滴注,同时投予肠黏膜保护剂。

【预　防】　目前尚无疫苗可供使用,主要采取综合性预防措施。

# 七、轮状病毒病

轮状病毒病是由轮状病毒引起的,是一种临床上以幼犬腹泻为主要症状的急性肠道传染病。

【病　原】　轮状病毒属于呼肠孤病毒科轮状病毒属。轮状病毒粒子略呈圆形,具有双层衣壳。内衣壳的壳粒为柱形,呈辐射状排列,外衣壳为一层光滑的薄膜,整个病毒似车轮状。病毒的内衣壳具有各种轮状病毒共有的属抗原(共同抗原),外衣壳的糖蛋白抗原则具有特异性。

轮状病毒对乙醚、氯仿和去氧胆酸钠有抵抗力,对酸(pH值3)和胰酶稳定,56℃、30分钟其感染力可降低2个对数。粪便中的病毒在18℃～20℃室温中,经7个月仍有感染性。

轮状病毒有一定的交互感染作用,可以从人或犬传给另一种动物,只要病毒在人或一种动物中持续存在,就有可能造成本病在自然界长期传播。患病的人、畜及隐性感染的带毒者,都是重要的传染源。病毒存在于肠道,随粪便排出体外,经消化道传染给犬。本病多发生于冬季,幼犬表现严重的临床症状。卫生条件不良或腺病毒等合并感染,可使病情加剧,死亡率增高。

【症　状】　1周龄以内的仔犬常突然发生腹泻,严重者粪便带有黏液和血液。因脱水和酸碱平衡失调,病犬心跳加快,皮温和体温降低。脱水严重者,常衰竭而死。

从腹泻死亡仔犬中分离的轮状病毒,人工经口接种易感仔犬,可于接种后20～24小时出现中度腹泻,采集第12～15小时的粪便能分离出病毒。还有一些临床无症状的健康犬粪便中,也可分离出轮状病毒。

【诊　断】　根据流行病学特点及临床病理变化,可初步诊断。确诊尚须做实验室检查,主要依靠病毒分离、电镜观察、特异性荧光抗体检查、血清学检查以及酶联免疫测定。血清学试验可用补体结合试验。

【治　疗】　腹泻犬的水和电解质大量丧失,小肠营养吸收障碍。因此,重症犬必须输液。根据皮肤弹性和眼球下陷情况以及测定红细胞压积和血清总蛋白量来确定脱水的程度,以乳酸林格氏液和5％葡萄糖以1∶2的比例混合输液为好。防止细菌继发感染,可投抗生素、免疫增强剂等。

【预　防】　轮状病毒可通过肠道进行免疫预防,理论上用灭活疫苗免疫藏獒妊娠母犬,通过初乳可以保护仔犬。但目前国内尚无犬轮状病毒疫苗。

# 八、犬传染性肝炎

犬传染性肝炎是由犬传染性肝炎病毒引起的急性败血性传染病。以肝小叶中心坏死、肝实质细胞和内皮细胞核内出现包涵体及出血时间延长为特征。

【病　原】　犬传染性肝炎病毒属于腺病毒科哺乳动物腺病毒属，DNA 型，直径 70～80 纳米。病毒的抵抗力强，在室温下可存活 10～13 周，在 37℃存活 26～29 天，60℃ 3～5 分钟灭活，但在冷藏库中可存活 9 个月。附着于注射针头上的病毒可存活 3～11 天，只靠酒精消毒不能阻止其传播。紫外线可灭活，甲酚和有机碘类消毒药也可杀灭本病毒。

病犬和带毒犬是本病的传染源。病犬的呕吐物、唾液、鼻液、粪便和尿液等排泄物和分泌物中都带有病毒。康复犬可获终身免疫，但病毒能在肾脏内生存，经尿长期排毒。主要通过消化道感染，也可以外寄生虫媒介传染，但不能通过空气经呼吸道感染。本病不分季节、性别、品种，均可发生，尤其是不满 1 岁的幼犬，感染率和致死率都很高。

【症　状】　根据临床症状和经过可分为 4 种病型。

**1. 特急性型**　多见于初生仔犬至 1 岁内的幼犬。病犬突然出现严重腹痛和体温明显升高，有时呕血或血性腹泻。发病后 12～24 小时死亡。临床病理呈重症肝炎变化。

**2. 重症型**　此型病犬可出现本病的典型症状，多能耐过而康复。病初，精神轻度沉郁，流水样鼻液，畏光流泪，体温高达 41℃，持续 2～6 天，体温曲线呈马鞍形。随后出现腹痛、食欲不振、口渴、腹泻、呕吐、齿龈和口腔出血或点状出血，扁桃体和全身淋巴结肿大，也有步态跟跄、过敏等神经症状。黄疸较轻。

恢复期的病犬常见单侧间质性角膜炎和角膜水肿，甚至呈蓝白色的角膜，有人称之为"蓝眼病"，在 1～2 天可迅速出现白色混浊，持续 2～8 天后逐渐恢复。也有由于角膜损伤造成犬永久视力障碍的。病犬重症期持续 4～7 天后，多很快治愈。

**3. 轻症型**　基本无特定的临床症状，可见轻度至中度食欲不振，精神沉郁，水样鼻液及流泪，体温 39℃。有的病犬狂躁不安，边叫边跑，可持续 2～3 天。

**4. 不显（无症状）型**　无临床症状，但血清中有特异抗体。剖检变化可见肝脏不肿大或中度肿大，呈淡棕色至血红色，表面为颗粒状，小叶界限明显、易碎。有的脾脏轻度充血、肿胀。常见皮下水肿，多数病例胸腺水肿。腹腔积液，液体清朗，有时含血液，暴露空气后常可凝固。肠黏膜上有纤维蛋白渗出物，有时肠、胃、胆囊和横膈膜可见浆膜出血。胆囊壁增厚、水肿、出血，整个胆囊呈黑红色，胆囊黏膜有纤维蛋白沉着。

组织学检查可见肝实质呈不同程度的变性、坏死，窦状隙淤血。肝细胞和窦状隙内皮细胞核内可检出核内包涵体。脾脏可见脾小体核崩解、出血及小血管坏死，在膨大的网状细胞内可见核内包涵体。

**【诊　断】**　根据临床症状，结合流行病学资料和剖检变化，有时可以做出诊断。必要时，可采取发热期血液、尿液、扁桃体等，死后采取肝、脾及腹腔液，进行病毒分离。还可以进行血清学诊断（补体结合反应、琼脂扩散反应、中和试验、血凝抑制试验）以及皮内变态反应诊断。

诊断时，应注意与犬瘟热、钩端螺旋体病相鉴别。

犬瘟热感染初期的症状与本病极相似，但犬瘟热呈双相热，且无肝细胞损害的临床病理变化。

钩端螺旋体病有肾损害的尿沉渣及尿素氮的变化，无白细胞减少和肝功能变化。

**【治　疗】**　无特效治疗药物。此病毒对肝脏的损害作用在发病1周后减退，因此主要采取对症治疗和加强饲养管理。

病初大量注射抗犬传染性肝炎病毒的高效价血清，可有效地缓解临床症状，但对特急性型病例无效。对贫血严重的犬，可输全血，间隔48小时按每千克体重17毫升，连续输血3次。为防止继发感染，投予广谱抗生素，以静脉滴入为宜。出现角膜混浊，一般认为是对病原的变态反应，多可自然恢复。若病变发展使前眼房出血时,用3‰～5‰碘制剂(碘化钾、碘化钠)、水杨酸制剂和钙制剂以3∶3∶1的比例混合静脉注射,每日1次,每次5～10毫升,3～7日为1个疗程。或肌内注射水杨酸钠注射液,并用抗生素点眼液。注意防止紫外线刺激,不能使用糖皮质激素。对于表现肝炎症状的犬,可按急性肝炎进行治疗。葡醛内酯按每千克体重5～8毫克肌内注射,每日1次;辅酶A每次500～700单位,稀释后静脉滴注。肌苷每次100～400毫克,口服,每日2次。核糖核酸每次6毫克,肌内注射,隔日1次,3个月为1个疗程。

【预　防】　目前主要采取综合性防疫措施。预防该病的根本在于免疫,国外已经推广应用灭活疫苗和弱毒疫苗。目前国内生产的灭活疫苗免疫效果较好,且能消除弱毒苗产生的一过性症状。藏獒幼犬7～8周龄第一次接种、间隔2～3周第二次接种,藏獒成年犬每年免疫2次。免疫后的藏獒能达到预防该病的目的。

## 九、传染性气管支气管炎

传染性气管支气管炎也称犬窝咳,是除犬瘟热以外,由多种病原引起的犬传染性呼吸器官疾病。本病可侵害任何年龄的藏獒。

【病　原】　本病是由多种病毒(犬副流感病毒、腺病毒Ⅱ型、疱疹病毒、呼肠孤病毒等)、细菌(可能为条件性致病菌)、支原体(虽不单独致病但可加重病毒性呼吸系统感染)单一或混合感染所致。环境因素如寒冷、贼风或高湿度等,能增加机体的易感。

【症　状】　单发的轻症藏獒表现为干咳,咳后间或有呕吐。咳嗽往往随运动或气温变化而加重,人工诱咳阳性。当分泌物堵塞部分呼吸道时,听诊可闻粗粝的肺泡音及干性啰音。混合感染危重的藏獒,体温升高,精神沉郁,食欲不振,流脓性鼻液,疼痛性咳嗽之后持续干呕或呕吐。

【诊　断】　单独感染的症状较轻,重症犬多为混合感染。可通过气管镜直接检查,气管清洗或咽喉拭子取病料,分离培养病原菌。混合感染严重的犬,X线摄片可见病变肺部纹理增强。

鉴别诊断犬瘟热病犬的眼结膜触片及白细胞涂片可检出包涵体。寄生虫性或过敏性支气管炎的血液中嗜酸性白细胞增加,于气管及支气管取病料,可见增多的嗜酸性白细胞。

【治　疗】　病毒感染时,可用抗血清及对症和支持疗法。支原体和细菌感染时,通过分离菌种及细菌耐药性试验,选择有效的抗生素。通常使用的抗生素有红霉素、头孢唑啉、卡那霉素、氨苄青霉素、庆大霉素等。为抑制咳嗽,可投予蛇胆川贝液、氨茶碱等,也可用对支气管有扩张和镇静作用的盐酸苯海拉明、马来酸、扑尔敏等。轻症病犬预后良好,经2～3日或数周可自然恢复,但应注意避免转为支气管肺炎。

【预　防】　为防止病毒性病原体的感染,藏獒出生后,必须定期免疫接种。此外,要加强饲养管理,藏獒犬舍区要经常消毒,可用3％～5％甲醛溶液喷雾消毒,也可用紫外线消毒犬舍。

## 十、副流感病毒感染

副流感病毒感染是由副流感病毒引起的,以急性呼吸道炎症为主的病毒性传染病。群发是其特征。

【病　原】　副流感病毒是副黏病毒属中的一个亚群,为RNA病毒,对犬有致病性的主要是副流感病毒2型。病毒的形态与其他副黏病毒没有区别。本病毒对理化因素的抵抗力不强,将其悬浮于无蛋白基质中,室温或4℃经2～4小时,感染力丧失90％以上,在pH值3和温度37℃条件下迅速灭活,即使在0℃以下,活力也易下降。感染犬的鼻液和咽喉拭子可分离到本病毒。犬通过飞沫吸入感染。仔犬、体弱及处于应激状态的犬易感,病程1至数周不等,死亡率为60％。

【症　状】　本病以发热、病初流大量浆液或黏液性鼻液、部分病犬咳嗽、扁桃体红肿为特征。混合感染犬的症状加重。有一部分病例,可见咳嗽、扁桃腺发红、肿胀等。

【诊　断】　本病的临床症状和病理变化与犬瘟热病毒、腺病毒Ⅱ型、呼肠孤病毒、疱疹病毒、支气管败血波氏杆菌、支原体等病原感染的表现相似,应注意加以鉴别。

实验室检查主要以血清学检测和病毒分离为主。血清学检测主要以血凝抑制试验或补体结合试验测定抗体的滴度上升情况。病毒分离在许多细胞培养中,初次分离即能获得良好的生长。细胞病变开始比较轻微,传代后逐渐明显。接种后3～4天出现胞质内包涵体和合胞体。也可用豚鼠红细胞做血细胞吸附试验或血细胞吸附抑制试验加以证实和鉴定。

【治　疗】　利巴韦林每次50～100毫克,口服,每日2次,连用5日,防止继发感染和对症治疗。常合并使用氨茶碱按每千克体重10毫克肌内注射,地塞米松按每千克体重0.5～2.0毫克肌内注射等。同时,投予维生素C每次2 000～4 000毫克。

【预　防】　接种副流感病毒疫苗,无此疫苗时,可使用其他多种疫苗间接预防本病。加强饲养管理,可减少本病的诱发因素。发现病犬及时隔离。

# 十一、沙门氏菌病

沙门氏菌病又名副伤寒,是由沙门氏菌属细菌引起的人兽共患病。临床上多表现为败血症和肠炎,也可使妊娠母犬发生流产,幼犬可引起迅速脱水而衰竭死亡。藏獒多正常带菌,健康犬的粪便检出率为10%左右。犬沙门氏菌病多由鼠伤寒沙门氏杆菌所引起,其他亚种少见。

【病　原】　沙门氏菌属包括近2 000个血清型,是一群抗原结构和生化特性相似的革兰氏阴性杆菌。能运动,不形成芽孢及荚膜,有鞭毛,菌体长2～3微米、宽0.4～0.9微米。为需氧或兼性厌氧菌,在普通培养基上生长良好。沙门氏菌对外界有一定的抵抗力,在水中可存活 2～3 周,粪便中可存活 1～2 个月。对化学消毒药的抵抗力不强,一般消毒药均可达到消毒目的。从犬中可分离出 11 个种类的沙门氏杆菌,检出率最高的是鼠伤寒沙门氏杆菌。通常同一个体可分离出 1～2 个菌种。

病犬、隐性沙门氏杆菌病畜(禽),以及患过此病的病畜(禽)所产的乳、肉、蛋等是本病的主要传染源。鼠类、禽类、蝇等可将病原体带入藏獒犬舍引起感染。胃肠道的传染病,最常见的是与被传染源污染的食物、水或其他污染物接触所引起。用未煮沸或未加工的食料饲喂藏獒亦可引起感染。藏獒犬群密度大、犬的体质差、投予抗生素扰乱肠道的正常菌群、投予免疫抑制剂以及运输或手术等应激刺激,也可诱发本病。另外,兽医院的污染物和装食物的容器、医院的大笼子、内窥镜设备等,均能传播本病。

【症　状】　本病的临床表现,随感染细菌的数量、动物的免疫力、并发因素及并发症的不同而有区别。主要表现有胃肠炎型、菌血症和内毒素血症以及长时间不出现临床病状的带菌状态。

**1. 胃肠炎型**　体温 40℃～41℃,厌食,呕吐和腹泻。重症犬有血便,黏膜苍白,虚脱,毛细血管充盈不良,休克,死前出现黄疸。偶有感觉过敏,后肢瘫痪,抽搐。急性胃肠炎可引起肺炎、咳嗽、呼吸困难及鼻出血。藏獒成年犬表现 1～2 天的一过性剧烈腹泻。

**2. 菌血症和内毒素血症**　常见于藏獒幼犬。体温降低,全身虚弱,毛细血管充盈不良。菌血症出现后,可出现转移性感染。沙门氏杆菌转移到新的组织后可定居于这一特定的组织器官,在产生明显的临床体征之前可在该组织器官生存多年,以前受损的组织最易出现沙门氏杆菌的转移,但也可累及正常的组织。

急性沙门氏杆菌感染的犬只有少部分死亡,死亡率在 10％ 以下。几种血清型沙门氏杆菌感染后的犬及保护机制正常的犬,其症状是暂时的。急性腹泻的犬可在 3～4 周后恢复,慢性腹泻或间歇性腹泻的动物则很少有报道。康复后的犬通常排菌 6 周。

藏獒妊娠母犬感染后有流产或死胎,出生的仔犬体弱、消瘦。

【诊　断】　根据临床征候易与胃肠道疾病相混淆,病原菌的分离培养和鉴定是最可靠的诊断方法。细菌学检查有助于检测侵入胃肠道的致病菌。某些血清学诊断技术,如凝集试验、荧光抗体试验等,也可用于本病的诊断。

【治　疗】　首先隔离病犬,加强饲养管理,给予易消化的流质饲料。抗生素是常用的治疗方法。阿莫西林胶囊按每千克体重15毫克口服。或硫酸卡那霉素按每千克13毫克肌内注射,每日2次。磺胺嘧啶按每千克体重0.02～0.04克,或甲氧苄氨嘧啶每千克体重4～8毫克,分2次口服,连用1周。脱水严重时,用林格氏液和5％葡萄糖注射液以1∶2的混合液静脉滴注。可加入地塞米松等激素类药物。也可用大蒜5～25克捣成蒜泥内服,或制成大蒜酊内服,每日3次,连服3～4天。

为维持心脏功能,用0.5％强尔心注射液1～2毫升(幼犬0.5～1毫升)进行肌内注射,每日2次。为防止脱水,可静脉注射5％葡萄糖氯化钠注射液或复方氯化钠注射液。为防止出血,可内服安络血,每次5～10毫升,每日4次。为清肠止酵和保护胃肠黏膜,可用0.1％高锰酸钾液或活性炭与次硝酸铋混合溶液进行深部灌肠。

对病犬使用的食具,用5％氨水或3％氢氧化钠溶液消毒。死亡犬应深埋或烧毁。为防止本病传染给人,饲养员及兽医工作人员应注意个人保护。

【预　防】　消除病原体的来源,禁喂具有传染性的肉、蛋、乳类。严格控制耐过副伤寒的带菌犬或其他带菌畜禽与健康犬接触。注意灭鼠灭蝇。将病犬或疑似患病的藏獒隔离观察和治疗。指派专人管理,禁止管理病犬的人员进入安全犬舍,以防带入病菌而感染。对藏獒犬舍及其用具用10％石灰乳、3％氢氧化钠溶液进行消毒。病犬尸体要深埋或焚烧,严禁食用,以防感染人。

## 十二、破 伤 风

破伤风是由破伤风梭菌在感染组织中产生的特异性嗜神经毒素引起的一种毒血症。以全身肌肉或部分肌群的强直性痉挛和对外界刺激反应性增高为特征。

【病　原】　破伤风梭菌为厌氧革兰氏阳性杆菌，能形成芽孢，位于菌体一端，呈鼓槌状。有周鞭毛，能运动，无荚膜。本菌能产生两种毒素，一种为痉挛毒，毒性很强，多于细菌的繁殖末期产生，能引起本病神经症状；另一种溶血毒，可导致局部组织坏死。本病由创伤感染，尤其创伤深、伤口小，创伤内组织损伤严重，有出血、异物，创腔内具备无氧条件，适合破伤风芽孢发育繁殖的伤口，更易产生外毒素而致病。

芽孢的抵抗力极强，且广泛存在于土壤和粪便中，通常由污染物经创伤处侵入而感染发病。

【症　状】　潜伏期长短不一，常于感染后 5～8 日发病，发病后 5 日内死亡，康复犬 16 日以后症状缓解。

病犬主要表现骨骼肌的强直性痉挛及反射兴奋性增高。痉挛症状常由头部开始，颈部肌肉强直，第三眼睑脱出，眼球上翻，开口障碍，鼻翼张开，咀嚼困难，耳僵硬、竖立互相靠拢，尾举起，四肢关节不能屈曲行走，对声、光等刺激敏感，不久陷入呼吸困难而死亡。大多数病例转归不良。

【诊　断】　根据创伤病史，结合临床症状，如能分离到梭状芽孢杆菌即可确诊。但要注意与急性肌肉风湿症、脑炎、狂犬病等鉴别。采取病变部坏死组织涂片、染色、镜检，见到革兰氏阳性的鼓槌状梭菌，即可以确诊。

【治　疗】

1. 消除病原　对创伤感染部位要彻底冲洗，创伤深而伤口小的需扩创，局部和全身使用青霉素。因细菌多在血管少的组织中繁殖,所以青霉素要大剂量投予,每千克体重按6万单位静脉注射,每日1次。

**2. 中和毒素**　静脉注射抗破伤风血清,用量为10万～20万单位,全量血清分3日注射。也可一次用完,但对进入神经细胞内毒素无效;同时,可加入40%乌洛托品注射液5～10毫升,每日1次,连用10日。

**3. 镇静解痉**　当犬全身震颤、兴奋不安时,可用苯巴比妥按每千克体重6毫克肌内注射,或氯丙嗪按每千克体重1～5毫克肌内注射,每日2次。对肌肉强直和痉挛的,一般使用25%硫酸镁注射液2～5毫升静脉注射。

**4. 支持疗法**　强心补液,确保呼吸,经常变换体位,防止压创。置于安静处喂养,避免声、光等刺激。

**【预　防】**　对深部开放性创伤,用3%过氧化氢溶液充分消毒后全身抗感染处理,迅速注射破伤风抗毒素,并同时给予类毒素,在30天时,再用1次类毒素。做较大外科手术时,最好注射预防量的破伤风抗毒素。

## 十三、新生仔犬链球菌感染

新生仔犬链球菌感染是初生仔犬的细菌感染性疾病。常于出生后2～3日发病,3日内死亡,最急性的可于出生后1日内死亡。

**【病　原】**　新生仔犬链球菌感染通过母乳垂直传播给仔犬,可引起心内膜炎,造成脓胸、肺炎等。由于感染的链球菌的血样群和毒力不同,其临床病理变化也有一定差异。其次,分娩卫生消毒不严格,经产道、脐带等感染也可发病。

**【症　状】**　仔犬发病初期表现吮乳无力、空嚼,可视黏膜苍白、微黄染,呼吸急促,随后厌食,腹部膨胀,体温下降,四肢无力,俯卧式睡眠。

**【诊　断】**　根据疾病流行情况、临床症状、病理剖检及微生物检查可以确诊。无菌采取母犬乳汁、死亡犬内脏或胸膜腹腔积液做涂片,革兰氏染色。镜下可见革兰氏阳性、单个、成对或呈短链状的球菌。然后对阳性菌分离、培养,做生化试验及动物试验,以此定性。临床上注意与犬钩端螺旋体、犬传染性肝炎相鉴别。

【治　疗】　藏獒分娩后应用青霉素、链霉素全身抗感染治疗。藏獒仔犬若出现临床症状应结合药敏试验结果,选择敏感抗生素;同时,做好保温护理工作。严重病犬可通过皮下或腹腔补液纠正水、电解质平衡。

【预　防】　为控制藏獒新生仔犬链球菌感染的发生,应在藏獒母犬分娩前后注意环境及母体卫生,要清洁外阴,擦洗乳房。

# 十四、组织胞浆菌病

组织胞浆菌病又名达林氏病、网状内皮细胞真菌病,是由组织胞浆菌属的菌种引起的具有高度接触性传染的一种慢性疾病。以咳嗽、腹泻、X线检查可见肺部结节、胃肠黏膜溃疡及淋巴结肿大为特征。

【病　原】　病原菌为荚膜组织胞浆菌。本菌为双相性真菌,在活体组织中呈圆形或卵圆形酵母样,寄生于网状内皮细胞和巨噬细胞的胞质内,以芽生方式进行无性繁殖。菌体直径为1~5微米,在土壤或沙氏葡萄糖琼脂培养基上室温培养,生长缓慢,可产生棉花样菌丝体,以后逐渐转变为淡黄色至褐色。菌丝有分枝和分隔,初期在菌丝的分枝上常附有圆形光滑或梨形、直径为2~3微米的小分生孢子。这种棘状的大孢子为本菌特征性形态,具有诊断意义。

在自然条件下,本菌可长期存活于流行地区富有有机质的土壤中,藏獒因吸入混有本菌的尘埃或食入被污染的食料而经呼吸道和消化道感染。除犬外,多种家畜和野生动物易感本病。试验动物以小白鼠的易感性最高,常用小白鼠进行病原分离。

【症　状】　病犬慢性咳嗽和腹泻、厌食、消瘦、呕吐或全身感染。急性型表现发热，淋巴结肿大。肺部 X 线检查可见结节状阴影及空洞。因本菌在网状细胞中增殖，而出现肝脏、脾脏病变及眼炎症状。也有呈隐性感染自然痊愈的。

【诊　断】　根据疾病流行情况、临床症状及病理剖检，可以初步判断，确诊需进一步实验室诊断。

**1. 直接镜检**　取咳痰、末梢血液白细胞层或病灶、淋巴结、脾脏等穿刺组织涂片，姬姆萨氏染色后，油镜检查，如能在大单核细胞或嗜中性白细胞内发现本菌即可确诊。本菌为洋葱横切面样多环卵圆形孢子。

**2. 病理组织学检查**　从病灶部取活检材料，做苏木精—伊红（HE）、过碘酸—雪夫（糖原）（PAS）等染色检查。

**3. 动物接种**　病料或培养物接种于小白鼠的脑内、腹腔或静脉内，引起发病死亡，病变部可检出本菌。

**4. 免疫学检查**　用培养滤液制成的组织胞浆菌素进行皮内反应、补体结合反应、沉淀反应、乳胶凝集试验等，检测特异性抗体。

【治　疗】　两性霉素 B 以 5％葡萄糖注射液配成 0.1％的注射液，按每千克体重 0.25～0.5 毫克，缓慢静脉注射。

【预　防】　加强饲养管理，增强体质。

# 第二节　藏獒寄生虫病的防治

## 一、球　虫　病

球虫病是由等孢属球虫引起的一种肠道原虫病，是侵害藏獒幼犬的主要寄生虫病，感染率和发病率均较高，临床主要表现为肠炎症状。

【病　原】　常见的有 3 种等孢属球虫,寄生于犬肠道上皮细胞内。从犬粪中排出的卵囊呈卵圆形或椭圆形,无色,无微孔,囊壁两层,光滑。完成孢子发育的卵囊内含 2 个孢子囊,每个孢子囊内有 4 个孢子。

藏獒吞食了感染性卵囊后,卵囊在十二指肠内受十二指肠液和胰液的作用,子孢子由囊内逸出,迅速侵入肠上皮细胞,变为圆形裂殖体。裂殖体的核进行无性复分裂(裂体增殖),在上皮细胞内形成大量的裂殖子,并使上皮细胞遭到破坏,裂殖子逸出,侵入新的上皮细胞,再次进行裂殖生殖,如此反复,使上皮细胞遭到严重破坏引起疾病发作。这种无性裂殖生殖进行若干代后出现有性的配子生殖,由裂殖子形成许多大、小配子(雌、雄细胞),大小配子进入肠管并在此处结合,形成合子,合子周围迅速形成被膜,成为卵囊随粪便排出体外。卵囊在外界环境中进行孢子生殖,孢子化时间为 20 小时。

卵囊在 100℃ 5 秒钟被杀死,干燥空气中几天内死亡。病犬和带虫的成年犬是主要的传染源。感染途径是消化道。

【症　状】　急性期病犬排泄血样黏液性腹泻便,并混有脱落的肠黏膜上皮细胞。严重的病犬,被毛无光,进行性消瘦,食欲废绝。继发细菌感染时,体温升高,病犬可因衰竭而死。老龄犬抵抗力较强,常呈慢性经过。临床症状消退后,即使排便正常,仍有卵囊排出,达数周至数月之久。

【诊　断】　用饱和盐水浮集法检查粪便中有无虫卵。死亡犬剖检,可见小肠黏膜卡他性炎症,球虫病灶处常发生糜烂。慢性经过时,小肠黏膜有白色结节,结节内充满球虫卵囊。

【治　疗】　呋喃类药和磺胺类药是有效的治疗药物。但一种药物初用时效果很好,连用几年后却不见效了。因此,一种抗球虫药不能在同一犬上长期使用,以免产生抗药虫株。治疗常用以下药物:磺胺六甲氧嘧啶,每千克体重每日 50 毫克,连用 7 天。氨丙啉按每千克体重110～220毫克,混入食料中,连用7～12天。磺胺二甲氧嗪按每千克体重55毫克,用药1天;或每千克体重每次27.5毫克,用药2～4天,或到症状消失为止。呋喃唑酮按每千克体重1.25毫克,间隔6小时用药1次,用药7～10天。

【预　防】　本病主要感染来源是病犬及带虫的成年犬和污染场地。因此,平时对藏獒应加强管理,注意消灭蝇、鼠,保持犬舍干燥、卫生。发现病犬,应及时隔离,粪便做无害化处理。

氨丙啉溶液(每1000毫升水含0.9克),藏獒母犬分娩前10天开始饮用,藏獒幼犬可连续饮用7天。也可用氨丙啉每日50毫克,连喂7天。

## 二、弓形虫病

弓形虫病是由龚地弓形虫引起的人兽共患的原虫病。世界各地广泛传播,多为隐性感染,但也有出现症状甚至死亡的。

【病　原】　龚地弓形虫寄生于细胞内。虫体不同发育阶段的形态各异,按其发育阶段的不同,分为5种形态。滋养体和包囊出现在犬和其他中间宿主体内,裂殖体、配子体和卵囊出现在终末宿主——猫的体内。滋养体的典型形态呈新月形,一端较尖,另一端钝圆,大小为长4～8微米、宽2～4微米,中央有个细胞核,稍偏钝端,多见于急性病例的腹腔液或宿主细胞内。包囊(组织囊)亚球形,最大直径可达100微米,囊内含多量慢殖子,见于慢性病例的脑、眼、骨骼肌和心肌等处。卵囊椭圆形,囊壁2层无色,大小为10微米×12微米,随猫粪便排出,在外界环境中发育至具感染性的孢子化卵囊,内含2个孢子囊,每个孢子囊内含4个子孢子。藏獒通常吞食孢子化卵囊或含包囊及滋养体的肉、奶、蛋而感染,除此,也可经呼吸道、眼、皮肤伤口、胎盘等途径感染。

【症　状】　弓形虫病多发于藏獒幼犬,临床上类似犬瘟热和犬传染性肝炎的症状。主要表现为发热、咳嗽、厌食、精神委顿,病重犬有出血性腹泻、呕吐，眼和鼻有分泌物，呼吸困难，有的引起失明、虹膜炎及视网膜炎，也有因麻痹、痉挛而出现意识障碍。妊娠母犬发生早产或流产。成年犬呈隐性感染，但也有致死的病例。

弓形虫病也可并发犬瘟热，借犬瘟热病毒的免疫抑制特点，可导致无临床症状的感染犬变成急性病例。死后剖检可见肝脏、肺脏和脑有坏死灶。

【诊　断】　根据临床症状、流行病学可初步疑似本病。确诊需做病原或特异性抗体检查。

【治　疗】　磺胺二甲氧嘧啶每千克体重 100 毫克，分 4 次口服；长效磺胺每千克体重 60 毫克，肌内注射。或用磺酰胺苯砜、甲氧苄氨嘧啶、磺胺 6-甲氧嘧啶、乙胺嘧啶等药物治疗。这些药物均有良好的疗效，尤以磺胺 6-甲氧嘧啶和磺酰胺苯砜杀灭滋养体的效果最好。

【预　防】　主要注意禁止给藏獒吃未煮熟的肉类。要保持环境的清洁，特别要注意防止猫粪的污染。对血清学阳性的妊娠母犬要用磺胺类药物治疗，以防感染后代。

## 三、蛔　虫　病

犬蛔虫病是由犬蛔虫和狮蛔虫寄生于犬的小肠和胃内而引起的疾病。本病主要危害藏獒幼犬，影响幼犬的生长发育，严重感染也可导致病犬死亡。1～3 个月的藏獒幼犬最易感染。

【病　原】　犬弓首蛔虫，虫体浅黄色，前端两侧有狭长的颈翼膜，膜上具粗横纹，头端稍弯向腹面。雄虫长 5～10 厘米，雌虫长 9～18 厘米。虫卵亚球形，卵壳厚，表面麻点状，大小为 68～85 微米×64～72 微米。狮弓蛔虫，头端稍向背侧弯曲，从头端开始到近食管末端的两侧具狭长而对称的颈翼膜，膜上横纹较密。雄虫长 3.5～7 厘米，雌虫长 3～10 厘米。虫卵近圆形，卵壳光滑，大小为 49～61 微米×74～86 微米。藏獒通过吞食感染性虫卵和含幼虫包囊的动物肉,或经胎盘,或吮吸初乳而获感染,幼虫在犬体内移行后,最后达小肠发育为成虫。

【症　状】　本病主要见于藏獒幼犬。患犬食欲不振,消瘦,发育迟缓。便秘或腹泻、腹痛、呕吐、腹围增大,吮奶时有一种特殊的呼吸音,伴有鼻液。严重者腹部皮肤呈半透明的黏膜状,大量虫体寄生于小肠可引起肠阻塞、肠套叠或肠穿孔而死亡。虫体释放的毒素可引起患犬兴奋、痉挛、运动麻痹、癫痫等神经症状。幼虫移行到肝可导致一过性的肝炎症状,移行到肺可引起肺炎。常见藏獒食入感染性虫卵7～10天后,出现咳嗽、呼吸困难、食欲减退、发热等症状。

【诊　断】　藏獒幼犬体况不佳,消瘦,发育迟缓,腹围增大,有黏液样腹泻便,可疑似蛔虫感染。粪便中检出虫卵或虫体时,可以确诊。虫卵检查方法有粪便直接检查法和浮集法。

**1. 直接检查法**　取一小块粪便放于载玻片上,加2～3倍的水混匀后,加盖玻片镜检。

**2. 浮集法**　取少量粪便于试管内,加饱和食盐水充分混匀,并使液面稍高出试管口,上覆以盖玻片,使液体同盖玻片充分接触,静止30分钟后取下盖玻片,把液面贴于载玻片上镜检。

【治　疗】　驱蛔灵(枸橼酸哌嗪),剂量按每千克体重100毫克,口服,对成虫有效;而按每千克体重200毫克口服,则可驱除1～2周龄仔犬体内的未成熟虫体。左旋咪唑,剂量按每千克体重10毫克,口服。噻苯咪唑,剂量按每千克体重50毫克,口服。丙达硫苯咪唑,剂量按每千克体重10毫克,口服,每日1次,连服2天。

上述药品在投服前,一般先禁食8～10小时,投药后不再投服泻剂,必要时可在2周后重复用药。在投服驱虫药前应检查犬的肠蠕动,如果肠内蛔虫很多,而肠处于麻痹状态时,在这种情况下投药后往往发生蛔虫性肠梗阻而导致病犬死亡。

广谱驱虫药伊维菌素,按每千克体重0.2毫克的剂量,皮下注射,驱虫率达到 95%～100%。

【预　防】　藏獒犬舍粪便应每日清扫,并进行无害化处理。藏獒犬笼应经常用火焰(喷灯)或沸水浇烫,以杀死虫卵。对藏獒应定期预防性驱虫。由于犬的先天性感染率很高,一般于出生后 20 日开始驱虫,以后每月驱虫 1 次,8 月龄以后每季度驱虫 1 次。

本病为人兽共患病,其幼虫对人的致病性很强,应注意防止食入感染性虫卵。

# 四、钩 虫 病

钩虫病是由犬钩虫、狭头弯口线虫等寄生于犬的小肠,尤其是十二指肠所引起的以贫血、黑色柏油状粪便、消化功能紊乱及营养不良为特征的常见寄生虫病。

【病　原】　寄生于犬的钩虫有犬钩虫、巴西钩虫、锡兰钩虫和狭头钩虫等。对藏獒致病较强的是犬钩虫和巴西钩虫,最常见的是犬钩虫感染。

犬钩虫雄虫长 10～12 毫米,雌虫长 14～16 毫米。口孔腹缘有 3 对齿。虫卵大小为 50～65 微米×37～43 微米。巴西钩虫雄虫长 6～8.5 毫米,雌虫长 7～10.5 毫米。头端向背面稍弯,口孔腹缘有一大一小的齿 2 对。虫卵大小为 75～95 微米×41～45 微米。狭头钩虫雄虫长 5～8 毫米,雌虫长 7～12 毫米。头端狭,体细,口孔腹缘有 1 对角质板。虫卵大小为 78～83 微米×52～59 微米。钩虫的虫卵形态都很相似,无色,呈椭圆形,两端较钝,新鲜虫卵内含 2～8 个卵细胞。

随犬粪便排出的虫卵,在适宜条件下,孵出幼虫并蜕化为感染性幼虫,幼虫经口、皮肤、胎盘或初乳感染藏獒(狭头弯口线虫以经口感染途径较多见),在犬体内移行达小肠发育为成虫。狭头钩虫的致病性主要是在宿主体内移行时产生钩虫性皮炎,病变部位主要在趾部,只是严重感染时,才表现贫血。狭头钩虫主要出现于北方寒冷地带。本病除经口腔及皮肤感染外,感染幼虫的妊娠母犬尚可经胎盘、乳汁等传给后代。

【症　状】　临床症状的轻重取决于感染程度。

**1. 最急性型**　由胎盘或初乳感染的藏獒仔犬,于出生后 2 周左右哺乳量减少,被毛粗糙,精神沉郁,随之严重贫血、虚脱。

**2. 急性型**　多见于藏獒幼犬。表现为食欲不振或废绝,消瘦,眼结膜苍白、贫血、弓背、排黏性血便或带有腐臭味的黑色便。通常,粪便中尚未排出虫卵就已发病。

**3. 慢性型(代偿型)**　粪便检查可以查到虫卵,但还没有完全表现出临床症状,通常发生于急性耐过的带虫犬。由于自身免疫功能及生理代偿功能作用,多数病犬仅呈慢性轻度贫血、胃肠功能紊乱和营养不良。

钩虫性皮炎的犬,躯干呈棘皮症和过度角化。重症犬趾间发红、瘙痒、破溃,被毛脱落或趾部肿胀,趾枕变形,口角糜烂。

【诊　断】　用饱和盐水浮集法检查患病犬粪便中的虫卵,根据虫卵特点即可确诊。对查不出虫卵的病例,可根据贫血、嗜酸性细胞增加及焦油状黏液性血便,可疑似钩虫病。

【治　疗】　症状轻的犬,用左旋咪唑每千克体重 10 毫克,1 次口服,或每日用丙硫苯咪唑每千克体重 50 毫克,口服,连用 3 日。也可用甲苯咪唑,每日每千克体重 22 毫克,连用 3 日。用丁苯咪唑,每日每千克体重 50 毫克,连用 2～4 日。丙硫苯咪唑每千克体重 20 毫克,既可杀灭钩虫卵,又可驱成虫。新研制的灭虫丁(伊维菌素)注射液按每千克体重 0.2 毫克,皮下注射,效果更佳。

对贫血严重的犬(红细胞压积值 20% 以下,血红蛋白 7% 以下)要输血,输血量为每千克体重 5～35 毫升。同时,投予止血药、收敛药、维生素 $B_{12}$、铁制剂等。

对血液循环障碍的病犬,用双吗啉胺每次 5～30 毫克,同时静脉滴注 5% 葡萄糖注射液。

【预　防】　经常打扫藏獒犬舍,及时清理粪便,保持犬舍干燥。定期送检粪便,检出虫卵,及时驱虫。地面可用硼酸盐处理(10 米² 面积用 2 千克),以杀死幼虫。

## 五、绦　虫　病

绦虫病主要是由假叶目和圆叶目的各种绦虫的成虫寄生于犬的小肠而引起的常见寄生虫病。轻度感染时,往往不引起人们的注意;只有在大量感染寄生时,病犬才表现贫血、消瘦、腹泻等症状。但由于寄生于犬的各种绦虫,其中绦期的蚴体对人和家畜的危害严重,在兽医公共卫生上有着重要意义,因而被医学界所重视。

【病　原】　绦虫扁平带状,乳白色,由头节、颈节和链体三部分组成。在我国,寄生于犬体的绦虫主要有犬复殖孔绦虫、泡状带绦虫、豆状带绦虫、多头带绦虫、细粒棘球绦虫、线中殖孔绦虫、曼氏迭宫绦虫、阔节裂头绦虫及连续多头绦虫等。

1. **犬复殖孔绦虫**　体节外观呈黄瓜籽状,虫体长 10～50 厘米,宽 3 毫米,以蚤为中间宿主,在蚤体内发育,形成似囊尾蚴。

2. **泡状带绦虫**　体长 75～500 厘米,在中间宿主猪、牛、羊、鹿等肝脏、腹腔内发育,形成细颈囊尾蚴。

3. **豆状带绦虫**　虫体长 60～200 厘米,在中间宿主兔体肝脏、腹腔内发育,形成葡萄串状的豆状囊尾蚴。

4. **多头带绦虫**　虫体长 40～80 厘米,在中间宿主羊、牛脑内发育,形成脑多头蚴,引起家畜脑包虫病。

5. **细粒棘球绦虫**　虫体长不超过 7 毫米,仅由 1 个头节和 3～4 个节片组成,在中间宿主人和牛、羊等肝脏、肺脏发育,形成细粒棘球蚴,引起危害严重的包虫病。

6. **线中殖孔绦虫**　虫体长 75～100 厘米,地螨为第一中间宿主,禽类、啮齿动物、爬虫类及两栖类为第二中间宿主。

**7. 曼氏迭宫绦虫** 体长 100 厘米,虫卵椭圆形,有盖,浅灰褐色,壳薄,内含许多卵黄细胞和 1 个胚细胞,相似于吸虫的虫卵。剑水蚤为第一中间宿主,蛙类和蛇类为第二中间宿主,在蛙、蛇体内发育为裂头蚴,人常通过敷贴蛙肉受裂头蚴侵袭,引起眼、口腔及皮下严重病害。

**8. 阔节裂头绦虫** 体长 10 厘米,虫卵近卵圆形,浅灰褐色,有盖。剑水蚤与鱼类为第一和第二中间宿主。

绦虫的生活史都要经过 1～3 个中间宿主才能完成,寄生于犬的绦虫都以犬为终宿主,其中除复殖孔绦虫以蚤为中间宿主外,都以猪、羊、牛、马、鱼、兔、骆驼以及其他野生动物为中间宿主。

犬食入感染有中绦期幼虫的肉类后,幼虫在犬小肠内经过一段时间发育成为成虫。成虫在犬体内可寄生数年之久。含有虫卵的孕节自链体脱落后,可自行爬出肛门外或随犬粪便排出体外,污染周围的环境。孕节中的虫卵逸出后又可感染中间宿主,由此而构成完整的绦虫生活史。

绦虫成虫对终末宿生的致病性不强,但中绦期幼虫对中间宿生的危害很大,这是由于幼虫多寄生于中间宿主的脏器实质内,如心、肝、肺、肾、脾、肠系膜,甚至脑组织内,给中间宿主带来致命危险。此外,犬复殖孔绦虫、阔节裂头绦虫、细粒棘球绦虫和曼氏迭宫绦虫的成虫或中绦期幼虫尚可感染人,因此在人兽共患病方面受到医学界的极大重视。

**【症　状】** 通常,感染犬无特征性临床症状,致病性因寄生绦虫种类、感染程度和藏獒犬龄及健康状况不同而异。轻度感染不引起人的注意,但常可见孕节附着在犬肛门周围或粪便中带有活动性的孕节。严重感染时,则出现消化不良、食欲不振或亢进,腹泻、腹痛、消瘦,以至交替发生便秘和腹泻,高度衰弱。虫体成团时,亦能堵塞肠管,导致肠梗阻,肠套叠,肠扭转,甚至肠破裂。

**【诊　断】** 根据粪便中或肛门周围有似米粒样的白色孕节或

短链体即可确诊。也可用饱和盐水浮集法检查粪便中的虫卵，根据粪便或孕节中的虫卵形态，辨认绦虫种类。

【治　疗】　可选用下列药物进行治疗。复合灭虫胶囊每千克体重 70 毫克，口服。吡喹酮每千克体重 5～10 毫克，口服或每千克体重 2.5～5 毫克，皮下注射。氯硝柳胺（灭绦灵）每千克体重 100～150 毫克，1 次口服。服药前禁食 12 小时，有呕吐症状犬可直肠给药，但剂量要加大。可用南瓜子与槟榔末混合夹在肉块中投服，能驱除绦虫成虫。氢溴酸槟榔素每千克体重 1.5～2 毫克，口服。阿的平每千克体重 0.1～0.2 克，口服，用药前禁食 12 小时。鹤草酚每千克体重 25 毫克，口服。

【预　防】　对藏獒定期预防性驱虫，以每季度 1 次为宜。驱虫时，要把藏獒固定在一定的范围内，以便收集排出带有虫卵的粪便，彻底销毁，防止散播病原。不饲喂生肉或生鱼，禁止把不能食用的含有绦虫蚴体的家畜内脏喂藏獒，至少要充分高温煮熟后再喂。加强饲养管理，保持犬舍内外的清洁和干燥，对犬舍和周围环境要定期消毒。绦虫卵对外界环境抵抗力较强，在潮湿的地方可生长很长时间，应选用苛性钠定期消毒。

## 六、鞭虫病

犬鞭虫病是由毛首科线虫属的狐毛首线虫（又称狐鞭虫）寄生于犬的大肠（主要是盲肠）引起的，主要危害藏獒幼犬。临床上以消化吸收障碍及贫血为特征，严重感染可引起死亡。

【病　原】　狐毛首线虫，乳白色，前部细长呈丝状为食道部，约占虫体的 2/3；后部短粗为体部。雄虫长 50～52 毫米，后端卷曲，雌虫长 39～53 毫米，后端钝直。虫卵呈黄褐色腰鼓状，两端有盖。

寄生于大肠内的成熟雌虫所产生的虫卵随粪便排出，经过 15～20 天变为侵袭性虫卵。此时虫卵内含有幼虫，当被犬吞食进入肠道后,幼虫由卵内孵出,附着于大肠上,经 1 个月发育成性成熟的雄虫与雌虫。

狐鞭虫对犬的致病性主要是由于虫体前端刺入盲肠黏膜,并寄生在黏膜深部,引起黏膜的血管出血,黏膜下呈浅在性炎症变化。但虫体对盲肠壁的损害较轻。

【症　状】　本病的临床症状与寄生的虫体数量有关。严重感染的病犬,虫体充满盲肠,肠黏膜增厚、坏死、出血及黏液性分泌物增加,粪便中混有多量鲜红色血液,有时粪便呈褐色、有恶臭气味,逐渐出现贫血、脱水等全身症状。偶有引起肠套叠的。轻度感染时,犬的症状不明显或无症状,仅表现间歇性软便或带有少量黏液的血便。

【诊　断】　一般感染无临床症状表现。严重感染常出现腹泻,贫血,消瘦,食欲不振,粪便中带黏膜和血液,幼犬发育停滞,常导致死亡,剖检可见大肠内有多量虫体和相应病变。用饱和盐水浮集法检查,发现有特征性的腰鼓状虫卵时,可以确诊。

【治　疗】　丁苯咪唑每千克体重 50 毫克,口服,连用 2～4 日,不仅能驱杀鞭虫的成虫,而且对虫卵也有杀灭作用。羟嘧啶每千克体重 2 毫克,口服。奥克太尔每千克体重 7 毫克,口服,连用 3 次。甲氧乙吡啶(3.6％注射液)每千克体重 0.1 毫升,皮下注射,对驱杀成虫效果较好。左旋咪唑每千克体重 10 毫克,口服,也有一定效果。

【预　防】　注意环境卫生,及时清除粪便,使藏獒犬舍保持干燥。通常可使用左旋咪唑进行预防性定期驱虫。

## 七、旋毛虫病

旋毛虫病是由旋毛虫的成虫和幼虫寄生于同一犬体而引起的人兽共患寄生虫病。临床上常表现出非特异性胃肠炎、肌肉疼痛、嗜酸性细胞增多、呼吸困难和发热等症状。本病分布于世界各地,在公共卫生上较为重要,对人可引起严重疾病,死亡率颇高。

【病　原】　旋毛虫为一种很小的线虫。成虫寄生在小肠的肠壁上,虫体前半部为食管,后部较粗,生殖器官为单管形。雄虫长1.4～1.6毫米,无交合刺,后端有2叶交配附器。雌虫长3～4毫米,阴门位于食管部中央,直接产生幼虫。幼虫长0.1～1.15毫米,在骨骼肌纤维之间发育并形成包囊。

旋毛虫的宿主范围在各类寄生性蠕虫中分布范围最广,可自然感染120多种哺乳动物。本病主要通过含虫的肉品或动物尸体传播,藏獒食入含虫的肉类后,幼虫在胃内破囊而出,在小肠内经40小时发育为成虫。雄虫在交配后,绝大多数由肠道排出,而雌虫于交配后第五天开始产幼虫,通常持续4～6周。1条雌虫可产幼虫达1500条左右。幼虫随淋巴经胸导管流入前腔静脉和心脏,然后随血液散布到全身,在骨骼肌纤维间经1～3个月形成包囊,被侵害的肌纤维变性,6个月后包囊开始钙化,囊内幼虫可存活数年。若钙化波及虫体,幼虫则迅速死亡。

【症　状】　感染初期表现为胃肠炎症状,如食欲减退、呕吐和腹泻等。幼虫移行至横纹肌而引起肌炎,出现肌肉疼痛、运行障碍、流涎、呼吸和咀嚼困难、麻痹、发热、消瘦、嗜酸性粒细胞增多。有的出现眼睑和四肢水肿。4～6周后症状逐渐消失,成为长期带虫者。

【诊　断】　采取肌肉压片镜检,发现旋毛虫包囊即可确诊。血清学诊断可用皮内试验、间接荧光抗体试验、酶联免疫吸附试验。

【治　疗】　甲苯达唑每千克体重25～40毫克,分2～3次口服,连用5～7天,能驱杀肠道期成虫和肌肉中的幼虫。灭虫丁注射液每千克体重0.2毫克,皮下注射。也可选用丙硫苯咪唑、噻苯咪唑。

【预　防】　禁止饲喂生的或未煮熟的肉类。

## 八、犬心丝虫病

犬心丝虫病又名犬恶丝虫病,是由犬恶丝虫寄生于犬的右心室和肺动脉而引起的血液寄生虫病,临床上以血液循环障碍、呼吸困难及贫血为主要特征。

【病　原】　犬恶丝虫,虫体呈黄白色细长粉丝状。雄虫长12～18厘米,尾部数回盘旋。雌虫长25～30厘米,尾部较直。微丝蚴长220～360微米,在新鲜血液中做蛇形或环形运动。中间宿主为中华按蚊、白纹伊蚊、淡色库蚊等多种蚊子。在世界各地能成为中间宿主的蚊类达63种。蚊在犬体叮咬吸血时,吸入微丝蚴,经发育达成熟幼虫,再次叮咬犬体吸血时使犬感染。在犬体内发育为成虫。除此,也可寄生于猫、狐、狼等,偶有人的感染。

【症　状】　根据成虫的寄生数量和部位、感染时期以及有无并发症等表现不同的临床症状。感染初期症状不明显,随着病情发展,可见咳嗽,易疲劳,食欲减退,体重减轻,被毛粗乱,贫血,有的出现搔痒、脱毛等皮肤病变。寄生虫虫体波及肺动脉内膜增生时,出现呼吸困难、腹水、四肢水肿、胸水、心包积液、肺水肿。并发急性腔静脉综合征时,突然出现血色素尿、贫血、黄疸、虚脱和尿毒症的症状。听诊有三尖瓣闭锁不全的缩期杂音。

虫体除寄生于肺动脉和右心室外,还可移行到眼前房、脑、腹腔、胸腔、气管、食管、肾脏,并造成相应器官的功能障碍。

【诊　断】　可根据临床检查结合外周血液内微丝蚴检查,进行确诊。当检查微丝蚴时不易辨认或怀疑隐性感染时,可用超声波或免疫学方法检查。

【治　疗】　驱除寄生虫是根本的治疗方法,但在心脏等实质脏器功能严重障碍时,有可能导致病情恶化,要引起注意。

**1. 驱杀虫体**　对于成虫寄生可使用硫乙胂胺钠,每千克体重2.2毫克,静脉注射,每日1次,连用2～3天。菲拉辛每千克体重

1毫克,口服,每日3次,连用10天。枸橼酸嗪乙胺(海群生)每千克体重22毫克,口服,每日3次,连用14天。日本进口盐酸灭来丝敏每千克体重2.2毫克,肌内注射,间隔3小时再注射1次即可,其杀虫率达99％以上。用药后2～3周内限制运动。驱杀微丝蚴首选碘化噻,每千克体重5毫克,口服,每日2次,连用7～10天。也可用伊维菌素,每千克体重0.2毫克,皮下注射。盐酸左旋咪唑每千克体重10毫克,口服,连用7～10天。

**2. 外科疗法**　对虫体寄生多,肺动脉内膜病变严重,肝、肾功能不良,大量药物会对犬体产生毒性作用的病例,尤其是并发急性腔静脉综合征的,要及时采取外科疗法。

外科疗法分开胸术及颈静脉摘取术两种。前者自右侧开胸,切开右心室或肺动脉摘除虫体。此法难度大,目前基本不用。颈静脉摘取术是自颈静脉插入心房摘取虫体;另一种是自颈静脉插入仪器,直至右心房、右心室及肺动脉各部摘取虫体,但要在X线监视下进行。

**3. 对症治疗**　除投给强心、利尿、镇咳、肾上腺皮质激素类、保肝等药物外,有人还主张使用抗血小板药唑嘧胺,每千克体重5毫克,口服,对本病治疗有一定作用。

【预　防】　搞好环境及藏獒犬体卫生,防蚊灭蚊,消灭野犬、狼、狐等,切断传染源。在蚊活跃季节,可用药物预防,如甲苯咪唑,每千克体重80毫克拌入饲料,每日1次,连用30天。海群生苯乙烯吡啶合剂,每千克体重5.5毫克,每日1次,连用2个月。伊维菌素,每千克体重6～9微克,口服,每月1次。

## 九、蠕形螨病

蠕形螨病又称毛囊虫病或脂螨病,是由蠕形螨寄生于犬皮脂腺或毛囊而引起的一种顽固性寄生虫性皮炎,多发于藏獒幼犬。

【病　原】　犬蠕形螨,虫体细长,蠕虫样,半透明,乳白色,体长 0.25~0.3 毫米、宽约 0.04 毫米,分头、胸、腹 3 部分。胸部有 4 对很短的足,腹部长,有横纹。口器由 1 对须肢、1 对螯肢和 1 个口下板组成。雄虫的雄茎自胸部的背面突出,雌虫的阴门则在腹面。卵呈梭形,长 0.07~0.09 毫米。

犬蠕形螨能生活在宿主的组织和淋巴结内,并部分在那里繁殖(转变为内寄生虫)。它们多首先在发病皮肤毛囊的上部,而后在毛囊底部,很少寄生于皮脂腺内。

通过健康犬与患病犬(或被患犬污染的物体)相接触而感染。正常的幼犬身上,常有蠕形螨存在,但不发病。当虫体遇有发炎的皮肤——较好的侵入条件、并有足够的营养时,即大量繁殖,引起发病。有人认为,免疫功能降低,可诱发本病。本病具有遗传性,同窝犬的发病率达 80%~90%。

【症　状】　本病可分为 4 期,即干斑型期、鳞屑型期、脓疱型期和普遍型期。前 2 期的病变主要发生在头部、眼睑周围及四肢末端。病初可见小的局限性潮红和鳞屑,由界限不明显无瘙痒的脱毛逐渐扩大为斑状,随病情发展,患部色素沉着、皮肤增厚、发红及覆有糠皮状鳞屑,随后,皮肤变为红铜色。一、二期取局限性慢性经过。后 2 期多伴有化脓菌侵入而转为全身性急性经过,病初呈湿疹样,有大量渗出液,病灶蔓延速度快,患部脱毛形成皱褶、溃疡或瘘管,挤压排出恶臭的脓汁,重者因贫血及中毒死亡。长期使用驱螨药后,肝、肾功能多有异常。

【诊　断】　根据无痒感的皮肤病变及临床病理检查结果,即可诊断。

【治　疗】　轻型病犬,不治疗也可自然痊愈。对临床症状表现比较明显的犬,选用新一代拟除虫菊酯类药物——蜱螨洗剂,按 1∶200 的浓度稀释后药浴或喷洒。间隔 5 日用药 1 次。用 1%~2% 敌百虫溶液擦洗患部,每周 1 次,连续 2~3 次。伊维菌素,每千克体重 0.2 毫克,1 次皮下注射,2 周后可重复 1 次。灭虫丁(伊维菌素)注射液以每千克体重 0.6 毫克的剂量皮下注射,间隔 5～7 日用药 1 次。对出现全身脓皮症型的犬,局部剪毛,将病灶上的血痂揭掉,用刀背搔刮至出血后挤出脓水,再将碘伏 200 倍稀释后清洗消毒,隔日再用蜱螨洗剂药浴。必要时根据药敏试验选择有效的抗生素,但禁用肾上腺皮质激素类制剂。治疗前必须将患部及周围毛剪去,除痂,然后施用药物。

【预　防】　隔离病犬并加强管理,保持藏獒犬舍清洁,定期消毒。藏獒食具、饮水器及饲管用具定期彻底消毒。患过此病的藏獒母犬禁用于繁殖。患病期间禁喂鱼类、火腿肠、罐头制品等富含不饱和脂肪酸的食物。

# 十、疥 螨 病

疥螨病是由犬疥螨所引起的接触性传染性皮肤病,临床特征为剧烈瘙痒、脱毛和湿疹性皮炎。

【病　原】　引起犬疥螨病的病原主要是疥螨科疥螨属的犬疥螨。犬疥螨,近圆形,呈微黄白色,背面隆起,腹面扁平。雌虫体长 0.3～0.4 毫米,雄虫体长 0.19～0.23 毫米,为不全变态的节肢动物。疥螨的发育需经过卵、幼虫、稚(若)虫和成虫 4 个阶段,其全部发育过程都在犬身上度过,一般在 2～3 周完成。雌虫在宿主表皮挖凿隧道产卵,孵化的幼虫爬到皮肤表面开凿小孔,并在穴内蜕化为稚虫,稚虫也钻入皮肤,形成狭而浅的穴道,并在里面蜕化为成虫。雌虫寿命为 3～4 周,雄虫于交配后死亡。

螨的唾液及其排泄物的刺激,可引起炎症和瘙痒,再次感染时,则出现过敏反应性病变。

疥螨病主要发生于冬季、秋末和初春,犬舍潮湿,藏獒犬体卫生不良和皮肤表面湿度较高时,最适合疥螨的发育和繁殖。

【症　状】　疥螨感染后,表现为丘疹和瘙痒。病变多见于四肢末端、面部、耳郭、腹侧及腹下部,逐渐蔓延至全身。初期表现为皮肤红斑、丘疹和剧烈瘙痒,因啃咬和摩擦而出血、结痂、形成痂皮。病变部脱毛,皮肤增厚,尾根和额部形成皱襞,多为干燥性病变,有时呈过敏性急性湿疹状态。病犬烦躁不安,饮、食欲降低,继发细菌感染后,可发展为深在性脓皮症。

【诊　断】　用刀背搔刮新鲜病变部与皮肤交界部(至出血的程度),将搔刮物置于载玻片上,加 1 滴 10%~20%氢氧化钾溶液,混合,放置 20~30 分钟后,覆以盖玻片镜检,可查出成虫、幼虫和卵。陈旧病灶和初期较轻病灶不易检出,需要多处取病料反复检查。

本病应注意与秃毛症和虱感染症相鉴别。

【治　疗】　首先将患部及周围剪毛、去痂,然后施用药物。螨卵对药物抵抗力较强,螨的 1 个生活周期为 3 周,涂药应持续 2 个生活周期为宜。可选用 1%~2%敌百虫溶液擦洗患部,每周 1 次,连续 2~3 次。外部用药的同时,配合使用泼尼松,每千克体重 0.5~2 毫克,皮下注射。伊维菌素,每千克体重 0.2 毫克,一次皮下注射,2 周后重复 1 次。适当给予止痒剂,泛酸钙每次 1~3 片,口服。脓皮症时并用抗生素。

【预　防】　病犬隔离,直到完全康复。藏獒犬舍及犬的用具要彻底消毒。

# 十一、虱　病

虱病是由血虱科血虱属的虱以尖爪、吸血、咬伤及毒性分泌物刺激皮肤而引起的皮肤寄生虫病。

【病　原】　虱是哺乳动物和禽鸟类体表的永久寄生性昆虫,寄生于犬的虱主要有犬毛虱和犬颚虱两种。前者淡黄褐色,具褐色斑纹,咀嚼式口器,头部宽度大于胸部,有触角 1 对,足 3 对,雄虱长 1.74 毫米,雌虱长 1.92 毫米。后者呈淡黄色,口器刺吸式,头部较胸部窄,呈圆锥状,触角短,有 3 对足,雄虱长 1.5 毫米,雌虱长 2 毫米。

虱在宿主被毛上产卵，卵经 7～10 天孵化成幼虫，数小时后就能吸血。然后再经 2～3 周的反复 3 次蜕皮而变为成虫。成虫的寿命为 30～40 天。

藏獒被大量虱寄生即可发病。动物之间可直接接触传播。

【症　状】　病犬因剧烈瘙痒而表现不安、啃咬，引起脱毛、断毛或擦伤。有时皮肤上出现小结节、出血点或坏死灶，严重时引起化脓性皮炎。

【诊　断】　寄生于犬的虱均为 2 毫米以下，若仔细观察则易于发现。通常寄生在避光部位，多见于颈部、耳翼及胸部，可见这些部位的被毛损伤和黏附在被毛上的卵。

【治　疗】　用 1％敌百虫溶液药浴或局部涂布，但虫卵不易杀死，应于 10～14 天后重复用药 1 次。伊维菌素每千克体重 0.2 毫克，皮下注射。甲萘威（西维因）0.5％溶液，涂擦患部。林丹 0.1％溶液，涂擦患部。

湿疹或继发感染时，药浴刺激性大，可用氨苄青霉素每千克体重 5～10 毫克，肌内注射。剧烈瘙痒时，泼尼松每千克体重 0.5～1.0 毫克，肌内注射。酮替芬每千克体重 0.02～0.04 毫克，肌内注射。

【预　防】　保持藏獒犬舍、犬窝干燥及清洁卫生，并定期对犬体进行消毒。同时，对藏獒进行定期检查，一旦发现虱病，应及时隔离治疗。对新引进的藏獒进行检疫。

# 十二、蚤　病

蚤病是由蚤螫刺吸血及其排泄物刺激引起的皮肤病。

【病　原】　蚤俗称跳蚤，是一种小型的吸血性外寄生虫。虫体细小无翅，两侧扁平，呈深褐色或黄褐色，体长 1～3 毫米。寄生于藏獒的蚤主要有犬蚤、猫蚤。蚤多生存于尘土、地面的缝隙及垫草中,成虫一生大部分在宿主身上度过,1只雌虫可产200～400个卵,卵呈白色,有光泽。卵从犬体被毛间落到地上后,经7～14天孵化为幼虫,再经3次蜕皮而成蛹,再经2周后变为成虫。蚤的1个生活周期为35～36.3天。蚤以血液为食,在吸血时引起宿主过敏,产生强烈瘙痒。蚤还是犬绦虫的中间宿主,可引起犬的绦虫病。

【症　状】　蚤多易寄生于犬的尾根、腰荐背部、腹后部等。蚤刺蜇吸血初期,可见丘疹、红斑和瘙痒,病犬变得不安,啃咬、摩擦皮损部。继发感染时,则引起急性湿疹皮炎。

蚤的唾液可成为变应原,使寄生局部的皮肤发生直接迟发型过敏反应。过敏性皮炎经过时间长时,则出现脱毛、落屑、形成痂皮、皮肤增厚及有色素沉着的皱襞。

蚤寄生严重时,可引起贫血。在犬背中线的皮肤及被毛根部,附着煤焦样颗粒,这是很快通过蚤体内而排泄的血凝块。

【诊　断】　蚤抗原皮内反应:蚤抗原用灭菌生理盐水10倍稀释,取0.1毫升腹侧或鼠蹊部注射,有感受性的犬,5～20分钟产生硬结和红斑。也有于24～48小时后表现迟发型反应的犬。

浮集法检查粪便:因为蚤是绦虫的中间宿主,所以粪便中可查到绦虫卵。肛门周围有绦虫体节附着的,可提示蚤寄生。

【治　疗】　用灭虫丁或鱼藤酮粉剂撒布,或配成所需浓度喷雾。同时,对藏獒犬舍缝隙、垫草、犬舍的地面及周围环境等撒布驱蚤药。对过敏性皮炎和剧烈瘙痒的病犬,投予泼尼松、扑尔敏及抗生素。脱屑或慢性病例,可用洗发液全身清洗,涂布肾上腺皮质激素软膏及抗生素软膏,以促进痊愈。

【预　防】　保持藏獒犬舍、犬窝干燥及清洁卫生,并经常消毒。

# 十三、硬 蜱 病

硬蜱病是由蜱寄生于犬的体表并叮咬吸血而引起的皮肤病。

【病　原】　硬蜱呈长椭圆形,背腹扁平,无头、胸、腹之分。按其外部附属器的功能和位置,区分为假头与躯体两部分。硬蜱是不全变态的节肢动物,其发育过程包括卵、幼虫、若虫和成虫4个阶段。多数硬蜱在宿主体上进行交配,交配后吸饱了血的雌蜱离开宿主落地,约经过1周的血液消化,然后在石块瓦砾下面产卵。虫卵约在2周内孵出微小的六足幼虫。幼虫爬到宿主体上吸血,经过2~7天吸饱血后,落于地面,经过蜕化变为若虫,若虫再侵袭动物,寄生吸血后,再落地蛰伏数天至数十天,蜕化变成性成熟的成蜱。当蜱的幼虫在一个动物身上吸血时,若虫在另一个动物身上吸血,而成虫在第三个动物身上吸血时,这种蜱称为三宿主蜱。在小动物身上的蜱种类差不多都是三宿主蜱,寄生于犬的硬蜱有血红头扇蜱、镰形扇头蜱、二棘血蜱、长角血蜱、草原革蜱和微小牛蜱。

【症　状】　蜱寄生于犬的体表,机械地损伤皮肤,造成寄生部位的痛痒,使动物不安,在其他物体上摩擦或用嘴啃咬。蜱对宿主的直接损害是吸血,1只雌蜱每次平均吸血0.4毫升,因此有大量虫体寄生时,可引起贫血、消瘦、发育不良。通常歹毒的蜱叮咬犬体7天后,犬开始出现不安、轻度震颤、步态不稳、无力和跛行。麻痹症状的出现,呈上行性渐进性发展。听诊心音弱而心律失常,呼吸浅表,呼气时出现异常音质,并逐渐衰竭死亡。犬被短期带毒的蜱叮咬经2~3个月,可获得免疫。

【诊　断】　以临床症状和蜱寄生史为诊断依据。

【治　疗】　0.16％溴氰菊酯药浴,除掉寄生于藏獒体表的蜱。蜱易寄生于犬体部及四肢末端,应注意检查。虫体寄生少时,可用手直接摘下,虫体多时,用0.04％~0.08％畏丙胺(阿维菌素)溶液擦洗犬体或药浴,15分钟后虫体可自然脱落。对跛行严重的藏獒,维生素 B$_1$ 100 毫克与维生素 B$_{12}$ 200 微克,1次肌内注射,每日2次,或康复犬的血清按每千克体重 0.5 毫升,静脉注射。

发病犬应置于安静环境下,藏獒犬舍用 0.1％阿维菌素或 1％敌百虫溶液喷雾消毒。在蜱活动和繁殖的季节,应对藏獒定期药浴。

【预　防】　加强饲养管理,经常梳刷藏獒被毛,经常打扫犬的居住场所。犬舍缝隙喷洒一些有机磷杀虫剂,引进动物要检查。

# 第三节　藏獒普通病的防治

## 一、骨　折

骨折是骨的完整性或连续性因外力作用或病理因素而遭受破坏的状态。在骨折的同时,常伴有周围软组织不同程度的损伤。藏獒的骨折常发生于四肢的长骨、肋骨、髋骨、脊柱,头颅也可发生骨折。根据骨折处皮肤或黏膜的完整性有无损伤分为开放性骨折和闭合性骨折,根据骨折的程度及形态分为不完全骨折和完全骨折,如果骨碎裂成2段(块)以上,称为粉碎性骨折。

【病　因】

**1. 外伤性骨折**　多因直接或间接暴力所引起。直接暴力是指各种机械外力直接作用而发生的骨折,如车辆冲撞、重物轧压、坠落、打击等,此种骨折多伴有周围软组织的严重损伤。间接暴力是指外力通过杠杆、传导或旋转作用而使远离作用点处发生骨折。如摔跌、奔跑、跳跃时扭闪、急停等,可发生四肢长骨、髋骨或腰椎的骨折。肌肉突然强烈收缩,也可导致肌肉附着处骨的撕裂。

**2. 病理性骨折**　是患骨质疾病的骨骼发生骨折,如患有骨髓炎、骨瘤、佝偻病、骨软症、妊娠后期等。处于病理状态下的骨骼疏松脆弱,应力抵抗降低,稍有外力作用,就可能引起骨折。

【症　状】　骨折特有的症状为变形、骨折两端移位,常见的有成角移位、纵轴移位、侧方移位、旋转移位等。患肢有缩短、弯曲、延长等异常姿势。其次是异常活动,骨折后在负重或被动运动时出现屈曲、旋转等异常活动,但肋骨、椎骨、干骺端等部位骨折时异常活动不明显。有骨摩擦音或骨摩擦感,但不全骨折时骨摩擦音不明显。骨折的其他症状还有出血、肿胀、疼痛和功能障碍。

【诊　断】　根据外伤和局部症状,一般不难诊断。如软组织挫伤或胀肿等严重时要进行 X 线检查,以清楚了解骨折的形状、移位情况、骨折后的愈合情况等。关节附近的骨折要同关节脱位相区别。X 线摄片时一定要摄正、侧 2 个方位。此外,判断四肢骨骨折时,不能仅以跛行来判断。因为在犬不完全负重的情况下呈正常步态,而骨软症病犬平时不表现跛行,一旦负重则跛行。所以,诊断时要注意病史调查及首次发病观察到的现象。

【治　疗】　骨折发生后最好原地救治。严重骨折伴有不同程度休克,或开放性骨折伴有大出血时,首先按内科疗法,维持内环境稳定,补给大量钙质和维生素 A、维生素 D 等。在实施治疗方案前,要用敷料暂时压迫创伤部,在骨折部打夹板、绷带以限制其活动。对伴有关节脱位的骨折,在局部肿胀和肌肉收缩之前,应尽早进行脱位关节的整复。

1. **开放性骨折的治疗**　首先,静脉输液和静脉内注射抗生素,每 6 小时 1 次。用灭菌敷料包裹创伤部,治疗和预防休克;行全身麻醉,对骨折部剃毛和外科准备,扩大伤口,切除破碎的软组织,对创伤用生理盐水或林格氏液冲洗,冲洗液中加入青霉素可防止冲洗过程中的污染。最后覆盖灭菌创单,进行 X 线透视,确定治疗方案。对骨折进行清创术后,整复骨折断端使其达到解剖复位,于创内撒布消炎药后缝合伤口,外打夹板绷带或石膏绷带。也可在整复后,用内固定方法进行固定,然后缝合皮肤伤口,外打夹板绷带。术后持续用抗生素控制伤口的感染。

**2. 闭合性骨折的治疗**　藏獒全身麻醉后,对骨折部进行整复,根据变形情况,采用旋转、屈伸、托压、按压、摇晃等手法以纠正成角、旋转、侧方移位等情况。有条件时在 X 线透视下整复,达到解剖复位。然后对骨折部进行固定。

固定方法有外固定和内固定两种。外固定如夹板绷带、石膏绷带;内固定为切开骨折软组织,用接骨板、髓内针、螺丝钉进行固定。外固定用的夹板或石膏绷带拆除的时间,要根据愈合情况而定,一般是在术后 4～6 周拆除。

# 二、风 湿 病

风湿病常呈反复发作的急性或慢性非化脓性炎症,其特征是胶原结缔组织发生纤维蛋白变性,以及骨骼肌、心肌和关节囊中的结缔组织出现非化脓性局限性炎症。该病常侵害对称性肌肉、关节。

【病　因】　病因尚不完全清楚。一般认为风湿病是一种变态反应性疾病并与溶血性链球菌的感染有关。溶血性链球菌是上呼吸道内的常在菌,当抵抗力降低时,则侵入机体组织,并引起隐在的局限性感染。感染过程中所产生的酶类和毒素使机体产生相应的抗体。以后在机体抵抗力降低的情况下,细菌可以重新侵入机体而发生再感染。链球菌再次产生的毒素和酶类则成为抗原性物质,与体内先前已形成的抗体相互作用而引起传染性变态反应而发生风湿病。在风湿病发病前,常存在咽炎、喉炎、扁桃体炎,如在此时用抗生素治疗可减少风湿病的发病。此外,细菌感染、外伤、潮湿、阴冷、雨淋和过劳等常为风湿病的诱因。

【症　状】　病犬常表现肌肉、关节的肿胀,疼痛和功能障碍。特点是突然发病,发病部位常常具有对称性和游走性,且易复发。患风湿病的犬,常表现体温升高,呈间歇热,食欲降低,精神不振,周围淋巴结肿胀。

**1. 关节风湿**　通常两肢和四肢对称性关节都发病。藏獒运步时表现跛行、运步强拘,特别在早晨更为明显。患病关节常常肿胀,局部疼痛。

**2. 肌肉风湿**　常发生于肩部、颈部、背腰部和股部肌群。肌肉肿胀、疼痛、僵硬,并引起运动功能障碍。若全身肌肉风湿,表现为全身肌肉僵直。

【诊　断】　根据临床症状可初步诊断,X线、免疫学和关节滑液的细胞学检查有助于确诊。

【治　疗】　以缓解疼痛、制止炎症、防止关节变形为原则。

**1. 解热镇痛抗风湿药**　可用水杨酸钠、阿司匹林、保泰松等。水杨酸钠每千克体重 0.02～0.2 克,8～12 小时口服 1 次;阿司匹林每千克体重 25 毫克,每 8 小时口服 1 次;保泰松每千克体重 22 毫克,每 8 小时静脉注射 1 次。每日总量不超过 0.8 克。

**2. 应用肾上腺皮质激素类药物**　强的松每千克体重 2.0 毫克,口服或肌内注射,每日 2 次;地塞米松每千克体重 0.25～1.0 毫克,肌内注射或静脉注射,每日 1 次。

**3. 碳酸氢钠**　碳酸氢钠每千克体重 50 毫克,每 8～12 小时口服 1 次。或在 250 毫升 5% 葡萄糖注射液中加入 7.5 毫摩尔的碳酸氢钠静脉滴注至生效。

**4. 中药**　可用通经活络、祛风除湿、消炎止痛的中药,如独活寄生汤、四物牛膝散煎服。

# 三、湿　疹

湿疹是一种皮肤炎症,通常指除接触性皮炎、脂溢性皮炎、特异性皮炎等以外的皮炎。湿疹可看作是一个综合征。

【病　因】　湿疹的发病原因很复杂。一般认为其发病取决于两方面的因素,一是先天性或后天性过敏性素质,另一个是致敏因子(变态反应原)。在湿疹的发生上,过敏性素质起主导作用,只有过敏性素质发生某种改变的前提下,其致敏因子作用于皮肤才能引起湿疹的发生。由于皮肤不洁、污垢积聚、犬舍潮湿、强烈日晒、昆虫叮咬以及各种物质刺激;腐败分解产物被吸收、病灶感染、微生物毒素等引起变态反应,也可促使本病发生;营养失调,代谢紊乱,内分泌功能障碍等疾病,也可诱发本病。

【症　状】　按其病程和皮疹表现,可分为急性和慢性。病灶有局限性和大范围之分。

**1. 急性湿疹**　以红斑、湿润和瘙痒为特征。表现为散在、界限不清的各种皮疹,呈多形性,伴有瘙痒、湿润、多数糜烂状。分为红斑期、丘疹期、水疱期、脓疱期、糜烂期、结痂期和脱屑期。

**2. 慢性湿疹**　以"苔藓化"为特征,皮肤肥厚、皱襞、色素沉着、有鳞屑。瘙痒增加,境界明显,湿润性较轻。

急性湿疹反复发作或持续时间长,可转为慢性湿疹。慢性湿疹急剧恶化也可变成急性湿疹。

【诊　断】　根据临床症状,可以确诊。也可取病变皮肤的活检材料,做组织学检查。

【治　疗】　以消除病因、制止渗出、脱敏、促进消散为原则。

**1. 加强饲养管理**　尽可能除去内外刺激因素,改善饲养管理,给病犬适当的运动和日光浴,使藏獒犬舍和犬体保持清洁,犬舍要通风干燥,注意饲喂易消化、营养丰富的食物,加强运动,增强机体的抵抗力。

**2. 局部疗法**　患部剪毛,以利于药物直接与皮肤接触而起到药效。切忌用肥皂水等刺激性溶液。根据湿疹病期选择适宜剂型的药物。对湿性糜烂面用吸水性软膏消炎。当出现水疱、脓疱破溃后,用2％白矾水、1％～2％鞣酸溶液或0.1％高锰酸钾溶液等冲洗患部,去掉污物,涂5％紫药水,每日1～2次。对于干燥肥厚面可采用亲水性软膏,也可用氢化可的松软膏、醋酸氟氢松(肤轻松)软膏、抗生素软膏涂搽。

**3. 脱敏止痒**　用盐酸赛庚啶每千克体重 1～2 毫克,分 2 次口服,也可用苯海拉明、异丙嗪等。瘙痒严重时,泼尼松每千克体重 2 毫克,口服,也有效。

**4. 封闭疗法**　湿疹范围较大时,可进行封闭疗法,有减轻痒感的作用。

## 四、皮　炎

皮炎是指皮肤全层、特别是真皮层的炎症,临床上以红斑、丘疹、水疱、湿润、结痂、脱屑、瘙痒和灼热感为特征。

【**病　因**】　皮炎的病因多种多样,大体上可分为非传染性和传染性两类。

**1. 非传染性皮炎**　直接接触刺激性物质,如热、X 线、日光(日光性皮炎)、酸、碱、杀虫剂、清洗剂、肥皂、致敏性物质(过敏性皮炎),以及机械性刺激等。此外,还有脂溢性皮炎、激素性皮炎、肢端舔触性皮炎。

**2. 传染性皮炎**　主要由细菌、病毒、真菌、寄生虫(毛囊虫、螨、蜱、虱、蚤)等所致。此外,还有血吸虫性皮炎、杆虫性皮炎、钩虫性皮炎等。

【**症　状**】　皮炎的共同症状,在皮肤上形成丘疹、水疱、脓疱、结节、鳞屑、痂皮、皲裂、糜烂、溃疡和瘢痕等皮肤损伤。在其经过中,常出现充血、肿胀、增温、发痒和疼痛等症状。由于致病原因不同,皮炎发生的部位和程度也有差异。

【**诊　断**】　根据临床症状及特征性病理组织学变化不难确诊。但要注意与其他原因所致的皮炎相鉴别。

【**治　疗**】

**1. 除去炎性刺激物**　通常炎性刺激物较难发现,应注意在皮炎的初发部位查找病原。

**2. 止痒并投予抗炎药物** 可用肾上腺皮质激素,如泼尼松每千克体重 1 毫克、倍他米松 0.5～2 毫克或地塞米松 0.15～0.25 毫克,注射、涂布均可。也可皮下注射抗组胺药,涂搽鱼肝油软膏、10%优乐散等。自配药物时,要注意软膏基质的选择,干性皮炎选用渗透性强的亲水软膏、亲水凡士林或吸水软膏等,湿润性重症皮炎选用非渗透性的油脂、液状石蜡或聚乙二醇软膏。

**3. 日光性皮炎** 复发前用黑墨汁涂抹患部,可防止复发。

**4. 肢端舔触性皮炎** 为防止舔触,给病犬戴口笼,用 X 线照射或外科切除患部。经常牵犬运动,尽可能矫正犬舔触患部的恶习。

**5. 杆虫性皮炎** 消毒犬舍。用肥皂水洗净皮肤后,涂搽 1%反蛇磷,以 10～14 日间隔连涂 3 次。

# 五、脱毛症

脱毛症又称秃毛症,是指局部或全身被毛的病理性脱落的总称。一般分为先天性和获得性两种。本病的皮肤病变轻微,以脱毛症状为主,且脱毛具有特征性。

【病 因】 引起脱毛的原因很多,主要有激素性脱毛、代谢性脱毛、先天性脱毛、中毒性脱毛、瘢痕性脱毛以及神经性脱毛等。

【症 状】 根据不同的病因、皮肤病变发生的部位及分布等,各有其特征性表现。激素性脱毛皮肤病变呈左右对称,无瘙痒症状。出现垂体性侏儒症、肾上腺皮质功能亢进、卵巢功能不全等病变。先天性脱毛症除皮肤病变外,其他无异常变化。

【诊 断】 根据脱毛程度及皮肤有无病变进行确诊。

【治 疗】 对脱毛患部以除去鳞屑、刺激毛根和扩张皮肤毛细血管,使毛囊营养供给充足,促进生毛为原则。用 1%毛果芸香碱软膏、40%卵磷脂软膏、1%氯化乙酰胆碱软膏、水杨酸 10 克和苯酚 5 克配成 85 克的软膏、合成雌激素吸水软膏等。基质尚可用酒精代替，每日涂搽。

**1. 垂体性侏儒症性脱毛**　尚无有效治疗方法。可试用激素代替疗法。注射生长激素、甲状腺素或类固醇激素等。

**2. 睾丸功能不全性脱毛**　用泼尼松按每千克体重 2 毫克，皮下注射，投予雄性激素或去势。卵巢功能不全的可摘除卵巢与子宫。

**3. 铊中毒性脱毛**　除对中毒治疗外，还可投予胱氨酸、蛋氨酸。

# 六、犬自咬症

本病以自咬躯体的某一部位（多为咬尾巴），造成皮肤破损为特征。自咬程度严重可继发感染而死亡。本病无明显的季节性，但春、秋季发病率略高。

【病　因】　尚不十分清楚，有人认为是营养缺乏病、传染病、外寄生虫感染引发皮肤瘙痒所致，或神经质犬（多为进攻时达不到目的而属自残现象）所造成的习惯性自咬。

【症　状】　在犬舍内自咬尾尖原地转圈，并不时地发出喔喔叫声，表现极强的凶猛性和攻击性。尾尖处脱毛、破溃、出血、结痂，也有的犬咬尾根、臀部或腹侧面而被毛残缺不全，个别病犬将全身毛咬断。患犬散放或在牵引时不出现自咬现象。

【诊　断】　根据症状可以诊断。但要注意与各种原因的皮肤病、神经末梢炎、某些微量元素缺乏、神经质犬相鉴别。

【防　治】　目前尚无特效疗法，以治疗原发病为主，控制犬的兴奋、亢进及攻击为主。采用镇静和外伤处理的方法可收到一定效果。同时，加强饲养管理，使犬安静，减少或避免外界刺激。主人要带犬多活动，满足其易动心理，分散犬的精力，可逐渐克服习惯性自咬。

## 七、毛囊炎

毛囊炎是毛囊及皮脂腺的化脓性炎症。

【病　因】　大多数是由葡萄球菌引起,主要发生于额、颊部、鼻梁及四肢。幼犬发生于唇、眼睑。

【症　状】　局部皮肤潮红、脱毛、肿胀,形成脓疱或有裂隙,排出或可挤出带血的稀脓液,病程数月。

【诊　断】　根据症状可以诊断。但要注意与皮肤病相鉴别。

【治　疗】　用硫磺水杨酸软膏、鱼石脂软膏或硫磺散,也可用消炎软膏。

## 八、感　冒

本病是以上呼吸道黏膜炎症为主要症状的急性全身性疾病。多发于气候多变的季节,幼犬发病率高。

【病　因】　本病具有高度接触传染性,其病原很可能是病毒。当机体抵抗力降低,饲养管理不当,特别是上呼吸道黏膜防御功能减退时,呼吸道内的常在菌大量繁殖,可导致该病的发生。寒冷、长途运输、过度劳累、雨淋、涉水及营养不良等,可促进该病的发生。

【症　状】　突然发病,精神沉郁,食欲减退,结膜潮红,畏光流泪,体温升高,皮温不整,流水样鼻液,常发生咳嗽。呼吸加快,胸部听诊肺泡呼吸音增强,心跳加快。

【诊　断】　主要依据寒冷变化,突然出现上呼吸道轻度炎症来确诊。

【治　疗】　应用解热剂,注射30％安乃近注射液,或阿尼利定(安痛定)注射液,或百尔定注射液,用量为2毫升,肌内注射,每日1次;或康泰克每次0.5～2粒,口服,每日1次;或复方氨基比林2毫升,肌内注射,每日2次。为防止继发感染,可适当配合应用抗生素或磺胺类药物。也可用人用速效感冒片,犬与人的剂量相同。

加强藏獒的耐寒锻炼,增强机体抵抗力;防止藏獒突然受凉,气温骤变时,设置防寒措施。

# 九、支气管炎

支气管炎是指气管、支气管黏膜及其周围组织的急性或慢性非特异性炎症。临床上以咳嗽、气喘、胸部听诊有啰音为特征,多反复急性发作于寒冷季节。

【病　因】　原发性支气管炎主要是寒冷刺激和机械、化学因素的作用。继发性支气管炎多为病原体感染所致。主要病原体有病毒(犬副流感病毒、犬腺病毒、犬瘟热病毒等)、细菌(肺炎双球菌等)、寄生虫(肺丝虫、蛔虫等),偶有真菌、支原体感染引起的。化学性刺激包括吸入烟、刺激性气体、尘埃、真菌孢子、强硫酸等。机械性因素有过度勒紧脖圈、食管内异物及肿瘤、肺肿瘤或心脏异常扩张等超负荷压迫支气管使支气管内分泌物排泄不畅等,均可刺激呼吸道黏膜而引起支气管炎症。

【症　状】　急性支气管炎主要表现剧烈的短而干性的咳嗽,随渗出物增加而变为湿咳。两侧鼻孔流浆液性、黏性乃至脓性鼻液。肺部听诊支气管呼吸音粗粝,发病2～3日后可听到干、湿性啰音。并发于传染病的支气管炎,体温升高,出现严重的全身症状。

慢性支气管炎多呈顽固性湿咳,有的持续干咳。体温多正常。肺呼吸音多无明显异常,有时能听到湿性啰音和捻发音。如果支气管黏膜结缔组织增生变厚,支气管腔狭窄时,则发生呼吸困难。

【诊　断】　本病主要根据明显的咳嗽和胸部听诊有干、湿性啰音以及X线检查来确诊。胸部X线检查,急性支气管炎可见沿支气管有斑状阴影;慢性支气管炎可见肺纹理增强,支气管周围有圆形 X 线不透过部分。

【治　疗】　使病犬安静,犬舍内要保温、通气及环境清洁。消除炎症可使用氨苄青霉素每千克体重 40 毫克,静脉滴注,每日 1 次。酪氨酸每千克体重 5～10 毫克,肌内注射,每日 2 次。急性病例可并用地塞米松每千克体重 0.3 毫克,肌内注射,每日 2 次。

镇咳、祛痰、解痉可用磷酸可待因,按每千克体重 1～2 毫克,口服,每日 2 次;氯化铵按每千克体重 0.2 毫克,口服,每日 2 次。必要时镇咳药物和抗组胺药物同时使用。

有条件的可采用吸入疗法,或大量吸氧。慢性支气管炎,可内服碘化钾或碘化钠,每千克体重 20 毫克,每日 1～2 次。

## 十、支气管肺炎

支气管肺炎是肺组织发生炎症,肺泡和肺支气管内有炎性渗出物,由此引起呼吸功能障碍的一种疾病。根据病症分为小叶性肺炎(或称卡他性肺炎、支气管肺炎)、大叶性肺炎和坏疽性肺炎。藏獒多发生小叶性肺炎。多见于幼犬和老龄犬。

【病　因】　支气管肺炎多为继发性疾病,发生在犬瘟热、犬腺病毒Ⅱ型病、犬疱疹病毒感染等的过程中,当机体抵抗力降低时,某些细菌(化脓杆菌、肺炎球菌、巴氏杆菌、葡萄球菌)大量繁殖,以致引起该病。此外,有的真菌、弓形虫感染或吸入性肺炎,也可转为支气管肺炎。营养不良、受寒感冒、饲养管理失宜、幼弱衰老、维生素缺乏等,均可成为本病的诱因。某些化脓性疾病的病原菌通过血源途径进入肺脏,也可导致本病。大叶性肺炎多见于巴氏杆菌病等传染病和小叶性肺炎恶化所引起。

【症　状】　精神沉郁,鼻镜干燥,体温升高,食欲不振或废绝,可视黏膜潮红或发绀。流鼻液、咳嗽、呼吸加快并可发展到困难或痛苦状。听诊可闻湿性啰音、捻发音、粗粝的支气管呼吸音。继发胸膜炎时,胸壁有压痛和胸膜摩擦音。本病病程 7～30 天。呼吸困难并伴有心力衰竭的犬,预后不良。

【诊　断】　通常根据病史和临床症状可以做出诊断。根据弛张热型、短而痛咳及病理变化,胸部 X 线检查,发现多发性大小不等、界限模糊的斑状阴影等变化,可以确诊。

【治　疗】　尽早用抗生素治疗,盐酸土霉素每千克体重 5～10 毫克,肌内注射,每日 3～4 次。也可将可溶性粉混饮,每升水 50～100 毫克。链霉素每千克体重 10～20 毫克,每日 2 次,肌内注射,至体温恢复正常。

祛痰止咳,每次口服氯化铵 0.2～1 克,可溶解、咳出黏痰;也可用 10%～20%乙酰半胱氨酸液气管内滴注或喷雾,每次 2～5 毫升,每日 2～3 次。溴苄环己铵(必消痰),每次 6～16 毫克,每日 3 次,持续用药 4～6 天。出现低氧血症的犬,应尽快输氧。

静脉注射 10%葡萄糖酸钙注射液,或 10%安钠咖注射液 2～3 毫升、10%水杨酸钠注射液 10～20 毫升和 40%乌洛托品 3～5 毫升混合液,可制止渗出和促进炎性渗出物吸收。

# 十一、肺　炎

肺炎主要是指肺实质的炎症,以高热稽留、呼吸障碍、低氧血症、肺部广泛性浊音区为特征。肺炎常并发气管支气管炎、支气管炎或咽炎。

【病　因】　本病主要是病毒、细菌侵害呼吸系统所致。受寒感冒、劳役过度等因素也可诱发本病。此外,组织胞浆菌、芽生菌、球孢子菌等可引起霉菌性肺炎。过敏反应、寄生虫幼虫的移行使支气管黏膜的损伤及刺激性物质的吸收,都可直接引起肺炎。

【症　状】　病犬精神不振、食欲减退或废绝,体温高热稽留,脉搏增数至 140～190 次/分,结膜潮红或发绀。咳嗽、呼吸急促、进行性呼吸困难,常流铁锈色鼻液。肺部叩诊,病变部呈浊音或半浊音,周围肺组织呈过清音。初期听诊呼吸音减弱,以后转为湿性啰音。

**【诊　断】**　肺炎的诊断并不困难，但特异性原因则需对渗出物和黏液等进行实验室检查方能确定。病毒性肺炎，通常是白细胞较少；霉菌性肺炎一般呈慢性经过，用常规抗生素治疗效果较差或完全无效。在近期进行全身麻醉或有严重呕吐病史的藏獒，则可怀疑有吸入性肺炎。

**【治　疗】**　该病的治疗原则主要是消除炎症，祛痰止咳，制止渗出和促进炎性渗出物吸收。

**1. 供氧**　把患犬关在温暖干燥的舍内，如表现严重缺氧，应给予吸氧。用浓度30%～50%的氧气帐篷是最好的供氧方法。

**2. 消除炎症**　临床常用抗生素和磺胺制剂。常用的抗生素有青霉素、链霉素及广谱抗生素。常用磺胺制剂有磺胺二甲基嘧啶等。青霉素20万～40万单位，肌内注射，每8～12小时1次。链霉素0.1～0.3克，肌内注射，每8～12小时1次。青霉素和链霉素并用效果更佳。磺胺二甲基嘧啶，用量按每千克体重60毫克，静脉注射，每12小时1次。

对霉菌性肺炎，如用常规抗生素无效，可以应用两性霉素B，按每千克体重0.125～0.5毫克，以注射用水或5%葡萄糖注射液，临用前配成0.01%注射液缓慢静脉注射，隔日1次或1周2次。

**3. 祛痰止咳**　祛痰止咳的应用时机和用药方法，同气管支气管炎的治疗。为制止渗出和促进炎性渗出物吸收，可静脉注射10%葡萄糖酸钙注射液5～10毫升，每日1次。

为了增强心脏功能，改善血液循环，可适当选用强心剂，如安钠咖液、强尔心液等，维持胸膜腔内压。胸腔内有渗出液和气胸时，可通过胸腔穿刺排除。对湿性咳嗽的病犬应给予氯化铵每千克体重100毫克，口服，每日2次。当患犬呼吸困难时，可肌内注射氨茶碱，按每千克体重5毫克给药。重症犬要注意监测酸碱及电解质平衡情况。

## 十二、肺 水 肿

肺水肿是肺毛细血管内血液量异常增加,血液的液体成分渗漏到肺泡、支气管及肺间质内的一种非炎症性疾病。临床上以极度呼吸困难、流泡沫样鼻液为特征。

【病　因】　肺毛细血管压升高、血浆胶体渗透压降低(低蛋白血症)、肺泡—毛细血管通透性改变、淋巴系统障碍等均可引起肺水肿。

【症　状】　突然发病,弱而湿的咳嗽,头颈伸长、鼻翼扇动甚至张口呼吸、高度混合性呼吸困难、呼吸次数明显增多(60～80次/分)。病犬惊恐不安,常取犬坐姿势,结膜潮红或发绀,体温升高,眼球突出,静脉怒张,两侧鼻孔流出大量浅黄色泡沫状鼻液。胸部可听到广泛的水泡音。发生心功能障碍时,病犬呈休克状态。

【诊　断】　确切诊断主要依据 X 线检查。

【治　疗】　首先使藏獒安静,放入笼内。硫酸吗啡按每千克体重 0.2～0.5 毫克,静脉注射。戊巴比妥钠按每千克体重 6～10 毫克,静脉注射。

为改善气体交换立即输氧或吸入消泡剂 40%乙醇。扩张支气管可投予氨茶碱,每千克体重 6～10 毫克。速尿(呋喃苯胺酸)每千克体重 2～4 毫克,口服,可减少肺毛细血管压。异羟基洋地黄毒苷每千克体重 0.01～0.02 毫克,静脉注射(分 3 次用药),或盐酸多巴胺按每千克体重 2～8 微克,静脉注射也有一定效果。

为缓解循环血量,可按每千克体重放血 6～10 毫升。对心律失常的犬,给予普萘洛尔(心得安),每千克体重 0.04～0.06 毫克,静脉注射。

渗透性肺水肿可大量投予类皮质酮,如甲基去氧氢化可的松,每千克体重 30 毫克,静脉注射,每日 2 次。布美他尼 0.5～1 毫克口服,每日 2 次。

# 十三、口 炎

口炎是口腔黏膜组织的炎症,包括齿龈炎、舌炎及硬腭炎,临床上以流涎和口腔黏膜潮红、肿胀为特征。按炎症的性质可分为卡他性口炎、水疱性口炎、溃疡性口炎、霉菌性口炎和坏疽性口炎,藏獒常见的为溃疡性口炎。

【病　因】　机械性损伤,如锐齿、异物、骨头、木片等的刺激;生石灰、氨水、强酸强碱等化学性刺激;以及吃了腐败变质的食物、维生素 B 缺乏;或犬瘟热、乳头状念珠菌等病毒全身感染等均可继发本病。当治疗皮肤炎所用药物被犬舔后也会发病。

【症　状】　口腔黏膜发红、肿胀、发热、疼痛、过敏,咀嚼障碍,流涎,口腔恶臭,局部淋巴结肿大或柔软,拒绝检查口腔。水疱性口炎,在口腔黏膜上散在米粒大水疱。溃疡性口炎,口腔黏膜及齿龈上有糜烂、坏死或溃疡面,牙床出血。霉菌性口炎,口腔黏膜上形成柔软、灰白色、稍隆起的斑点,口角流出浓稠的唾液。

【诊　断】　通常表现拒食或采食也小心、有痛苦感,大量流涎。饮欲常增加。结合临床症状可确诊。

【治　疗】　以消除病因和对症治疗为原则。在治疗时,应确定病因并尽早除去,然后进行局部和全身的治疗。在护理上,喂以营养丰富又易于消化的流质食料,如牛奶、肉汤、菜汁等。

1. 清理口腔　除去坏死组织、扩创,然后用 1∶4 000 高锰酸钾溶液清洗,也可用生理盐水、3％双氧水、5％白矾液、0.01％溴化度米芬含漱液、0.2％聚烯吡酮碘含漱液、0.01％利凡诺液冲洗口腔。溃疡面以碘甘油或 1％碘胺甘油液。清洗后,根据口炎的性质选择西瓜霜、复方碘甘油或硼酸甘油、氟美松软膏、制霉菌素软膏、5％硝酸银溶液、1％磺酸甘油混悬液等。

2. 抗菌治疗　青霉素按每千克体重 6 000～15 000 单位,链霉素按每千克体重 10～20 毫克肌内注射,每日 2 次。

流涎明显的犬,可用硫酸阿托品 0.5～1 毫克肌内注射。出现全身症状时,给予抗生素和磺胺类药物全身治疗。对不能采食的病犬应输液。含乳酸钠的林格氏液(含氯化钠 0.69％、氯化钾 0.03％、氯化钙 0.02％、乳酸钠 0.3％)按每千克体重 20～40 毫升,每日静脉注射 2～3 次;或每日分次静脉注射葡萄糖-氯化钠注射液。

在治疗的同时,还应补给维生素 $B_2$、维生素 $B_6$、维生素 C 和抗血浆素剂等,有加速治愈的作用。

# 十四、食 管 炎

食管炎是食管黏膜的表层及深层的炎症。

【病 因】 食管梗阻、食管痉挛、食管狭窄、食管憩室等使食物滞留于食管,这是发生食管炎的主要原因。长时间麻醉时,胃液逆流入食道,可继发食管炎。使用肌肉松弛类药物、食管周围肿瘤和淤血以及感染食管虫等,均可导致食管炎。

【症 状】 初期食欲不振,很快表现吞咽困难、大量流涎和呕吐。广泛性坏死性病变可发生剧烈的干呕或呕吐。常拒食或吞咽后不久即发生饮食反流。急性食管炎的病犬由于胃液逆流发出异常呼噜音,口角黏着纤缕状液。急性严重吞咽困难时,呈食管梗阻样反应。

【诊 断】 X 线检查不易发现,仅可见胸部食管末端的阴影增粗和部分食管内有气体滞留等。食管造影可发现急性期食管黏膜面不规则,有带状阴影和一过性痉挛。用食管内窥镜可以直接观察食管壁,并可正确判断病变类型及程度。

【治 疗】 首先应除去刺激食管黏膜的因素。误食腐蚀性物质和胃液逆流等引起急性炎症时,为了缓解疼痛,可口服利多卡因等局部麻醉药,同时用抗生素水溶液反复冲洗,并结合全身抗感染治疗。

大量流涎时,可用硫酸阿托品每千克体重 0.05 毫克,皮下注射。对有采食能力的患犬,应给予柔软而无刺激性的饮食。注意要少食多餐。

# 十五、食管梗阻

食管梗阻是指食管内被食团或异物所阻塞。

**【病　因】** 饲料块片(骨块、软骨块、肉块、鱼刺等),混在饲料中的异物,由于嬉戏而误咽的物品(手套、木球等)都可使食管发生梗阻。饥饿过甚,采食过急或采食中受到惊扰,均可致病。

**【症　状】** 在食管不完全梗阻时,病犬表现骚动不安、哽噎和呕吐等动作,采食缓慢,吞咽有疼痛感。流涎、干呕和伸头颈是颈部食管梗阻常见的症状。完全梗阻或被尖锐异物阻塞时,病犬高度不安、拒食、头颈伸直、大量流涎,甚至吐出泡沫样黏液和血液,最后窒息死亡。

**【诊　断】** 根据病史和突发的特殊临床症状,用胃管探诊可发现梗阻部位。用 X 线透视或照相,可确定异物的位置和性质。

**【治　疗】** 在治疗上,如食管上部阻塞,可用长把止血钳夹出异物;如异物位于食管颈段,在不引起窒息危险的情况下,可用两手拇指推挤异物进入咽腔,然后再用钳子夹出;如异物在食管后段,可用适当粗细、末端钝圆的胶管将异物小心地推入胃中;必要时也可采取食管切开手术除去异物;对位于食管前段的非尖锐异物也可用催吐剂,按每千克体重皮下注射阿扑吗啡 1～2 毫克或碳酰胆碱 1 毫克。食管梗阻持续时间长时,均有并发症。必须局部及全身投予抗生素。

在预防上一定要做到定时、定量饲喂,要在食料吃完后再给予骨头。训练中要防止误食异物,防止异物混入饲料中。

## 十六、胃内异物

本病是藏獒误食难以消化的异物并停留于胃内的状态,多见于幼犬。

【病　因】　藏獒啃咬物品时,误吞入骨片、木片、石头、金属物、塑料、牵引带、袜子、布块等。此外,胰腺疾病、消化道内有寄生虫、维生素和矿物质缺乏以及有异嗜癖的犬,均可发生本病。

【症　状】　病犬食欲不振,采食后间歇性呕吐,体重减轻,明显消瘦。触诊肋骨部敏感。

【诊　断】　X线摄片和钡餐透视可以确诊。

【治　疗】　洗胃或投予催吐剂。0.1%盐酸阿扑吗啡5～10毫升,皮下注射。严重者可手术切开胃取出异物。对骨或小块异物引起暂时性障碍的病犬,一般能与肠内容物同时排出。因此,观察2～3日后再做处置。对异嗜犬,要治疗原发病。

## 十七、胃出血

本病是由多种原因引起的胃黏膜出血,以吐血、便血及贫血为主要特征。

【病　因】　异物(骨头、木片、塑料片、玻璃等)对胃黏膜的损伤,中毒(采食磷、砷等化学药物或误食老鼠药等),传染病(犬瘟热、钩端螺旋体病等),严重胃炎、胃溃疡、胃肿瘤等,均可引起胃出血。

【症　状】　呕血,呕吐物有酸臭味,呈暗红色。血便恶臭似煤焦油样。病犬饮欲增强、倦怠、出汗、步态跟跄、可视黏膜苍白、呼吸加快、心音亢进、呈贫血性杂音等。发病后期嗜睡,四肢厥冷,肌肉震颤而死亡。

慢性胃出血除贫血外,食欲不振、营养不良、皮下水肿、胸水、腹水等。

【诊　断】　吐血和便血提示胃出血。

【治　疗】　主要在于找出病因,对症治疗。垂体后叶素 10 微克,止血敏 100~400 毫克静脉滴注。

对重度贫血的病犬,以每千克体重 5~7 毫升的量输全血。硫酸亚铁 0.1~0.5 克,口服。叶酸 5~10 毫克皮下注射。大量补液的同时,皮下注射维生素 K,每千克体重 0.5~2 毫克,静脉注射 10%氯化钙注射液 5~10 毫升。

病犬要绝对安静,饲喂易消化的食料,少食多餐。也可在食料中加入少量蛋白酶、淀粉酶、脂肪酶或胰酶。

## 十八、胃肠炎

胃肠炎是胃肠道表层组织及其深层组织的炎症,临床上以消化功能紊乱、腹痛、腹泻、发热为特征。本病见于各种年龄藏獒,无明显性别差异,但 2~4 岁藏獒多发。

【病　因】　原发性胃肠炎的主要原因有饲养不良,如采食腐败食物、化学药品、灭鼠药等;过度疲劳或感冒等,使胃肠屏障功能减弱;滥用抗生素而扰乱肠道的正常菌群。此外,某些传染病(如犬瘟热、犬细小病毒病、钩端螺旋体病等)及寄生虫病(如钩虫病、鞭虫病、球虫病等)也常伴发胃肠炎。

【症　状】　病初呈胃肠卡他性变化,随着病情发展而逐渐加重。胃炎主要表现为食欲废绝,频繁呕吐。呕吐物常混有血液,饮欲亢进,大量饮水后又呕吐。严重呕吐的犬,可导致脱水。患犬体温略升高。触诊腹壁紧张,有明显压痛反应。

肠炎主要表现为剧烈腹泻。病初肠蠕动亢进,伴有里急后重的严重腹泻。粪便混有黏液和血液。后期腹泻便恶臭,患犬肛门松弛,排便失禁。体温达 40℃~41℃或降到常温以下。可视黏膜发绀,眼球下陷。病情进一步恶化时,四肢厥冷,腹痛减轻,最后陷入昏睡、抽搐而死亡。

中毒性和传染性胃肠炎,多并发肾炎和神经症状。

【诊　断】　根据病史和症状易于诊断,但要建立特异性诊断或确定病因,则需做实验室检查。

【治　疗】　对单纯性胃肠炎患犬,应加强饲养管理。病初要禁食,限制饮水,然后先给予少量的肉汁或菜汤等,再逐渐增加饲喂量。

病初期,为了排除胃内容物,可投予盐酸阿扑吗啡 2～10 毫克,皮下注射;也可将硫酸铜 0.1～0.5 毫克稀释成 11% 的溶液灌肠,或蓖麻油 15～50 毫升,口服。持续腹泻的犬,可投予鞣酸蛋白 0.5～1.0 克,或次硝酸铋 0.2～0.6 克,口服,每日 2～3 次。

脱水明显的犬,用乳酸林格氏液静脉滴注,或林格氏液与 5% 葡萄糖注射液混合滴注。同时,补加碳酸氢钠、维生素 C、维生素 B 和维生素 K,注意强心、保肝等。

此外,中毒性胃肠炎应以解毒为主;传染性胃肠炎,采用抗血清和对症、维持疗法;寄生虫性胃肠炎,以驱虫为主,辅之以对症和支持疗法。

## 十九、直 肠 脱

本症是指后段直肠黏膜层脱出肛门(脱肛)或全部翻转脱出肛门(直肠脱)。犬不分品种和年龄都可能发生本病,但年轻犬更易发生。

【病　因】　常见于胃炎、腹泻、里急后重、难产、前列腺炎、直肠便秘以及代谢产物、异物和裂伤引起的强烈努责。饲喂缺乏蛋白质、水和维生素的多纤维性饲料,严重感染蛔虫、球虫等寄生虫的青年犬易发。

【症　状】　仅直肠黏膜脱出(脱肛)的犬,在排便或努责时,可见淤血的直肠黏膜露出肛门外。

【诊　断】　直肠翻转脱出（直肠脱）的犬，肛门突出物呈长圆柱状，直肠黏膜红肿发亮。如果直肠持续突出，黏膜变为暗红色至发黑，严重时可继发局部性溃疡和坏死。病犬常反复努责，在地面上摩擦肛门，仅能排出少量水样便。

【治　疗】

**1. 脱出直肠整复手术**　本法适用于脱肛初期，黏膜没有破损、坏死者。患犬横卧或仰卧保定，垫高后躯。用1％高锰酸钾液清洗脱出的黏膜，针刺水肿部位并多点注射医用酒精，待水肿黏膜皱缩后，再慢慢还纳，直到完全送回为止。然后于肛门周围深部肌内注射酒精，每点3毫升。

**2. 骨盆内壁固定术**　本法适用于直肠脱出早期，无肠黏膜坏死时治愈率达100％。其手术路径是左侧髋结节向最后肋骨引水平线，于该连线的中点为切口起点，向下垂直切开腹壁5～7厘米，打开腹腔。脱出的直肠黏膜用生理盐水冲洗，用自制的圆锥形棉球涂少量甘油进行整复，还纳腹腔内。然后直肠内插入相应粗细的橡胶管（便于缝合），将犬倒提，使小肠前移，充分暴露直肠。再做直肠左侧和右侧壁与骨盆侧壁结节缝合2～3针（不要穿透肠黏膜），以固定直肠。缝完即可拔出橡胶管。为防止感染，可腹腔内注入青霉素、链霉素水溶剂。

**3. 直肠切除术**　适于直肠脱出时间长、黏膜水肿严重、坏死者。其方法为对患犬常规麻醉、保定。用2根直径2毫米、长20厘米的不锈钢针，于脱出的直肠基部行十字交叉穿透固定，然后距插钢针1～1.5厘米处用刀切除脱出的全部直肠，充分止血后，先以3毫米间隔结节缝合浆膜，然后再结节缝合黏膜，将浆膜层包埋。最后拔出钢针，肠管自动回缩到肛门内。

# 二十、肛门周围炎

肛门周围炎是肛门周围皮肤发生的炎症。

【病　因】　患肛门囊炎的犬反复摩擦臀部或持续腹泻，粪便污染肛门周围，导致肛门周围皮肤发炎。

【症　状】　病犬常不安，伴有疼痛和瘙痒，回视臀部，在墙角或硬物体上摩擦臀部。肛门周围污秽不洁。

【诊　断】　根据临床表现可以确诊。

【治　疗】　根据病因，对症治疗。局部用生理盐水、双氧水或0.1％雷佛奴尔液擦洗，泼尼松龙喷雾剂喷洒，涂以醋酸可的松或肤轻松软膏。

# 二十一、黄　疸

黄疸是由于胆色素代谢障碍，血清胆红素浓度增高，使巩膜、黏膜和其他组织染成黄色的一种病理状态。黄疸是各种肝胆疾病及溶血性贫血的一个症状。临床上把黄疸分为溶血性黄疸、肝细胞性黄疸及阻塞性黄疸3种。

【病　因】

**1. 溶血性黄疸**　凡能引起红细胞大量破坏而产生溶血现象的疾病，都能发生溶血性黄疸。此时，血清总胆红素多为5毫克/100毫升以下，主要是间接胆红素升高，尿胆原增加，但尿中胆红素阴性。

**2. 肝细胞性黄疸**　各种肝炎、肝硬化、钩端螺旋体病、败血症等，因肝细胞受损，其摄取、结合和排泄胆红素的能力发生障碍，故胆红素不能全部结合，以致有相当量的非结合胆红素滞留在血液中。同时，因肝细胞损害及肝小叶结构的破坏，使结合胆红素也不能正常地排入细小胆管，从而反流入肝淋巴液及血液中而发生黄疸。此时，直接及间接胆红素都升高。尿胆红素阳性。

**3. 阻塞性黄疸**　根据阻塞部位，可分为肝外阻塞和肝内胆汁淤滞性黄疸两种。

一种是肝外阻塞性黄疸是由机械性胆道阻塞及狭窄所致。见于胆结石、胆道寄生虫、肿瘤以及十二指肠炎症、胰腺炎等邻近器官的炎症引起的胆管壁炎症等。其发生原理是阻塞上端，胆管内压力不断提高，胆管逐渐扩大，最后使肝内小管淤胆或破裂，胆汁直接或由淋巴管流入体循环，结果血中结合胆红素增高而发生黄疸。

另一种是肝内胆汁淤滞性黄疸。见于胆小管性肝炎、药物性肝炎、妊娠中毒症及部分病毒性肝炎时，由于胆盐形成不足，水分向细小胆管的渗入减少，胆汁浓缩形成胆栓，而引起胆汁淤滞。

阻塞性黄疸时，血清直接和间接胆红素均升高。完全阻塞时，尿胆素原缺乏，粪便色浅。

【症　状】　可视黏膜及皮肤黄染，阻塞性黄疸时皮肤瘙痒。血清胆红素升高，出现胆色素尿。

【诊　断】　根据病史和症状易于诊断，但要建立特异性诊断或确定病因，则需做实验室检查。

【治　疗】　因黄疸是各种疾病的一个症状，主要在于治疗原发病。

## 二十二、疝

疝（赫尔尼亚）是腹部的脏器从自然孔或病理性破裂孔脱至皮下或其他解剖腔的一种常见病。突出体表者叫外疝，未突出体表者叫内疝（如膈疝）。根据发生的解剖部位分为脐疝、腹股沟疝（腹股沟）、腹壁疝和网膜孔疝等。疝是由疝孔、疝囊和疝内容物组成。

【病　因】　先天性疝见于幼犬的先天性腹肌无力、脐孔和腹股沟等发育不良，具有遗传性。后天性疝见于衰弱的幼犬和老龄犬的肌萎缩、肌炎以及外科手术后的瘢痕组织等。此外，激烈运动、从高处跳下或咬架等也易引起本病。

【症　状】　根据疝内容物的活动性，分为可复性疝和不可复性疝。前者见于改变体位或压迫疝囊时，疝内容物通过疝孔还纳到腹腔。后者则不能由此整复。当疝内容物嵌闭在疝孔内,压迫脏器,使血液循环受阻而发生瘀血、炎症甚至坏死时,称为嵌闭性疝。由此出现化脓性腹膜炎、腹痛、中毒休克等全身症状。非嵌闭性疝一般不造成全身性障碍,仅见局限性柔软的隆起。疝内容物为肠管时,触之有波动感。疝持续时间长,会出现膨气、便秘或腹泻等消化系统症状。

【诊 断】 外疝要注意与血肿、脓肿、淋巴外渗、蜂窝组织炎及肿瘤等相鉴别,同时要区别可复性、不可复性和嵌闭性疝。肠嵌闭性疝,腹部 X 线检查可以确诊。

【治 疗】 幼犬的脐疝孔径小时,可于 6～12 月龄自然治愈。但要加强管理,改善营养,防止腹压增高。对可复性疝,用 95％酒精或 10％～15％氯化钠注射液,疝孔周围分点注射,促使疝孔周围组织发炎而瘢痕化,使疝孔重新闭合。保守疗法有时可造成炎症恶化或局部增生肥厚。

手术方法为全身麻醉切开囊肿皮肤,钝性剥离疝囊(注意不能损伤疝囊),对可复性孔径小的疝,还纳内容物后捻转疝囊,根部结扎后切除,缝合皮肤。疝孔大、内容物粘连的,可切开疝囊,剥离粘连部。对不可复性疝,可切开疝孔。内容物已坏死的,要切除坏死部,并做断端吻合术,缝合皮肤。腹股沟疝和阴囊疝的疝孔闭锁时,应摘除睾丸。有并发腹膜炎和肠阻塞的犬,要强心输液,大量投予抗生素。

# 二十三、中 暑

中暑是犬在高温环境下因"热"作用而发生的一种急性疾病。按发病机制和临床表现不同分为热痉挛、热衰竭和热射病 3 种类型,临床上常以一种以上征候群并存。

【病 因】 本病由于高温天气,藏獒不能及时补充水、盐或因失水和失盐,致使血容量减少影响散热而发生中暑。营养不良、急性感染等影响机体热适应功能也可引起中暑。

【症　状】　病初表现四肢无力，走路摇晃、嗜睡、呕吐、尿黄、食欲降低或废绝，体温 39.5℃～41℃或以上。中枢神经系统症状是本病的突出表现，病犬有不同程度的意识障碍，抽搐，严重者瞳孔散大或缩小，呼吸困难，心跳加快。热痉挛型病犬体液水、钠代谢失衡；热射病型出现脑回弥散性点状出血、脑水肿或弥散性血管内凝血；热衰竭型出现心肌出血、坏死。

【诊　断】　根据病史及临床症状可以确诊。

【治　疗】　用冰块敷于病犬头部、腹部和背部。根据病理变化程度静脉输入不同剂量的复方氯化钠注射液、5％碳酸氢钠注射液、10％氯化钠注射液、维生素 C 注射液等。对出现弥散性血管内凝血的病犬，为了改善微循环障碍，投予多巴胺或肝素。有脑水肿征候的犬静脉滴注 20％甘露醇注射液，心力衰竭严重的犬要采用输氧疗法。

## 二十四、日射病和热射病

日射病是日光直接照射头部而引起脑及脑膜充血和脑实质的急性病变。热射病尽管不受阳光照射，但体温过高。这是由于过热过劳及热量散失障碍所致的疾病。日射病和热射病都最终导致中枢神经系统功能严重障碍或紊乱，但两者的症状较难区别。藏獒对热的耐受性差，对寒冷耐受性强。

【病　因】　藏獒被关在高温通风不良的场所或酷暑时强行训练，环境温度高于体温，热的散发受到限制，从而不能维持机体正常代谢，致体温升高。此外，麻醉中气管插管的长时间留置、心血管和泌尿生殖系统疾病以及过度肥胖的机体也可阻碍热的散发。

【症　状】　体温急剧升高（41℃～42℃），呼吸急促以至呼吸困难。心跳加快，末梢静脉怒张，恶心、呕吐。黏膜初呈鲜红色，逐渐发绀，瞳孔散大，随病情改善而缩小。肾功能衰竭时，则少尿或无尿。如治疗不及时,很快衰竭,表现痉挛、抽搐或昏睡。

【诊　断】　红细胞压积(HCT)值明显升高(65％～75％)。高热引起严重的中枢神经系统及循环系统变化。剖检可见大脑皮质水肿、神经细胞被破坏等。

【治　疗】　用冷水浇头部或灌肠,将藏獒放置阴凉处保持安静。对陷于休克的犬,静脉滴注加5％碳酸氢钠的林格氏液。输液中注意监视 HCT 值,防止肺水肿。如排尿量多可继续输液,必要时留置导尿管。严重休克时,地塞米松每千克体重1毫克,静脉滴注;氯丙嗪每千克体重1～2毫克,肌内注射。

# 参考文献

［1］ 崔泰保．宠物幼犬培育［M］．上海：上海科学技术出版社，2007．

［2］ 崔泰保，鄢珣．藏獒的选择与养殖［M］．北京：金盾出版社，2003．

［3］ 崔泰保．甘肃省率先科技立项开展中国纯种藏獒系统选育的研究［J］．农业科技与信息，2006(1)：1．

［4］ 崔泰保．河曲藏獒鉴定标准及品种选育的研究［J］．甘肃农业大学学报，2002，37(2)：161-165．

［5］ 崔泰保，潘庆立，翁万山．藏獒品种资源保护与选育［J］．农业新技术，2004(2)：23-24．

［6］ 郭宪，崔泰保．藏獒种质资源的保护［J］．中国畜禽种业，2007，3(5)：41-42．

［7］ 郭宪，崔泰保，杨博辉，等．藏獒的保护与开发利用［J］．甘肃畜牧兽医，2008，38(2)：43-46．

［8］ 王力光，董君艳．新编犬病临床指南［M］．长春：吉林科学技术出版社，2000．

［9］ 王春璈，阎青．养犬与犬病防治［M］．济南：山东科学技术出版社，1999．

［10］ 鄢珣，崔泰保．河曲藏獒繁殖性能研究［J］．甘肃农业大学学报，2002，37(1)：71-74．

［11］ 张振兴．名犬的饲养与保健［M］．南京：江苏科学技术出版社，1993．

［12］ 张玉，时丽华，胡本贵，等．肉用狗养殖新技术（修订

版)[M].北京:中国农业科技出版社,2000.

[13] 钟华龙,王军翔.肉狗饲养[M].北京:中国农业出版社,1995.

[14] 养狗网:http://www.yanggou.com.

[15] 崔泰保,郭宪.中国藏獒[M].上海:上海科学技术出版社,2010.

[16] 叶俊华.犬繁育技术大全[M].沈阳:辽宁科学技术出版社,2003.